骨架导电低阻油层人造岩心岩石物理实验与导电模型

宋延杰　唐晓敏　于　宝　郭志华　著

U0344874

石油工业出版社

内 容 提 要

本书针对制作的骨架导电人造岩心样品,从实验角度分析了层状泥质含量、分散泥质含量和不同黄铁矿含量变化对骨架导电岩石导电规律的影响;利用多种理论方程建立了5种适用于岩石骨架含有一定量的导电矿物、高矿化度地层水、黏土附加导电、高束缚水及砂泥岩薄互层的骨架导电低阻油层电阻率模型;利用骨架导电低阻油层人造岩心岩石物理实验数据,证明了骨架导电低阻油层电阻率模型的适用性和通用性。

本书适用于地球物理测井和相关地球物理专业的研究人员、工程技术人员阅读,也可作为高等院校相关专业教师和学生的参考书。

图书在版编目(CIP)数据

骨架导电低阻油层人造岩心岩石物理实验与导电模型/
宋延杰等著. —北京:石油工业出版社,2019.3
ISBN 978 - 7 - 5183 - 3123 - 9

Ⅰ. ①骨… Ⅱ. ①宋… Ⅲ. ①油层—岩心分析—岩石
物理学Ⅳ.①TE311

中国版本图书馆 CIP 数据核字(2019)第 024509 号

出版发行:石油工业出版社
　　　　　(北京市朝阳区安定门外安华里 2 区 1 号楼　　100011)
　　　　　网　　址:www.petropub.com
　　　　　编辑部:(010)64251362　　图书营销中心:(010)64523633
经　　销:全国新华书店
排　　版:北京创意弘图文化发展有限公司
印　　刷:北京中石油彩色印刷有限责任公司

2019 年 3 月第 1 版　　2019 年 3 月第 1 次印刷
787 毫米×1092 毫米　开本:1/16　印张:12.25
字数:310 千字

定价:60.00 元

前　言

随着油气勘探开发工作的日趋深入,勘探开发目标已由原来简单的高幅度构造油气藏逐渐转向低孔隙度、低渗透率、低电阻率、复杂岩性和复杂储集空间等复杂油气藏。近几年的勘探开发实践表明,低阻油气藏是其中最具潜力的主要研究对象之一。目前,我国各油田均已发现了大量低阻油气层,在这类储层中均已发现工业性油气流,而且储量可观。这类储层已成为油田增储上产、老油田改造挖潜的一个重要来源。

低阻油层测井识别与评价技术已经产生巨大的经济效益,仅冀东油田在 2001 年至 2004 年间,油田年原油产量由 $62.5 \times 10^4 t$ 上升到 $100 \times 10^4 t$,实现了跨越式发展,其中低阻油层测井识别与评价技术对油田产量大幅度攀升做出了重要贡献。虽然低阻油层测井识别与评价技术已取得了重大研究成果,但随着低阻油气藏勘探的深入,在一些油田发现了含有黄铁矿导电矿物的油气层,如我国的准噶尔盆地车 60 井区齐古组砂砾岩储层、二连盆地巴音都兰凹陷巴 Ⅰ 和巴 Ⅱ 号构造阿四段地层,美国阿拉斯加的 Prudhoe Bay 油田、犹他州的 Uinta 盆地,澳大利亚北部大陆边缘气田,加拿大的 McKenzie 三角洲油田,以及北海油田等。虽然含有黄铁矿导电矿物的低阻油层数量较少,但是随着世界经济的持续发展,油气资源的需求将与日俱增,预示这类低阻油层将具有较大的开采价值。

低阻油层的岩石物理成因类型多样。国内外学者针对低阻油层的成因已经做了大量的研究工作,总结其研究成果,可将低阻油层(内因)成因主要分为 5 类:(1)高矿化度地层水引起的低阻;(2)微孔隙发育形成的高束缚水饱和度引起的低阻;(3)富含黏土的地层,由黏土的附加导电性引起的低阻;(4)岩石骨架含有导电矿物引起的低阻;(5)薄砂岩地层中含有泥质夹层引起的低阻。油层的低阻可能是上述一种或几种成因类型综合作用的结果。由于低阻油气层与常规油气层相比,导电机理发生变化,尤其当分散泥质、层状泥质、骨架含导电矿物等多种因素存在于同一油气层时,油气层的导电规律变得更复杂,而现有电阻率解释模型尚不能描述骨架导电低阻油气层的导电规律。由于获取不同泥质分布形式以及泥质和黄铁矿含量的天然岩心非常困难,为此,需要通过人工压制岩样从岩样实验和导电理论角度全面系统地研究骨架导电低阻油层的导电规律,建立适用于骨架导电低阻油层解释的电阻率模型,以提高低阻油层评价精度。

本书是笔者多年来在泥质岩石导电规律与导电模型方面科研成果的系统总结,重点阐述骨架导电低阻油层人造岩样实验及导电规律与导电模型。全书共分 9 章:第一章介绍了不同泥质分布形式、不同层状泥质和分散泥质含量、不同黄铁矿含量的骨架导电低阻油层人造岩心样品的设计方案及制作技术;第二章介绍了骨架导电人造岩心样品的实验设计和实验测量方法,以及骨架导电人造岩心样品的层状泥质含量、分散泥质含量、导电矿物含量等参数的确定方法;第三章从实验角度分析了饱含水和含油气骨架导电纯岩石导电规律以及层状泥质含量、分散泥质含量和不同黄铁矿含量变化对饱含水和含油气骨架导电泥质岩石导电规律的影响;第四章从理论和实验角度验证了有效介质对称导电理论和孔隙结合导电理论对骨架导电纯岩石以及分散泥质砂岩导电规律的描述情况,并对比分析了有效介质对称导电理论和孔隙结合导电理论与并联和串联导电理论异同;第五章至第九章介绍了利用有效介质对称导电理论、孔隙结合导电理论、差分方程与通用阿尔奇方程结合、连通导电方程与 HB 方程结合、连通导电方程与通用阿尔奇方程结合建立 5 种适用于岩石骨架含有一定量的导电矿物、高矿化度地层水、黏土附加导电性、高束缚水及砂泥岩薄互层的骨架导电低阻油层电阻率模型的方法以及模型的理论和实验验证方法。

本书第二章、第三章、第四章第一节、第五章、第八章和第九章由宋延杰和唐晓敏编写;第四章第二节、第六章和第七章由宋延杰和郭志华编写;第一章第一节由于宝编写,第一章第二节由宋延杰、唐晓敏、于宝编写。全书由宋延杰统稿。

本书的出版得到了国家自然科学基金项目(41274110)、黑龙江省自然科学基金项目(D2015012)、东北石油大学研究生创新科研项目(YJSCX2016 - 003NEPU)的资助,在此向资助单位表示衷心感谢。在本书编写过程中,得到了研究生李晓娇、刘玥、王超、任一菱等的大力支持和帮助,在此一并向他们表示感谢!

骨架导电岩石导电规律研究以及导电模型的建立与应用仍处于不断攻关中,认识还有待进一步深化,希望本书出版能起到抛砖引玉的作用。由于笔者水平有限,书中不妥之处敬请读者批评指正。

著者

2018 年 8 月

目　　录

第一章　骨架导电低阻油层人造岩心样品设计与制作……………………………（1）

　　第一节　砂岩与泥岩的天然形成……………………………………………（1）

　　第二节　人造低阻岩样的设计和制作………………………………………（5）

第二章　骨架导电低阻油层人造岩心实验设计与测量………………………（19）

　　第一节　骨架导电低阻油层人造岩心样品实验设计………………………（19）

　　第二节　骨架导电低阻油层人造岩心样品实验测量………………………（20）

　　第三节　骨架导电低阻油层人造岩心样品参数确定………………………（26）

第三章　骨架导电低阻油层导电规律实验研究………………………………（33）

　　第一节　骨架导电纯岩样导电规律实验研究………………………………（33）

　　第二节　骨架导电泥质岩样导电规律实验研究……………………………（34）

第四章　骨架导电低阻油层导电理论的应用基础研究………………………（50）

　　第一节　有效介质对称导电理论的应用基础研究…………………………（50）

　　第二节　有效介质孔隙结合导电理论的应用基础研究……………………（55）

第五章　骨架导电低阻油层有效介质对称电阻率模型………………………（61）

　　第一节　骨架导电低阻油层有效介质对称电阻率模型的建立……………（61）

　　第二节　骨架导电低阻油层有效介质对称电阻率模型的理论验证………（67）

　　第三节　骨架导电低阻油层有效介质对称电阻率模型的实验验证………（74）

第六章　骨架导电低阻油层孔隙结合电阻率模型……………………………（91）

　　第一节　骨架导电低阻油层孔隙结合电阻率模型的建立…………………（91）

　　第二节　骨架导电低阻油层孔隙结合电阻率模型的理论验证……………（94）

　　第三节　骨架导电低阻油层孔隙结合电阻率模型的实验验证……………（100）

第七章　基于差分方程和通用阿尔奇方程的骨架导电低阻油层电阻率模型………（115）

　　第一节　基于差分方程和通用阿尔奇方程的电阻率模型的建立…………（115）

　　第二节　基于差分方程和通用阿尔奇方程的骨架导电低阻油层电阻率模型的理论验证

　　……………………………………………………………………………（118）

　　第三节　基于差分方程和通用阿尔奇方程的骨架导电低阻油层电阻率模型的实验验证

　　……………………………………………………………………………（124）

第八章　基于连通导电方程和 HB 方程的骨架导电低阻油层电阻率模型⋯⋯⋯⋯⋯（139）

　　第一节　基于连通导电方程和 HB 方程的骨架导电低阻油层电阻率模型的建立

　　⋯⋯⋯⋯⋯⋯⋯⋯⋯⋯⋯⋯⋯⋯⋯⋯⋯⋯⋯⋯⋯⋯⋯⋯⋯⋯⋯⋯（139）

　　第二节　基于连通导电方程和 HB 方程的骨架导电低阻油层电阻率模型的理论验证⋯

　　⋯⋯⋯⋯⋯⋯⋯⋯⋯⋯⋯⋯⋯⋯⋯⋯⋯⋯⋯⋯⋯⋯⋯⋯⋯⋯⋯⋯（142）

　　第三节　基于连通导电方程和 HB 方程的骨架导电低阻油层电阻率模型的实验验证⋯

　　⋯⋯⋯⋯⋯⋯⋯⋯⋯⋯⋯⋯⋯⋯⋯⋯⋯⋯⋯⋯⋯⋯⋯⋯⋯⋯⋯⋯（148）

第九章　基于连通导电方程和通用阿尔奇方程的骨架导电低阻油层电阻率模型⋯⋯⋯（162）

　　第一节　基于连通导电方程和通用阿尔奇方程的骨架导电低阻油层电阻率模型的建立

　　⋯⋯⋯⋯⋯⋯⋯⋯⋯⋯⋯⋯⋯⋯⋯⋯⋯⋯⋯⋯⋯⋯⋯⋯⋯⋯⋯⋯（162）

　　第二节　基于连通导电方程和通用阿尔奇方程的骨架导电低阻油层电阻率模型的理论验证

　　⋯⋯⋯⋯⋯⋯⋯⋯⋯⋯⋯⋯⋯⋯⋯⋯⋯⋯⋯⋯⋯⋯⋯⋯⋯⋯⋯⋯（164）

　　第三节　基于连通导电方程和通用阿尔奇方程的骨架导电低阻油层电阻率模型的实验验证

　　⋯⋯⋯⋯⋯⋯⋯⋯⋯⋯⋯⋯⋯⋯⋯⋯⋯⋯⋯⋯⋯⋯⋯⋯⋯⋯⋯⋯（170）

参考文献⋯⋯⋯⋯⋯⋯⋯⋯⋯⋯⋯⋯⋯⋯⋯⋯⋯⋯⋯⋯⋯⋯⋯⋯⋯⋯（184）

第一章　骨架导电低阻油层人造岩心样品设计与制作

利用黄铁矿颗粒、黏土颗粒和石英砂颗粒按照骨架导电低阻油层人造岩心样品设计要求确定骨架导电分散泥质砂岩中黄铁矿、黏土和石英砂的质量,在高温高压下压制骨架导电混合泥质岩心样品并进行封装成型,从而获得骨架导电纯岩样以及不同分散泥质含量、不同层状泥质含量的黄铁矿骨架岩样和不同分散泥质含量、不同层状泥质含量、不同黄铁矿含量的石英砂岩骨架岩样。

第一节　砂岩与泥岩的天然形成

一、砂岩的组成及其成岩作用

(一)砂岩的组成

砂岩主要是由 0.1~2mm 粒级的陆源碎屑颗粒组成的碎屑岩。从结构上看,砂岩由颗粒碎屑、基质、胶结物三部分组成。在砂岩中,砂粒的含量应大于 50%。

1. 颗粒

砂岩的颗粒主要由石英、长石、岩屑以及很少量重矿物等组成,其大小影响储集层岩石的孔隙度、渗透率、密度、比面等性质。石英是大部分砂岩中的主要成分。在风化、搬运、沉积过程中,石英对机械作用有非常好的耐久力,化学性质高度稳定。原生石英在砂岩中作为骨架起支撑作用,次生石英有胶结作用。长石是砂岩中含量少于石英的一种主要矿物,在化学性质上,长石易于水解,表现是不稳定的,而在物理性质上,它的解理和双晶都很发育,易于破碎,因此,在风化和搬运过程中,长石逐渐被淘汰。长石在砂岩中主要存在于巨砂岩、粗砂岩中,在砾岩和粉砂岩中含量较少。重矿物是砂岩中相对密度大于 2.86 的矿物总称,它们在砂岩中的含量很少,其中只含有风化稳定度高的重矿物,如锆石、电气石、金红石等。黑云母和白云母也是砂岩中常见的重矿物组分,呈片状,在搬运过程中表现为较低的沉降速度,常与细砂级甚至粉砂级的石英、长石共生。黑云母的风化稳定性差,经风化和成岩作用常分解为绿泥石和磁铁矿,而白云母的抗风化能力要比黑云母强得多。岩屑是母岩岩石的碎块,是保持着母岩结构的矿物集合体,其含量取决于粒度、母岩成分及成熟度等因素。岩屑常见的可分为三类:各种隐晶质的喷出岩屑,板岩、千枚岩及云母片岩等低级变质岩屑,粉砂岩、黏土岩、硅岩及燧石岩屑。

2. 基质

基质是碎屑岩中细小的机械成因组分,以泥为主,可包括一些细粉砂岩。基质的成分中常见的是高岭石、水云母、蒙脱石等黏土矿物,有时可见灰泥和云泥。在不同的碎屑岩中,基质的含量是不同的,在潟湖及湖泊的低能环境中形成的砂岩以及洪积、深水重力流成因中,基质含量相对较高。

3.胶结物

胶结物是碎屑岩中以化学沉淀方式形成于粒间孔隙中的自生矿物,部分形成于沉积—同生期,大多数形成于成岩期。碎屑岩中主要胶结物是硅质(石英、玉髓、蛋白石)、碳酸盐(方解石、白云石)及部分铁质(赤铁矿、褐铁矿)。硬石膏、石膏、黄铁矿、高岭石、水云母、蒙脱石、海绿石、绿泥石等黏土矿物也可作为碎屑岩的胶结物。硅质胶结物是由砂岩的过饱和孔隙水中沉淀出来的,孔隙水中溶解的二氧化硅可以有不同的来源:在海相沉积物孔隙水中的二氧化硅由硅藻、放射虫、硅质海绵及其他非晶质氧化硅骨骼的溶解所提供;在强大的压力作用下,碎屑沉积物中相邻的石英颗粒接触处会发生局部溶解,这部分溶解的二氧化硅也会进入孔隙水中,这是形成硅质胶结的又一物质来源;长石、黏土等硅酸盐矿物以及火山玻璃等,在风化带经渗滤地下水的作用将会陆续分解,相当数量的二氧化硅是这类分解作用的直接产物。碳酸盐胶结物中常见的是方解石,它的来源之一是碳酸盐介壳溶于孔隙水中,接着从孔隙水中又以胶结物的形式进行再沉淀;另外,压力溶解作用会使沉积体内的碳酸盐物质发生溶解,经重新分布后再沉淀为胶结物。

(二)砂岩的成岩作用

砂岩的成岩作用主要有压实作用、压溶作用、胶结作用、交代作用、重结晶作用、溶解作用等,其中压实作用、压溶作用、胶结作用和溶解作用对岩石的储层物性有重要影响。

1.压实作用

压实作用是指沉积物沉积后在其上覆水层或沉积层的重荷下,或在构造形变应力的作用下,发生水分排出、孔隙度降低、体积缩小的作用。在沉积物内部可以发生颗粒的滑动、转动、位移、变形、破裂,进而导致颗粒的重新排列和某些结构构造的改变。在压实作用中,颗粒的形状、圆度、粗糙度、分选性等对压实作用的效应有影响。通过压实作用,砂岩的骨架构型得到基本确定。

2.压溶作用

压溶作用是一种物理—化学成岩作用。随埋藏深度的增加,沉积物碎屑颗粒接触点上所承受的来自上覆地层的压力或来自构造作用的侧向应力超过正常孔隙流体压力时,颗粒接触处的溶解度增高,将发生晶格变形和溶解作用。随着颗粒所受应力的不断增加和地质时间的推移,颗粒受压溶处的形态将依次由点接触演化到线接触、凹凸接触和缝合接触。在石英颗粒表面存在的水膜,尤其是在颗粒之间存在的黏土薄膜,能促进石英颗粒接触处优先溶解和溶解物质的扩散。石英颗粒接触处为应力集中点,在水的参与下,颗粒接触处发生溶解,溶解的二氧化硅以硅质胶结物或石英次生加大边的形式沉淀出来,而黏土薄膜的存在有助于压溶二氧化硅的扩散作用。压溶作用为硅质胶结物提供了大量的氧化硅,是石英、长石等矿物次生加大生长并造成颗粒之间相互穿插接触的主要因素。

3.胶结作用

胶结作用是指从孔隙溶液中沉淀的胶结物将松散的沉积物固结起来的作用。胶结作用是沉积物转变成沉积岩的重要作用,也是使沉积层中孔隙度、渗透率降低的主要原因之一。通过孔隙溶液沉淀出的主要胶结物有氧化硅和碳酸盐,此外,还有自生黏土矿物。常见的自生黏土矿物胶结物有高岭石、伊利石、蒙脱石、绿泥石。石英是碎屑岩中最常见的硅质胶结物,常以碎屑石英自生加大边胶结物出现。氧化硅胶结物来源广泛,主要有:地表水和地下水;硅质生物骨壳的溶解;碎屑石英压溶作用;黏土矿物的成岩转化作用;硅酸盐矿物的不一致溶解作用;火山玻璃去玻化和蚀变成黏土矿物或沸石类矿物过程中析出的二氧化硅;海底火山爆发。碳酸盐胶结物有方解石、白云石、文石、菱铁矿、菱镁矿等,其中分布最广和最常见的是方解石,其次是白云石。

按胶结物在碎屑岩中的含量、分布状态以及其与碎屑颗粒接触关系不同,有以下几种胶结类型:基底胶结,这种类型中胶结物含量较多,碎屑颗粒孤立地分布在胶结物中,彼此不相接触或极少颗粒接触;孔隙胶结,这种胶结类型中胶结物含量少,只充填于颗粒之间的孔隙中,颗粒成支架状接触;接触胶结,这种类型中胶结物含量很少,分布于碎屑颗粒相互接触的地方,颗粒间呈点状或线状接触;镶嵌胶结,在成岩期的压固作用下,特别是当压溶作用明显时,碎屑颗粒会更紧密地接触,颗粒之间由点接触发展为线接触、凹凸接触,甚至形成缝合接触。

4.溶解作用

溶解作用是指地下水溶液对岩石组分的溶解过程。砂岩中的任何碎屑颗粒、基质、胶结物和交代矿物,包括最稳定的石英和硅质胶结物,在一定的成岩环境中都可以不同程度地发生溶解作用。溶解作用的结果是形成了砂岩中的次生孔隙,次生孔隙是世界上许多储集层的主要储集空间。在成岩作用过程中,经压实、胶结及压溶等作用,原生孔隙将逐渐减少。可溶性的碎屑颗粒和易溶胶结物随着埋深的增加会发生溶解和交代作用,从而促成碎屑岩中次生孔隙的发育。

二、黏土岩的组成及其成岩作用

黏土岩是指黏土矿物含量大于 50% 的沉积岩,其粒度组分大多很细小,黏土矿物的粒径一般都在 0.005mm 或 0.0039mm 以下。

(一)黏土岩的组成

黏土岩以黏土矿物为主,陆源碎屑物质次之,还有少量化学沉淀的非黏土矿物及有机质。黏土矿物是一种含水的硅酸盐或铝硅酸盐。常见的黏土矿物有蒙脱石、高岭石、伊利石和绿泥石等。陆源碎屑矿物中有石英、长石、云母、各种副矿物。化学沉淀的自生矿物主要有铁、锰、铝的氧化物和氢氧化物,含水氧化硅,碳酸盐,硫酸盐,磷酸盐及氯化物。黏土岩中常含有数量不等的有机碳、氨基酸等有机质。

(二)黏土岩的成岩作用

黏土沉积物成为黏土岩,要经历压实作用、黏土矿物的转化作用和黏土矿物的脱水作用。

黏土物质沉积后处于软泥状态,其原始孔隙度很高且包含自由水。随着埋深的增加,在上覆地层的压力下,黏土质点将重新排列、变形或破裂,孔隙水不断排出,原始沉积物孔隙度大大降低,体积缩小,最后被压实固结成黏土岩。

在压实作用进行的同时,随着埋深的加大、压力和温度的升高,以及黏土矿物层间水的释放和层间阳离子的移出,黏土矿物间将发生转化作用。高岭石类黏土矿物在埋藏成岩过程中受埋深和介质的地球化学环境控制,可以转化为蒙脱石、伊利石或绿泥石。当介质为酸性环境时,高岭石保持稳定,即使是温度升高、压力增大,也不会向蒙脱石、伊利石转化。但当介质为碱性环境时,若存在钾离子,则高岭石转化为伊利石;若存在钙、镁、钠离子,则高岭石转化为蒙脱石或绿泥石。蒙脱石在温度为100～130℃时,在一定的地层压力下,若孔隙水为碱性环境,则其向伊利石或绿泥石转化;孔隙水为酸性时,则其向高岭石转化。伊利石、绿泥石在埋藏成岩过程中,随埋深的增加、地温的增高,在孔隙水为酸性环境下,可以转化为高岭石。

黏土沉积物中通常存在四种水,即孔隙水、吸附水、层间水和结构水。黏土沉积物在压实成岩过程中,在压力和温度作用下,首先排出孔隙水。随埋深的增加,可以排出吸附水、层间水乃至结构水。当层间水、结构水排出时,黏土矿物晶体结构发生变化,转化为混层黏土,进而又转化为在深层稳定的如伊利石、绿泥石的非混层黏土矿物。

三、砂岩储层物性及其影响因素

(一)砂岩储层物性

在石油地质中把能够储存和渗滤流体的岩层称为储集层。作为储层,它必须具备两个基本条件,一是孔隙性,即具有储存石油、天然气、水等流体的孔隙、裂缝、孔洞等空间场所;二是渗透性,即这些空间场所必须是连通的,能够形成油、气、水等流体的流动通道。

砂岩的孔隙性是衡量砂岩孔隙空间储集油气能力的一个重要度量,一般用孔隙度来表示。对于任何实际的储层,并不是所有的孔隙都是连通的,而只有那些相互连通的孔隙才具有储油气的能力。因此,通常又将孔隙度划分为总孔隙度和有效孔隙度。砂岩总孔隙度是指砂岩岩石的总孔隙体积与岩石体积之比。总孔隙体积包括死孔隙、可动流体体积、薄膜滞留液体体积、微孔隙体积、黏土束缚水体积。砂岩有效孔隙度是指砂岩岩石中有效孔隙体积与岩石体积的比。有效孔隙体积包括可动流体体积、薄膜滞留液体体积、微孔隙体积,因此,在有效孔隙空间中,流体不一定都是可动的,有束缚水存在。

岩石的渗透性是指岩石允许流体通过的能力,用渗透率来表示,它是衡量流体通过相互连通的岩石孔隙空间难易程度的尺度。渗透率有绝对渗透率、有效渗透率和相对渗透率之分。当岩心孔隙被一种流体100%饱和时,测量只有该种流体通过岩心时的岩石渗透率,称为岩石的绝对渗透率。它反映了岩石本身的性质及其特有的孔隙空间形态。岩石绝对渗透率大小只与岩石本身的性质及岩石孔隙结构有关,而与流体的性质无关,如果岩石被其他流体饱和并实验时(假定所饱和的流体不与岩石发生化学反应,从而不改变岩石的孔隙空间),岩石的绝对渗透率不变。当有两种或两种以上的流体通过岩石的孔隙时,对其中某一种流体测得的渗透率称为该种流体的有效渗透率,也称为相渗透率。有效渗透率除和岩石结构有关以外,还与流体的性质和相对含量以及流体和岩石的相互作用有关。某种流体的相对渗透率是同一岩石某种流体的有效渗透率和该岩石绝对渗透率的比值,其值在 $0\sim1$ 之间。相对渗透率是饱和度的函数,它可以衡量多种流体通过岩石时某种流体通过岩石的难易程度,它除受岩石的性质、孔隙结构影响外,还受润湿性、流体类型和分布及含量等影响。

(二)影响砂岩储层物性的主要因素

碎屑岩储层性质的好坏是由碎屑岩的沉积环境及成岩环境所决定的。其影响因素有碎屑成分、排列方式、粒度、分选性、圆球度、胶结物成分与含量、胶结类型等。

(1)砂岩颗粒的主要成分是石英、长石和岩屑。碎屑岩的矿物成分对储层物性影响主要表现为碎屑岩的矿物颗粒的耐风化性,即性质坚硬程度、遇水不溶解和膨胀程度以及矿物颗粒与流体的吸附力大小(即憎水性和增油性),一般性质坚硬程度、遇水不溶解不膨胀、遇油不吸附的碎屑颗粒组成的砂岩物性好。

(2)碎屑颗粒的排列方式主要有最紧密排列、最不紧密排列、中等紧密排列。其中,最紧密排列排列密、孔隙度小、连通性较差、渗透率低、储集物性差;最不紧密排列排列疏松、孔隙度大、连通性好、渗透率高、储集物性好;中等紧密排列介于两者之间。

(3)颗粒近于球形且大小均等时,孔隙度与颗粒大小无关。但随着颗粒减小,孔隙连通变差,流体与孔隙内壁之间的吸附力增大,可动流体孔隙度和渗透率随之降低。

(4)岩石的分选程度差,大颗粒之间会被小颗粒充填,小颗粒之间会被更小的颗粒充填,孔隙度、渗透率低,物性变差。

(5)圆球度差,颗粒凸凹不平,形状不规则,常常互相镶嵌、彼此咬合,从而使颗粒间孔隙度减小,渗透率降低,物性变差。

(6)胶结物的含量和成分以及胶结类型对储集物性有明显的影响。胶结物含量高,粒间孔隙多被充填,孔隙体积、半径变小,孔隙连通性变差,导致储集物性变差。胶结物的多少直接决定着胶结类型,胶结物含量高,一般为基底或孔隙—基底式胶结,储集物性差;胶结物含量低,多为接触或接触—孔隙式胶结,储集物性较好。胶结物成分对储集物性好坏也有直接影响,硅—铁质或铁质、钙质胶结,岩石较致密,储集物性差;泥质或泥质—钙质胶结,岩石较疏松,储集物性好。

第二节　人造低阻岩样的设计和制作

一、人造砂岩岩样的设计与制作

实验需要花费时间,消耗人力和物力,因此希望做尽量少的实验次数,而获得尽可能好的结果,为此必须合理地设计试验。然而,在实际中,对实验有影响的因素往往是很多的,而且还需要考察各因素对实验的影响情况。对于多因素、多水平实验,如果对每个因素的每个水平都互相搭配进行全面实验，所需做的实验次数势必很多。所以，应找到一种行之有效的办法，使得在不影响实验效果的前提下，尽可能减少实验次数。用正交表安排实验进行正交实验设计是一种很好的方法，在实践中已得到广泛的应用。

正交表有两个重要的性质：正交表每列中不同数字出现的次数是相等的；在任意两列中，将同一行的两个数字看成有序数对时，每种数对出现的次数是相等的。由于正交表有这两条性质，用它来安排实验时，各因素的各种水平的搭配是均衡的。

（一）人造纯砂岩岩心的正交设计方案

1. 试验指标的选取

根据本章第一节所述，岩石的物性参数有渗透率、孔隙度等，其中渗透率变化更灵敏，所以选渗透率作为正交试验的分析指标。

2. 因素和水平的确定

如前所述，影响岩石物性的因素主要有颗粒的粒度组成和含量、颗粒的分选性、胶结物的成分和含量。所以在正交试验设计中选取不同粒度砂的含量和胶结物含量作为实验因素，各因素确定有 5 个水平，见表 1-1。其中，A、B、C、D 分别代表 60～100 目、100～150 目、150～200 目、200 目以上砂粒的含量，E 代表胶结物的含量。

表 1-1　正交实验因素和水平　　　　　　　　　　单位：g

水平＼因素	A	B	C	D	E
1	0	225	150	375	36
2	75	150	300	225	30
3	150	0	375	300	42
4	225	300	75	150	48
5	300	75	225	75	54

3. 正交表的选取

本实验设计不考虑各因素间的交互作用，选用 $L_{25}(5^6)$ 正交表，见表 1-2。

表 1-2　$L_{25}(5^6)$ 正交表

试验号＼列号	1	2	3	4	5
1	1	1	1	1	1
2	2	2	2	2	2
3	3	3	3	3	3
4	4	4	4	4	4
5	5	5	5	5	5

试验号＼列号	1	2	3	4	5
6	1	2	3	4	5
7	2	3	4	5	1
8	3	4	5	1	2
9	4	5	1	2	3
10	5	1	2	3	4
11	1	3	5	2	4
12	2	4	1	3	5
13	3	5	2	4	1
14	4	1	3	5	2
15	5	2	4	1	3
16	1	4	2	5	3
17	2	5	3	1	4
18	3	1	4	2	5
19	4	2	5	3	1
20	5	3	1	4	2
21	1	5	4	3	2
22	2	1	5	4	3
23	3	2	1	5	4
24	4	3	2	1	5
25	5	4	3	2	6

(二)纯砂岩人造岩心的制作过程

(1)安装好成岩模具。成岩模具有四块钢板,它们围起来呈长方体。在其中两个相对的钢板上的两侧,对称地开有两个宽为 25mm 的竖槽,槽的外边均匀分布着 3 个直径为 12mm 的圆孔。在模具正式组装前,用细布蘸上机油将钢板与砂粒接触的平面均匀地涂抹上一层油,并用干净的细布再将这层油擦薄,使之看上去有油而用手触摸又感到比较干爽。按图 1-1 的样式将两块较大的平直钢板的两侧端分别嵌入到另两块开有槽的钢板中,使四块板组成一个长方体。取 6 根两端带螺纹、长为 300mm、直径为 11mm 的螺杆分别穿入两两配对的 12 个孔中,每根螺杆的两端再分别带上两个螺母,用扳手将其拧紧并尽可能使 6 根杆的受力相等。将装配好的模具放在砂岩成岩系统支架上,并在模具底部与支架接触面上铺设一张打印纸。

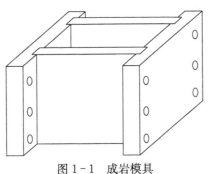

图 1-1　成岩模具

（2）称量砂粒。以第一块为例，按照纯砂岩人造岩心的正交试验设计方案，以720g作为砂的总质量，在称取试验中所需的各因素砂的实际用量时，先将此次试验各因素下砂的设计用量相加，即0+225+150+375=750(g)，再用720g除以750g得到一个折合系数0.96，再用该系数分别乘以本次试验中各因素的设计用量，获得折合为砂总量720g时各因素的实际用量，即分别为0g、216g、144g、360g。调好天平，然后称取100～150目砂216g、150～200目砂144g、200目以上砂360g，然后将这720g砂倒入一个搅拌器中，以合适的搅拌速度使其混合均匀，并将此均匀混合砂料倒入一个较大的平底塑料或不锈钢盘中，并堆成火山坑状。

（3）称量胶液。取适量的环氧树脂胶体放入一个100mL的玻璃烧杯中并加热到60℃，取50mL稀释剂倒入一个100mL的烧杯中并用盖子盖好，用10mL的玻璃注射器吸取5mL的乙二胺溶液。另取一个干净的100mL玻璃烧杯，放到天平的左盘上。将60℃的环氧树脂稀胶液缓慢倒入该烧杯中，直到达到规定的质量为止。向该烧杯中缓慢倒入稀释剂溶液，使其达到规定的质量。用注射器向该烧杯中滴入乙二胺溶液直到达到规定的质量为止。取一玻璃棒，对烧杯中的混合胶液进行搅拌，使之均匀混合，然后将该均匀混合液倒入平底盘上的砂坑中。

（4）制取附胶膜的砂料。混合胶液倒入砂坑后，用平铲将坑边上的干砂小心地添入坑中，并尽可能使胶被砂粒吸附。用铲反复翻动、搅拌和研搓带胶的砂粒，直到均匀。将砂粒装入20目的标准分析筛中过筛，解离积成团的砂粒，如此反复就制成了表面附着一层薄薄胶质膜的砂料。

（5）装模、压实和胶结。将制取的附有胶膜的砂料细心地填入成岩模具中。在填入过程中，用专门的器具不断地将砂料修复平整，以尽可能地使砂粒密度分布均匀。砂料填完并整平后，在其上面盖上一块180mm×80mm的打印纸，然后在纸上面放上截面为179mm×79mm的长方体压力块，并使其与活塞容器中的柱塞相接触。根据上覆地层压力梯度0.0113MPa/m和活塞容器柱塞截面积以及模具截面积等数据资料，模拟地下1000m深度处的地层，压力泵应传输给活塞容器的压力为41.4MPa。设置压力泵输出压力为41.4MPa，启动压力泵。可以看到在此液压下，活塞容器中的柱塞向外缓慢伸出，推动成岩模具中的压力块向下运动，逐渐将模具中附有胶膜的松散砂粒压实并胶结起来。

（6）加温定型。设置控温仪的控制温度为130℃，启动控温仪，这时恒温加热箱开始加热，其内部的温度逐渐上升到130℃而稳定下来，而模具中经压实和胶结作用的砂粒在此温度下胶膜开始固化。保持此温度8h，然后关断控温仪电源，让成岩模具的温度在自然冷却中降到室温。卸掉压力，打开模具，即可以得到压实的纯砂岩岩样。将岩样贴上标签，然后保存起来即完成了第一块纯砂岩岩样的制作。按照类似的工序和操作完成设计中的第2至第25块不同水平组合下的纯砂岩岩样的制作。

（三）纯砂岩人造岩心的正交试验设计结果分析

对经正交试验设计得到的25块长方体纯砂岩岩心分别进行切割，再用取心机分别取心，得到25块柱塞样品。用车床对这些岩心样品进行端面加工，再用烘干箱在60℃下烘12h，然后自然冷却到室温。用卡尺测量25块岩心样品的体积参数，再用渗透率仪测量岩样的空气渗透率，从而得到25块岩样的实验测量数据。表1-3给出了指标的试验结果与对应的各因素和水平，表1-4给出了根据正交试验的数据处理方法对试验中各因素的5个水平测得的渗透率的平均值和渗透率极差值。渗透率极差大小反映了试验中各因素作用的主次。本试验中，在给定水平下影响渗透率指标各因素的主次顺序为200目以上砂的含量、60～100目砂的含量、100～150 目砂的含量、150～200 目砂的含量和胶结物含量。

表 1-3　25 块纯砂岩正交试验设计结果　　　　　　　　　　　　　　　单位:g

试验号	60～100 目砂	100～150 目砂	150～200 目砂	200 目以上砂	胶结物	渗透率 $10^{-3}\ \mu m^2$
1	1	1	1	1	1	160.2
2	2	2	2	2	2	308.4
3	3	3	3	3	3	267.9
4	4	4	4	4	4	1308.6
5	5	5	5	5	5	1574.0
6	1	2	3	4	5	288.4
7	2	3	4	5	1	290.3
8	3	4	5	1	2	400.0
9	4	5	1	2	3	586.3
10	5	1	2	3	4	908.1
11	1	3	5	2	4	129.5
12	2	4	1	3	5	244.4
13	3	5	2	4	1	632.8
14	4	1	3	5	2	1869.8
15	5	2	4	1	3	409.1
16	1	4	2	5	3	838.3
17	2	5	3	1	4	211.6
18	3	1	4	2	5	560.1
19	4	2	5	3	1	561.2
20	5	3	1	4	2	1110.5
21	1	5	4	3	2	89.0
22	2	1	5	4	3	658.9
23	3	2	1	5	4	1328.2
24	4	3	2	1	5	254.5
25	5	4	3	2	1	1202.3

表 1-4　25 块纯砂岩正交试验各因素的渗透率平均值及渗透率极差值　　　　　单位:g

试验号	渗透率,$10^{-3}\ \mu m^2$				
	60～100 目砂	100～150 目砂	150～200 目砂	200 目以上砂	胶结物
K1	301.1	831.4	685.9	287.1	569.4
K2	342.7	579.1	588.4	557.3	755.5
K3	637.8	410.5	768.0	414.1	552.1
K4	916.1	798.7	531.4	799.8	777.2
K5	1040.8	618.7	664.7	1180.1	584.3
渗透率极差	739.7	420.9	236.6	893.0	225.1

　　将表 1-3 中的试验结果按各因素的 5 个水平从小到大的顺序排列,并以图形的形式显示,得出纯砂岩的渗透率随各因素的水平变化规律,如图 1-2 所示。从图中可以看出,纯砂岩的渗透率与构成岩石的颗粒大小和含量有关。组成纯砂岩的颗粒越粗,纯砂岩的渗透率越高。

对于 60~100 目、100~150 目颗粒,成岩后岩石的渗透率随颗粒含量的增加而增加,并且随 60~100 目颗粒含量的增加,纯砂岩渗透率增加速率较快;随 200 目以上颗粒含量的增加,纯砂岩渗透率减小,且减小速率较高;150~200 目颗粒含量以及给定水平下胶结物含量对纯砂岩渗透率的影响较小。

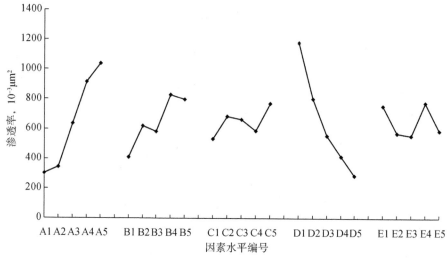

图 1-2　正交试验因素变化与渗透率的关系

二、骨架导电纯岩样的设计与制作

(一)骨架导电纯岩样设计

骨架导电纯岩样是指制作的人造岩样的骨架材料完全是由不同目数的黄铁矿颗粒组成,本部分设计的目的是获得不同孔隙度的骨架导电纯样品。为此,利用实验室已有的 150 目、270 目和 325 目 3 种粒度的纯黄铁矿颗粒并参照砂岩岩心的正交试验结果,设计了 3 种粒度纯黄铁矿颗粒不同质量配比的骨架导电人造纯岩心,见表 1-5。首先取黄铁矿颗粒的总质量为 1500g,150 目、270 目和 325 目 3 种黄铁矿颗粒按表中的质量比进行配比,每一种配比都用 40g 胶将均匀混合颗粒充分胶结,在 60MPa 压力和 120℃温度下固结成岩,得到 6 种不同孔隙度的岩心。

表 1-5　骨架导电纯砂岩人造岩样的设计方案

黄铁矿颗粒相对质量含量,%			胶含量,g
150 目	270 目	325 目	
20	10	70	40
30	10	60	40
40	10	50	40
50	10	40	40
60	10	30	40
70	10	20	40

(二)骨架导电纯岩样制作

(1)称量黄铁矿矿物颗粒。根据制作每一块岩心样品所用的黄铁矿总质量和表中对应的比例计算出制作该岩心样品所用各材料的质量,并用天平准确称量。将称得的3种材料倒入不锈钢容器中,用搅拌机搅拌均匀。将混合材料倒入不锈钢方盘中,堆成火山坑状。

(2)称胶液。用天平称量空烧杯质量,去皮,然后,用天平称量出30g的A组分和10g的B组分混合而成的高温胶,将两者搅拌均匀混合后,再倒入20g无水乙醇,将它们搅拌成均匀乳状液。

(3)制作附胶膜的导电颗粒。将胶与乙醇混合的乳状液倒入均匀混合的黄铁矿火山坑中,用铲将之混合,反复碾压,将其中的团状颗粒分散开来。用搅拌机在小桶中充分搅拌,以便使得附有胶膜的导电颗粒尽量均匀。再用20目的筛子将颗粒过筛,研碾、解离细小的胶团,再搅拌以便使得附有胶膜的导电颗粒尽量均匀。

(4)装模、压实和胶结。将制取的附有胶膜的黄铁矿颗粒细心地填入成岩模具中。填完后,用专门的器具将颗粒修复平整,以尽可能地使压制出来的岩心密度分布均匀。再在其上面盖上一块180mm×80mm的打印纸,在纸上面放上截面为179mm×79mm的长方体压力块,用压力机输出并保持60MPa的压力作用于压力块,压力块向下运动,逐渐将模具中附有胶膜的松散导电颗粒压实并胶结起来。

(5)加温定型。保持施加在岩心样品上60MPa压力不变,关掉压力机。打开控温仪,设置控温仪的控制温度为120℃。这时围绕在成岩模具外面的恒温加热箱开始加热,其内部温度逐渐上升到120℃而稳定下来,模具中经压实和胶结作用的颗粒在此温度下胶膜开始固化成型。保持此温度120h,然后关断控温仪电源,让成岩模具温度在自然冷却中降到室温。卸掉压力,打开模具,即可以得到压实骨架导电纯岩心样品。

钻取压实的骨架导电纯岩心样品,得到实验用导电骨架纯岩样,如图1-3所示。

图1-3 纯黄铁矿骨架岩样

三、骨架导电泥质岩石人造岩样的设计与制作

(一)骨架导电泥质岩石人造岩样设计

骨架导电泥质岩石人造岩样设计的目的是制作不同分散泥质含量和层状泥质含量的骨架完全由黄铁矿颗粒组成的人造岩样以及不同分散泥质含量、黄铁矿颗粒含量和层状泥质含量

的骨架由石英颗粒组成的人造岩样,具体骨架导电泥质岩石人造岩样的设计方案见表1-6。根据该设计方案结合人造岩心压制模具的尺寸,按表1-7给出的骨架导电泥质岩石人造岩心压制方案,通过压制16块人造岩心,可以获得表1-6设计要求的64块岩样。

表1-6　骨架导电泥质岩石人造岩样的设计方案　　　　　　　　单位:%

黄铁矿骨架		石英骨架					
		黄铁矿含量0%		黄铁矿含量6%		黄铁矿含量12%	
分散泥质含量	层状泥质含量	分散泥质含量	层状泥质含量	分散泥质含量	层状泥质含量	分散泥质含量	层状泥质含量
0	0	0	0	0	0	0	0
	6		6		6		6
	12		12		12		12
	18		18		18		18
6	0	6	0	6	0	6	0
	6		6		6		6
	12		12		12		12
	18		18		18		18
12	0	12	0	12	0	12	0
	6		6		6		6
	12		12		12		12
	18		18		18		18
18	0	18	0	18	0	18	0
	6		6		6		6
	12		12		12		12
	18		18		18		18

表1-7　16块骨架导电泥质岩石人造岩心压制方案　　　　　　　　单位:%

黄铁矿骨架		石英骨架					
		黄铁矿含量0%		黄铁矿含量6%		黄铁矿含量12%	
分散泥质含量	层状泥质含量	分散泥质含量	层状泥质含量	分散泥质含量	层状泥质含量	分散泥质含量	层状泥质含量
0	30	0	30	0	30	0	30
6	30	6	30	6	30	6	30
12	30	12	30	12	30	12	30
18	30	18	30	18	30	18	30

1.确定黄铁矿骨架人造岩心的分散泥质质量

黄铁矿颗粒总质量为1200g,其中150目、270目、325目黄铁矿颗粒的质量比为50%、

10%和40%,将3种颗粒混合均匀,再与40g胶充分混合。在60MPa和120℃温度下固结成岩得到的长方体岩心的厚度为26mm;250g黏土在60MPa和120℃温度下固结成岩得到的长方体岩心的厚度为7.8mm。据此,可计算出压制的不同分散泥质含量的黄铁矿骨架岩心所用的黏土质量。

设黏土的质量用量为$m_土$,岩石中分散泥质的体积分数为$V_土$,根据压制模具面积不变,按下面方程可计算出在60MPa和120℃温度下黏土的质量用量:

$$\frac{7.8m_土}{250\times26+7.8m_土}=V_土 \tag{1-1}$$

利用式(1-1)可得,压制泥质含量分别为0%、6%、12%和18%的黄铁矿骨架岩心的黏土用量分别为0g、53g、114g和183g。

2. 确定石英砂岩骨架人造岩心的分散泥质质量和黄铁矿质量

将40~100目的石英砂、100~200目的石英砂、270目的石英砂和325目的石英砂按照质量比为2:4:1:3的比例均匀混合,将混合后的质量为$M_砂$(800g)石英砂与$M_胶$(40g)胶均匀混合放置在180mm长、80mm宽和180mm高的长方体模具内均匀摊平,在60MPa压力下预压30min;将质量为$M_铁$(1400g)的150目的黄铁矿与40g胶混合,放置在压过的石英砂上方,在60MPa压力下再预压30min;将质量为$M_土$(250g)的400目的黏土制成湿黏土,放置在黄铁矿上方,在60MPa和120℃的高温高压下压实固结成岩样。测量黄铁矿、石英砂、黏土的厚度分别为$H_铁$(28.2mm)、$H_砂$(29mm)和$H_土$(7.8mm)。由于相同温压下物质的密度保持不变,因此按照岩样实验设计,已知要制作黄铁矿的体积分数为$V_铁$、黏土的体积分数为$V_土$的岩样,固定砂的质量$m_砂=M_砂$,由下面的方程组,可以计算出所用黄铁矿的质量$m_铁$和黏土的质量$m_土$:

$$\begin{cases} V_铁=\dfrac{\dfrac{H_铁\,m_铁}{M_铁}}{\dfrac{H_铁\,m_铁}{M_铁}+\dfrac{H_土\,m_土}{M_土}+H_砂} \\[3ex] V_土=\dfrac{\dfrac{H_土\,m_土}{M_土}}{\dfrac{H_铁\,m_铁}{M_铁}+\dfrac{H_土\,m_土}{M_土}+H_砂} \end{cases} \tag{1-2}$$

利用式(1-2)可得,压制不同泥质含量和黄铁矿含量的石英砂岩骨架人造岩心的黏土和黄铁矿的质量、用量,见表1-8。

表1-8 不同泥质含量和黄铁矿含量石英砂岩骨架人造岩心的土和黄铁矿质量、用量表

分散泥质含量%	150目黄铁矿含量0%		150目黄铁矿含量6%		150目黄铁矿含量12%	
	黏土质量 g	黄铁矿质量 g	黏土质量 g	黄铁矿质量 g	黏土质量 g	黄铁矿质量 g
0	0	0	0	92	0	196
6	60	0	63	98	68	210
12	126.7	0	136	105	147	227
18	204	0	220	114	239	247

(二)骨架导电泥质岩石人造岩样的制作

根据低阻骨架导电泥质岩石人造岩样的设计,分两个主要过程压制人造岩心。

1. 分散泥质黄铁矿骨架或石英砂岩骨架的岩心制作

仿照纯黄铁矿骨架岩石的制作过程,含分散泥质的黄铁矿骨架或石英砂岩骨架的岩心制作过程如下:

(1)装成岩模具。

(2)称量材料质量。对于石英砂岩骨架的人造岩样,石英砂岩骨架颗粒由目数为 50～100目、100～200 目、270 目和 325 目,且质量分别为 160g、320g、80g 和 240g 四种石英砂均匀混合构成,共 800g。每一块岩心,根据其组成不同,按设计称量出相应质量的土、黄铁矿、砂以及 40g 胶、20g 乙醇。对于黄铁矿骨架的人造岩样,其黄铁矿骨架颗粒由目数为 150 目、270 目、325 目,质量分别为 600g、120g 和 480g 三种黄铁矿颗粒均匀混合构成,共 1200g。每一块岩心,根据分散泥质含量不同,按设计称量出相应质量的土以及 40g 胶、20g 乙醇。

(3)制取附着胶膜的骨架材料。将作为骨架的材料和胶均匀混合,并反复碾压,将其中的团状颗粒分散开来。用搅拌机在小桶中充分搅拌,以使被覆胶膜的导电颗粒尽量均匀。

(4)制取附着黏土膜的骨架材料。将附着胶膜的骨架材料在较大的平底盘中均匀摊开,用 200 目筛子将称量的黏土轻轻地、慢慢地筛落到这些骨架材料上,并且边筛边不断地掺和。同时,适当地用喷水壶喷水雾,并不断地搅拌使土润湿,从而使细小的黏土颗粒有充分的时间和概率黏附在骨架材料颗粒表面并形成一层薄薄的均匀黏土膜层,以提高成岩岩心的机械强度。用 20 目筛子将带有黏土膜层的颗粒过筛并搅拌均匀。

(5)装模并对骨架材料进行压实和胶结。将带有湿黏土膜的骨架材料细心地填入成岩模具中。填完后,用特制的装置将骨架材料修复平整,以尽可能地使骨架材料密度分布均匀。将截面为 179mm×79mm 的压力块放在平整的骨架材料上面,用 60MPa 压力作用于压力块上,压力块向下运动,直到压力不再减小为止。保持该压力一定时间。

(6)岩石受压面的修整。当分散泥质岩石达到压实时间后,卸掉压力,取出压力块,然后用专用工具对其修整打毛,以利于与层状黏土岩结合。

2. 层状黏土岩的制作

(1)压实。称取 250 克干黏土,将其倒入适当大小的搅拌容器中。设置搅拌速度,启动机器。待黏土颗粒搅拌起来后,用雾化器使黏土润湿,在黏土达到一定的湿度后停止搅拌。取出湿黏土并将之倒入 20 目的分析筛中过筛,获得湿度和粒度均匀的疏松湿黏土。将疏松湿黏土填入成岩模具中,放在经过压实作用后并打毛的岩石上面,用专门器具进行修整,使其密度在整个容器中分布均匀。在湿黏土上面放上一张 180mm×80mm 的打印纸,在纸上再放上一层干的细砂岩颗粒,平整后,上面放上压力块,用 60MPa 压力作用于压力块上,压力块向下运动,直到压力不再减小,岩石压实为止。保持该压力。

(2)加温定型。设置控温仪的控制温度为 120℃,启动控温仪,恒温加热箱开始加热,岩心内温度升高,最后稳定到 120℃。在此温度下成岩模具中经压实和胶结作用形成的含泥岩心开始固化。保持此温度 120h,然后关断控温仪电源,让成岩模具的温度在自然冷却中降到室温。卸掉压力,打开模具,即可以获得要求的骨架导电泥质岩石人造岩心。

(3)按照层状泥质含量的设计要求,对 16 块人造岩心进行钻取,可以获得要求的 64 块骨架导电泥质岩石人造岩样。

(三)骨架导电泥质岩石人造岩样的成型

对于含有层状泥的骨架导电泥质岩石人造岩样,由于层状泥与水长时间接触可能发生散落,所以必须对岩样进行封装处理以符合实验要求。实验步骤如下:

(1)先将成岩后的长方体干岩石用 1in 取心钻头取心并处理成柱塞状岩石样品;

(2)在柱状样品的侧面涂上 1mm 厚的胶;

(3)制作外径为 29mm,而内径为 27mm 的带凹槽的柱塞岩样端帽,并根据柱塞岩样层状泥分布情况钻多个直径为 3mm 的孔;

(4)将黄铜端帽的凹的一面垫上直径为 27mm 的不锈钢纱网,然后用胶压实固定套在岩样的两端,并使端帽上无孔的部分正对岩样层状泥部位;

(5)用浇铸或涂抹形式将岩样两端面间的缺口用胶与黄铜端帽侧面涂平,使之成为一个侧面被绝缘体包裹、端面导电的圆柱体;

(6)将整个柱体侧面涂胶后塞入一段内径为 29mm、外径为 40mm 的 PPR 管中;

(7)用车床将样品处理成两端与岩样端帽平齐、外径为 38mm 的岩心样品作为最后成型的骨架导电混合泥质岩石人造岩样实验样品。

图 1-4 为压制的骨架导电混合泥质岩石人造岩样图,图 1-5 和图 1-6 分别为封装与成型的骨架导电混合泥质岩石人造岩样图。

图 1-4 压制的骨架导电混合泥质岩石人造岩样图

黄铁矿含量 6%;分散泥质含量 12%;层状泥质含量 6%、12%、18%

图 1-5 封装的骨架导电混合泥质岩石人造岩样图

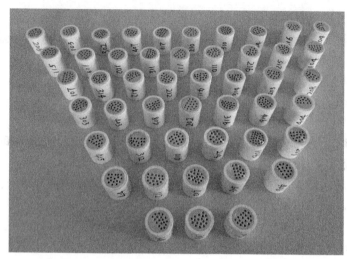

图 1-6 成型的骨架导电混合泥质岩石人造岩样图

表 1-9 列出了设计制作的 6 块骨架导电纯岩样的属性。表 1-10 列出了设计制作的 16 块不同分散泥质含量、不同层状泥质含量的黄铁矿骨架岩样的属性。表 1-11 列出了设计制作的 51 块不同黄铁矿含量、不同分散泥质含量、不同层状泥质含量的石英砂岩骨架岩样的属性。

表 1-9　骨架导电纯岩样设计表　　　　　　　　　　　　　　　　单位:%

岩样号	分散泥质含量	层状泥质含量
A1	0	0
B1	0	0
C1	0	0
D1	0	0
E1	0	0
F1	0	0

表 1-10　黄铁矿骨架泥质岩样设计表　　　　　　　　　　　　　单位:%

岩样号	泥质分布形式	分散泥质含量	层状泥质含量
401	—	0	0
402	层状	0	6
403	层状	0	12
404	层状	0	18
405	分散	6	0
406	层状+分散	6	6
407	层状+分散	6	12
408	层状+分散	6	18
409	分散	12	0
410	层状+分散	12	6

岩样号	泥质分布形式	分散泥质含量	层状泥质含量
411	层状＋分散	12	12
412	层状＋分散	12	18
413	分散	18	0
414	层状＋分散	18	6
415	层状＋分散	18	12
416	层状＋分散	18	18

表 1-11　石英砂岩骨架岩样设计表　　　　　　　　　　　　单位:%

岩样号	泥质分布形式	黄铁矿含量	分散泥质含量	层状泥质含量
101	—	0	0	0
102	层状	0	0	6
103	层状	0	0	12
104	层状	0	0	18
105	分散	0	6	0
106	层状＋分散	0	6	6
107	层状＋分散	0	6	12
108	层状＋分散	0	6	18
109	分散	0	12	0
110	层状＋分散	0	12	6
111	层状＋分散	0	12	12
112	层状＋分散	0	12	18
113	分散	0	18	0
114	层状＋分散	0	18	6
115	层状＋分散	0	18	12
116	层状＋分散	0	18	18
201	—	6	0	0
202	层状	6	0	6
203	层状	6	0	12
204	层状	6	0	18
205	分散	6	6	0
206	层状＋分散	6	6	6
207	层状＋分散	6	6	12
208	层状＋分散	6	6	18
209	分散	6	12	0
210	层状＋分散	6	12	6

岩样号	泥质分布形式	黄铁矿含量	分散泥质含量	层状泥质含量
211	层状＋分散	6	12	12
212	层状＋分散	6	12	18
213	分散	6	18	0
214	层状＋分散	6	18	6
215	层状＋分散	6	18	12
216	层状＋分散	6	18	18
301	—	12	0	0
302	层状	12	0	6
303	层状	12	0	12
304	层状	12	0	18
305	分散	12	6	0
306	层状＋分散	12	6	6
307	层状＋分散	12	6	12
308	层状＋分散	12	6	18
309	分散	12	12	0
310	层状＋分散	12	12	6
311	层状＋分散	12	12	12
312	层状＋分散	12	12	18
313	分散	12	18	0
314	层状＋分散	12	18	6
315	层状＋分散	12	18	12
316	层状＋分散	12	18	18
501	—	18	0	0
601	—	24	0	0
701	—	32	0	0

第二章　骨架导电低阻油层人造岩心
实验设计与测量

针对压制的骨架导电纯岩样和骨架导电泥质岩样,设计岩样的岩石物理实验项目和测量顺序,以获得用于描述骨架导电岩样导电规律的配套实验数据。

第一节　骨架导电低阻油层人造岩心样品实验设计

骨架导电岩样实验的目的是测量岩样的岩电实验数据和配套实验数据,岩电实验数据包括常温常压下饱和不同矿化度水的岩样电阻率、高温高压下不同含油饱和度的岩样电阻率、干岩样电阻率等数值,这些数据通过岩电实验测量获得,而配套实验数据包括孔隙度和渗透率、分散泥质(伊利石)含量、黄铁矿含量、束缚水饱和度、阳离子交换容量等数值,这些数据通过孔渗测量、全岩分析、粒度分析、核磁特性测量、压汞实验、阳离子交换能力测量获得。

由于与骨架导电泥质岩样相比,骨架导电纯岩样不含泥质,因此,实验测量项目也有一定差别。对于骨架导电纯岩样,实验测量项目为孔渗测量、岩电测量、核磁特性测量、压汞实验,辅助测量项目为阳离子交换能力测量。对于骨架导电泥质岩样,实验测量项目为孔渗测量、岩电测量、全岩分析、粒度分析、核磁特性测量、压汞实验、阳离子交换能力测量。考虑某些实验项目对岩样形状有影响或对岩样产生破坏作用,从而影响后续实验结果准确性或无法进行后续实验,因此,实验项目顺序安排原则为先做对岩样影响最小的实验,然后再做对岩样影响最大的实验。

另外,在考虑破坏性实验项目较多时,无法用一块岩样完成全部实验,为此对每块长方体岩心采取同时取两个或三个并行样,并分类组合不同实验项目,从而实现全套实验数据测量。由于并行样取自相同物质组成在相同温压下固结成型的长方体岩心,因此,可认为并行样物性相同,其实验结果代表同一岩样实验结果。对于骨架导电纯岩心,每块长方体岩心取两个并行样,即原样和并行样1。其原样的实验项目顺序为孔渗测量、岩电测量,其并行样1的实验项目顺序为孔渗测量、核磁特性测量、压汞实验、阳离子交换能力测量。对于骨架导电泥质岩心,每块长方体岩心取三个并行样即原样、并行样1和并行样2。其原样的实验项目顺序为孔渗测量、岩电测量,其并行样1的实验项目顺序为孔渗测量、核磁特性测量、压汞实验、阳离子交换能力测量,其并行样2的实验项目顺序为孔渗测量、全岩分析、粒度分析。骨架导电岩样实验设计见图2-1。

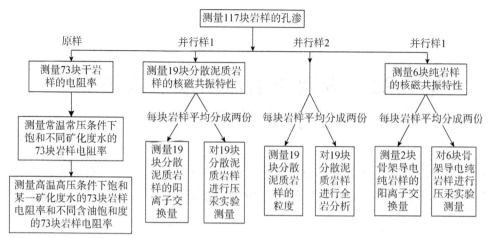

图 2 - 1　骨架导电岩样实验设计图

第二节　骨架导电低阻油层人造岩心样品实验测量

一、孔隙度和渗透率测量

利用美国岩心公司的 CMS - 300 孔渗参数测量仪,测量 117 块岩样的孔隙度和渗透率。孔隙度的测量依据波义耳定律,而渗透率的测量使用了脉冲衰减非稳态技术。其中 10 块岩样的孔隙度、渗透率实验数据见表 2 - 1。

表 2 - 1　骨架导电岩样物性数据表

序号	岩心号	长度 cm	直径 cm	上覆压力 psi	孔隙体积 cm^3	孔隙度 %	空气渗透率 $10^{-3}\ \mu m^2$
1	A1	7.19	2.53	500	11.12	30.8	36.14
2	B1	7.39	2.52	500	11.20	30.3	41.69
3	C1	7.18	2.53	500	11.19	31.1	48.90
4	D1	7.34	2.51	500	11.56	31.8	60.74
5	E1	7.50	2.52	500	11.45	30.6	80.39
6	F1	7.61	2.53	500	11.62	30.5	86.87
7	401	7.50	2.53	500	12.42	33.1	100.60
8	201	7.51	2.51	500	9.08	24.4	118.37
9	301	7.55	2.52	500	9.72	25.8	118.38
10	501	7.52	2.50	500	9.65	26.3	101.14

二、岩电实验测量

(一)干岩样电阻率和饱和不同矿化度水岩样电阻率测量

在常温常压条件下,测量 73 块干岩样电阻率,并分别测量 73 块岩样在饱和碳酸钠水溶液矿化度分别为 1000mg/L、2000mg/L、3500mg/L、5000mg/L、7000mg/L、10000mg/L、20000mg/L、50000mg/L、100000mg/L 条件下的岩样电阻率。由于黄铁矿颗粒与溶液接触可能发生化学反应以及絮状物析出,使导电骨架颗粒的电导率发生变化,因此,多矿化度实验顺序为先测量高矿化度水饱和岩样的电阻率,然后测量低矿化度水饱和岩样的电阻率。表 2-2 给出了 A1 号岩样多矿化度岩电实验数据。基于上述原因,下文仅使用 20000mg/L 以下地层水矿化度岩电实验数据进行后续研究。

表 2-2 A1 号岩样多矿化度岩电实验数据表

孔隙度 %	空气渗透率 $10^{-3} \mu m^2$	干岩样电阻率 $\Omega \cdot m$	水矿化度 mg/L	水电阻率 $\Omega \cdot m$	饱和水岩样电阻率 $\Omega \cdot m$
30.8	36.14	7.560774356	100000	0.138	1.170
			50000	0.208	1.646
			20000	0.394	3.167
			10000	0.796	5.911
			7000	1.062	7.198
			5000	1.435	9.186
			3500	1.919	11.676
			2000	3.003	15.240
			1000	5.519	21.936

(二)不同含油饱和度岩样电阻率测量

利用美国岩心测试公司生产的模拟地层条件下电阻率—毛管压力测量系统,在高温高压条件下,测量 73 块岩样在饱和地层水矿化度为 7000mg/L 条件下的岩样电阻率和油驱水的不同饱和度岩样电阻率。表 2-3 给出了 201 号岩样不同含油饱和度的岩电实验数据。

表 2-3 不同含油饱和度岩样的岩电实验数据表

油田	/			地层水矿化度	7000		mg/L
井号	/			地层水电阻率	0.55		$\Omega \cdot m$
层位	/			测试温度	60		℃
			有效围压=7 MPa		孔隙压力=0.1 MPa		
岩心号	空气渗透率 $10^{-3} \mu m^2$	孔隙度 %	地层因素 F	水饱和度 %	电阻率指数 1kHZ	电阻率指数 20kHZ	备注
201	118.37	24.4	13.37	100.000	1.000	1.000	
				84.180	1.474	1.427	
				76.044	1.718	1.628	
				61.724	2.319	2.268	
				51.543	3.108	3.025	
				45.191	4.432	4.299	
				37.750	6.676	6.460	
				34.120	8.009	7.664	
				28.907	10.211	9.772	
				25.505	12.995	12.389	

三、核磁共振实验

利用英国共振仪器公司开发的 MARAN-2M 型核磁共振岩心分析仪,在常温下,测量 25 块岩样饱和矿化度为 7000mg/L 地层水条件下岩样的 T_2 谱,然后对岩样进行离心,测量离心后岩样的 T_2 谱。表 2-4 和图 2-2、图 2-3 给出了 109-2 号岩样 NMR 标准 T_2 测试结果。

表 2-4 岩样 NMR 标准 T_2 测试结果

样号	109-2*	直径,cm	2.51	测试温度,℃	35	氦孔隙度,%	20.1
岩样原编号	/	长度,cm	3.58	等待时间,s	6	称重孔隙度,%	20.5
实验室编号	/	质量(干样),g	35.20	回波间隔,ms	0.3	渗透率,$10^{-3}\mu m^2$	35.313
井深,m		质量(饱和),g	38.82	扫描次数	64	束缚水,%	30.66
层位	/	质量(离心),g	36.31	接受增益,%	80	岩性	砂岩
矿化度,mg/L		质量(水中),g	17.69	回波个数	2K		
刻度因子(饱和/离心)		0.00002782		几何平均(饱和)		30.071	
$T_{2cutoff}$,ms		22.56		算术平均(饱和)		40.727	
BVI@S_{wi},%		30.83		几何平均(离心)		11.863	
核磁孔隙度,%		20.2		算术平均(离心)		21.714	

*"-2"代表并行样 1。

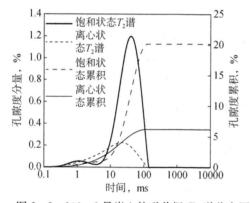

图 2-2 109-2 号岩心核磁共振 T_2 谱分布图

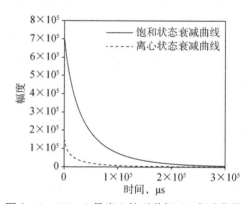

图 2-3 109-2 号岩心核磁共振 T_2 衰减曲线

四、压汞实验

利用 AutoPore Ⅲ 9405 水银孔隙仪,在常温(24℃)条件下,对 25 块岩样进行压汞实验测量。高性能全自动压汞仪使用汞浸入法来测定毛管压力与岩心含汞饱和度之间关系曲线以及孔喉半径分布等。实验结果见表 2-5。

五、粒度测量

利用 MASTERSIZER-2000 激光粒度分析仪,采用激光衍射法测量 19 块岩样的粒径分布,给出粒度分布图。表 2-6 给出了 7 块岩样的粒度分析数据。

表 2-5 岩心压汞毛管曲线实验综合数据表

样号	渗透率 K 10⁻³μm²	孔隙度 φ %	孔隙半径, μm 最大 R_a	孔隙半径, μm 平均 R_p	孔隙半径, μm 中值 R_{50}	孔隙分布 峰位 R_v μm	孔隙分布 峰值 R_m %	渗透率分布 峰位 R_f μm	渗透率分布 峰值 R_m %	分选系数 S_p μm	歪度 SK_p	峰态 K_p	半径均值 D_m μm	结构系数 Φ_p	相对分选系数 D	特征结构参数 $1/D\Phi_p$	均质系数 α	汞饱和度,% 最大 S_{max}	汞饱和度,% 最终剩余 S_r	仪器最大退出效率 W_e %	排驱压力 p_{cd} MPa
A1-2	37.40	30.5	2.21	0.91	1.09	1.00	54.56	1.00	74.86	0.93	0.54	1.83	1.05	0.84	0.89	1.34	0.41	96.21	42.99	55.31	0.33
B1-2	40.41	30.4	2.21	0.92	1.11	1.00	57.09	1.00	76.12	0.72	0.48	1.37	1.07	0.80	0.67	1.87	0.42	96.98	51.55	46.84	0.33
C1-2	45.43	30.5	2.22	0.96	1.17	1.00	62.84	1.00	75.95	0.59	0.45	1.23	1.12	0.77	0.53	2.49	0.43	97.76	52.11	46.70	0.33
D1-2	69.24	31.3	2.22	1.00	1.19	1.00	55.14	1.00	61.27	0.87	0.48	1.95	1.14	0.57	0.76	2.33	0.45	96.61	55.89	42.15	0.33
E1-2	73.18	29.7	2.23	1.17	1.36	1.00	45.82	1.60	56.32	0.66	0.32	1.29	1.37	0.69	0.48	3.01	0.53	97.63	74.99	23.19	0.33
F1-2	80.38	30.7	2.23	1.25	1.52	1.60	45.17	1.60	69.33	0.56	0.37	1.04	1.49	0.75	0.38	3.54	0.56	98.92	85.68	13.38	0.33
201-2	115.53	25.4	5.33	2.03	1.76	2.50	28.56	2.50	62.10	3.94	0.79	0.43	1.71	1.14	2.30	0.38	0.38	61.35	59.38	3.22	0.14
301-2	113.96	25.9	5.26	2.01	1.87	2.50	30.00	2.50	62.29	3.94	0.80	0.43	1.76	1.15	2.24	0.39	0.38	66.30	63.48	4.25	0.14
501-2	95.33	26.4	5.33	1.96	2.26	2.50	37.01	2.50	61.00	1.93	0.53	3.91	2.30	1.32	0.84	0.90	0.37	89.07	86.11	3.32	0.14
601-2	90.67	27.9	5.33	1.88	2.06	2.50	32.59	2.50	61.49	3.94	0.83	2.83	1.83	1.36	2.16	0.34	0.35	80.74	77.81	3.64	0.14
701-2	89.16	27.9	3.81	1.80	2.27	2.50	41.61	2.50	71.16	0.88	0.42	1.49	2.27	1.27	0.39	2.04	0.47	95.93	91.28	4.84	0.19
101-2	117.76	23.8	5.33	2.13	1.63	2.50	28.05	2.50	58.57	3.97	0.75	0.43	1.71	1.14	2.32	0.38	0.40	55.88	54.25	2.92	0.14
105	63.43	23.3	3.80	1.79	2.26	2.50	42.14	2.50	72.77	0.83	0.41	1.16	2.23	1.47	0.37	1.82	0.47	96.68	87.18	9.82	0.19
109-2	35.31	20.1	3.80	1.64	1.95	2.50	31.42	2.50	64.82	1.34	0.47	1.99	1.99	1.91	0.67	0.78	0.43	95.93	91.18	4.95	0.19
113-2	28.59	21.2	2.70	1.31	1.49	1.60	38.70	1.60	57.75	1.89	0.57	3.20	1.47	1.60	1.28	0.49	0.35	93.90	87.74	6.56	0.20
205-2	67.75	23.7	2.84	1.80	2.17	2.50	38.59	2.50	69.97	1.89	0.56	3.74	2.16	1.42	0.87	0.81	0.48	93.81	90.77	3.24	0.20
209-2	42.69	23.7	3.74	1.58	1.81	1.60	31.20	2.50	59.20	1.17	0.42	1.50	1.86	1.73	0.63	0.92	0.42	96.37	49.75	48.38	0.20
213-2	26.09	24.1	3.74	1.15	1.24	1.60	31.00	1.60	58.05	1.53	0.51	1.60	1.27	1.54	1.21	0.54	0.31	95.58	37.23	61.05	0.20
305-2	80.48	26.3	2.70	1.61	1.76	1.60	47.74	1.60	65.86	1.96	0.73	3.56	1.56	1.06	1.25	0.76	0.60	86.18	62.07	27.98	0.27
309-2	35.90	24.0	2.84	1.41	1.56	1.60	38.62	1.60	58.08	1.36	0.54	2.01	1.53	1.66	0.89	0.68	0.50	95.75	34.82	63.64	0.26
313-2	24.12	25.0	3.77	1.16	1.24	1.60	31.65	1.60	60.21	2.02	0.58	2.46	1.26	1.74	1.61	0.36	0.31	94.55	35.15	62.82	0.20
405-2	8.18	21.9	2.23	0.79	0.79	1.00	28.58	1.00	52.14	1.90	0.53	2.49	0.82	2.07	2.32	0.21	0.35	93.00	80.87	13.04	0.33
409-2	4.70	19.0	1.58	0.61	0.71	0.63	42.32	0.63	45.11	1.03	0.44	1.43	0.68	1.87	1.51	0.35	0.39	98.80	87.22	11.72	0.47
413-2	6.49	21.5	1.58	0.65	0.75	0.63	41.57	1.00	51.22	0.92	0.34	1.41	0.75	1.74	1.22	0.47	0.41	98.53	88.45	10.23	0.47
401-2	96.40	32.6	2.26	1.26	1.53	1.60	43.58	1.60	64.29	0.59	0.36	1.04	1.50	0.74	0.37	3.59	0.68	98.98	85.72	13.39	0.33

注:样号一栏中的"-2"代表并行样1。

表2-6 岩心粒度分析数据表

砂粒百分含量,%

样品编号	井段 m	距顶 cm	层位	砾石	粗砂					中砂				细砂		
粒级,mm				>2	2~1	1~0.84	0.84~0.71	0.71~0.59	0.59~0.5	0.5~0.42	0.42~0.35	0.35~0.3	0.3~0.25	0.25~0.21	0.21~0.177	0.177~0.14
粒级(φ)				<-1	-1~0	0~0.25	0.25~0.5	0.5~0.75	0.75~1	1~1.25	1.25~1.5	1.5~1.75	1.75~2	2~2.25	2.25~2.5	2.5~2.75
101-3				0	0	0	0	0	0	0.06	0.938	1.722	3.565	5.14	6.648	8.029
401-3				0	0	0	0	0	0.013	0.182	0.365	0.412	0.602	0.737	1.028	1.611
201-3				0	0	0	0	0.004	0.153	0.637	1.472	2.159	3.864	5.134	6.35	7.503
301-3				0	0	0	0	0.003	0.114	0.588	1.433	2.133	3.822	5.056	6.212	7.291
501-3				0	0	0	0	0.072	0.372	0.948	1.907	2.537	4.217	5.25	6.155	6.961
601-3				0	0	0	0	0.089	0.228	0.57	1.216	1.727	3.058	4.055	5.039	6.024
701-3				0	0	0	0	0.004	0.294	0.771	1.578	2.109	3.536	4.468	5.352	6.219

砂粒百分含量,%

样品编号	细砂					粉砂				黏土
粒径,mm	0.149~0.125	0.125~0.105	0.105~0.088	0.088~0.074	0.074~0.0625	0.0625~0.0312	0.0312~0.0156	0.0156~0.0078	0.0078~0.0039	<0.0039
粒径(ψ)	2.75~3	3~3.25	3.25~3.5	3.5~3.75	3.75~4	4~5	5~6	6~7	7~8	>8
101-3	9.063	9.238	8.947	7.861	6.511	15.859	7.215	3.917	2.054	3.233
401-3	2.592	3.843	5.363	6.676	7.635	34.394	22.006	8.364	2.866	1.311
201-3	8.423	8.644	8.512	7.664	6.54	17.016	7.626	3.727	1.861	2.708
301-3	8.149	8.361	8.28	7.545	6.556	18.008	8.322	3.834	1.826	2.467
501-3	7.562	7.614	7.471	6.816	5.994	17.737	9.587	4.528	1.999	2.272
601-3	6.903	7.31	7.523	7.177	6.574	20.902	11.699	5.337	2.23	2.339
701-3	6.975	7.268	7.383	6.965	6.319	19.891	11.523	5.331	2.058	1.957

粒度参数

样品编号	C值 mm	M值 mm	平均值(φ) M_z	标准偏差(φ) δ_i	偏态 SK_1	峰态 K_G	岩石定名
101-3	0.35	0.09	3.63	1.44	0.34	1.30	
401-3	0.30	0.04	4.60	1.19	0.10	1.09	
201-3	0.41	0.09	3.59	1.43	0.27	1.22	
301-3	0.40	0.09	3.62	1.42	0.26	1.17	
501-3	0.44	0.09	3.65	1.50	0.24	1.08	
601-3	0.41	0.08	3.87	1.49	0.21	1.06	
701-3	0.42	0.08	3.80	1.49	0.20	1.03	

注:样品编号一栏中的"-3"代表并行样2。

六、X 射线衍射全岩分析

利用德国布鲁克 AXS 公司全新的 D8 ADVANCE 粉末 X 射线衍射仪,在常温(24℃)条件下,对 19 块岩样进行全岩分析。全岩分析的实验数据见表 2-7。

表 2-7 X 射线衍射全岩实验分析数据

样号	石英	钾长石	斜长石	方解石	绿泥石	伊利石	铁白云石	白云石	菱铁矿	黄铁矿
105	94.3					5.7				0
109	88.4					11.6				0
113	82.6					17.4				0
205	86.6					5.1				8.3
209	80.7					11				8.3
213	74.8					16.7				8.5
305	78.5					5				16.5
309	72.6					10.7				16.7
313	66.6					16.4				17
405	1.8					5.1				93.1
409	1.6					11.2				87.2
413	1.5					17.1				81.4
401-3	2					0				98
101-3	100					0				0
201-3	92					0				8
301-3	84					0				16
501-3	77					0				23
601-3	71					0				29
701-3	66					0				34

注:样号一栏中的"-3"代表并行样 2。

七、阳离子交换量测量

采用定氮蒸馏方法,蒸馏出的铵立即被 2‰硼酸溶液吸收,用 0.02mol/L 标准盐酸溶液滴定铵,即可计算得出岩样阳离子交换量。在常温(24℃)条件下,测量了 21 块岩样的阳离子交换量。表 2-8 给出了 10 块岩样的阳离子交换容量。

表 2-8 岩心阳离子交换容量数据表

序号	岩心号	空气渗透率 $10^{-3}\ \mu m^2$	孔隙度 %	颗粒密度 g/cm³	阳离子交换容量	
					mmol/100g	mmol/cm³
1	A1-2	37.4	30.5	4.50	2.45	0.25
2	E1-2	73.18	29.6	4.49	2.40	0.26

序号	岩心号	空气渗透率 $10^{-3}\ \mu m^2$	孔隙度 %	颗粒密度 g/cm³	阳离子交换容量	
					mmol/100g	mmol/cm³
3	201-2	115.53	25.4	2.64	0.28	0.02
4	301-2	113.96	25.9	2.75	0.48	0.04
5	501-2	95.33	26.4	2.87	0.63	0.05
6	601-2	90.67	27.9	3.03	0.76	0.06
7	701-2	89.16	27.9	3.13	0.91	0.07
8	101-2	117.76	23.8	2.51	0.08	0.01
9	105	63.43	23.3	2.49	2.34	0.19
10	109-2	35.31	20.1	2.49	4.25	0.42

第三节　骨架导电低阻油层人造岩心样品参数确定

对于骨架导电泥质岩石岩样,根据孔渗测量、X衍射全岩矿物分析和核磁共振等实验数据,可以确定层状泥质含量、层状泥质岩样的有效孔隙度、分散泥质含量、导电矿物含量、束缚水饱和度等参数,用于分析参数变化对骨架导电泥质岩石导电规律的影响以及骨架导电泥质岩石导电模型的精度评价中。

一、确定层状泥质含量

在钻取骨架导电层状泥质岩石岩样过程中,将层状泥质部分作为圆柱岩样侧面,因此,层状泥质部分的横截面形状为弓形,如图2-4所示。改变层状泥质部分横截面的弓形高度可获得不同层状泥质含量的岩样。由图中可知,利用层状泥质部分弓形横截面除以岩样的横截面积可计算出层状泥质含量。其计算公式如下:

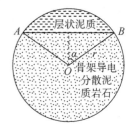

图2-4　骨架导电泥质岩石岩样示意图

$$S_{扇形AOB}=\alpha r^2 \tag{2-1}$$

式中,$S_{扇形AOB}$ 为扇形 AOB 面积,cm²;α 为圆心角,rad;r 为圆半径,cm。

$$S_{\triangle AOB}=\frac{1}{2}r^2\sin(2\alpha) \tag{2-2}$$

式中,$S_{\triangle AOB}$ 为 $\triangle AOB$ 面积,cm²。

$$S_{弓形AB}=S_{扇形AOB}-S_{\triangle AOB}=\alpha r^2-\frac{1}{2}r^2\sin(2\alpha) \tag{2-3}$$

式中,$S_{弓形AB}$ 为弓形 AB 面积,cm²。

骨架导电泥质岩石岩样的层状泥质含量计算公式为

$$V_{lam}=\frac{V_{层状泥}}{V_{岩样}}=\frac{S_{弓形AB}}{S_{圆}} \tag{2-4}$$

式中,V_{lam} 为层状泥质含量;$S_{圆}$ 为岩样的横截面积,cm²。

二、确定层状泥质岩样的有效孔隙度

由于实际地层中层状泥质（薄层泥）是在经过长期的地质作用下形成的，因此，其孔隙半径小于 0.1 μm，孔隙为微孔隙且含有束缚水，其有效孔隙度接近零。然而，本次人工压制的骨架导电层状泥质岩样由于泥质颗粒目数较大且压制时间较短等原因，导致层状泥质具有一定孔隙，利用称重法测量了两块层状泥样品的孔隙度，其均值为 20.4%，故利用氦孔隙度仪测量的骨架导电层状泥质岩样孔隙度是骨架导电分散泥质岩样部分和层状泥质部分的孔隙度总和。为了获得骨架导电分散泥质岩样部分孔隙度（即层状泥质岩样的有效孔隙度），在假定一次压制的岩样具有相同物性的层状泥和分散泥质岩样条件下，根据实验测得的不同层状泥质含量的岩样孔隙度，可计算出骨架导电层状泥质岩样的有效孔隙度。其方法如下：

根据实验测得的骨架导电层状泥质岩样孔隙度是骨架导电分散泥质岩样部分和层状泥质部分的孔隙度总和，可得

$$\phi_{测} = \phi_{sd}(1 - V_{lam}) + \phi_{lam} V_{lam} \tag{2-5}$$

式中，$\phi_{测}$ 为实验测量的总孔隙度；ϕ_{lam} 为层状泥部分的孔隙度；ϕ_{sd} 为分散泥质砂岩部分的孔隙度。

$$\frac{\phi_{测}}{V_{lam}} = \phi_{sd} \frac{1 - V_{lam}}{V_{lam}} + \phi_{lam} \tag{2-6}$$

令 $y = \dfrac{\phi_{测}}{V_{lam}}$，$x = \dfrac{1 - V_{lam}}{V_{lam}}$，则有

$$y = \phi_{sd} x + \phi_{lam} \tag{2-7}$$

根据实验测得的一次压制的不同层状泥质含量的岩样孔隙度，做 x 与 y 的交会图，得到斜率 ϕ_{sd} 和截距 ϕ_{lam}。已知岩样孔隙度与分散泥质砂岩孔隙度的关系为 $\phi = \phi_{sd}(1 - V_{lam})$，再根据式(2-5)，可得

$$\phi = \phi_{测} - \phi_{lam} V_{lam} \tag{2-8}$$

式中，ϕ 为骨架导电层状泥质岩样的有效孔隙度。

三、确定岩样的分散泥质含量

根据 X 衍射全岩矿物分析实验结果，可得到分散泥质（伊利石）体积占岩样骨架总体积的百分比，可用下式计算岩样分散泥质含量：

$$V_{cl} = V_{clma}(1 - \phi_{sd})(1 - V_{lam}) \tag{2-9}$$

式中，V_{cl} 为岩样分散泥质含量；V_{clma} 为分散泥质体积占岩样骨架总体积比。

四、确定岩样的导电矿物含量

根据 X 衍射全岩矿物分析实验结果，可得到黄铁矿体积占岩样骨架总体积的百分比，可用下式计算岩样黄铁矿含量：

$$V_{mac} = V_{macma}(1 - \phi_{sd})(1 - V_{lam}) \tag{2-10}$$

式中，V_{mac} 为岩样黄铁矿含量；V_{macma} 为黄铁矿体积占岩样总体积比。

五、确定岩样的束缚水饱和度

根据核磁共振实验中离心法测量的束缚水饱和度值,可以得到骨架导电纯岩样束缚水饱和度值和骨架导电分散泥质岩样束缚水饱和度值,而骨架导电层状泥质岩样的束缚水饱和度等于该组岩心对应的骨架导电分散泥质岩样束缚水饱和度值。

利用上述公式和实验数据,计算出 73 块岩样的层状泥质含量、有效孔隙度、分散泥质含量、黄铁矿含量、束缚水饱和度等参数,见表 2-9。

表 2-9 骨架导电低阻油层人造岩心样品参数

组名	岩样号	直径 cm	长度 cm	孔隙度 %	泥质分布形式	黄铁矿含量 %	分散泥质含量 %	层状泥质含量 %	束缚水饱和度 %
A1—F1 组	A1	2.53	7.19	30.8	—	69.2	0	0	12.0
	B1	2.52	7.39	30.3	—	69.7	0	0	12.0
	C1	2.53	7.18	31.1	—	68.9	0	0	12.9
	D1	2.51	7.34	31.8	—	68.2	0	0	10.4
	E1	2.52	7.50	30.6	—	69.4	0	0	13.1
	F1	2.53	7.61	30.5	—	69.5	0	0	14.0
101—104 组	101	2.52	7.39	23.6	—	0	0	0	22.5
	102	2.52	3.95	20.7	层状	0	0	4.6	22.5
	103	2.52	4.31	19.5	层状	0	0	10.5	22.5
	104	2.52	4.34	17.9	层状	0	0	17.6	22.5
105—108 组	105	2.51	4.07	23.3	分散	0	4.4	0	28.7
	106	2.51	4.14	21.4	层状+分散	0	4.0	7.6	28.7
	107	2.51	4.07	20.0	层状+分散	0	3.8	13.6	28.7
	108	2.52	4.10	19.8	层状+分散	0	3.8	14.2	28.7
109—112 组	109	2.53	3.76	22.2	分散	0	9.0	0	30.7
	110	2.53	4.41	19.6	层状+分散	0	8.8	4.5	30.7
	111	2.53	4.19	18.3	层状+分散	0	8.2	10.8	30.7
	112	2.53	4.34	16.1	层状+分散	0	7.3	21.3	30.7
113—116 组	113	2.53	3.85	21.1	分散	0	13.7	0	34.5
	114	2.53	3.58	17.5	层状+分散	0	13.2	6.8	34.5
	115	2.53	4.47	16.6	层状+分散	0	12.5	11.3	34.5
	116	2.53	4.38	14.6	层状+分散	0	11.0	22.3	34.5

组名	岩样号	直径 cm	长度 cm	孔隙度 %	泥质分布形式	黄铁矿含量 %	分散泥质含量 %	层状泥质含量 %	束缚水饱和度 %
201—204组	201	2.51	7.51	24.4	—	6.0	0	0	23.5
	202	2.52	4.39	20.8	层状	5.7	0	7.5	23.5
	203	2.52	4.50	20.1	层状	5.5	0	10.7	23.5
	204	2.51	3.87	17.1	层状	4.7	0	23.8	23.5
205—208组	205	2.52	3.53	24.6	分散	6.3	3.8	0	29.9
	206	2.52	3.95	21.2	层状＋分散	6.0	3.7	6.0	29.9
	207	2.52	4.41	19.5	层状＋分散	5.6	3.4	13.5	29.9
	208	2.52	4.11	16.0	层状＋分散	4.6	2.8	28.9	29.9
209—212组	209	2.53	3.82	24.2	分散	6.3	8.3	0	32.7
	210	2.52	4.03	21.6	层状＋分散	6.2	8.2	3.6	32.7
	211	2.52	3.94	19.3	层状＋分散	5.5	7.3	14.0	32.7
	212	2.52	4.05	18.7	层状＋分散	5.4	7.1	16.8	32.7
213—216组	213	2.51	4.11	23.8	分散	6.5	12.7	0	36.4
	214	2.52	4.37	20.8	层状＋分散	6.0	11.8	8.8	36.4
	215	2.52	4.34	19.8	层状＋分散	5.7	11.2	13.0	36.4
	216	2.52	4.48	18.1	层状＋分散	5.2	10.2	20.6	36.4
301—304组	301	2.52	7.55	25.8	—	11.9	0	0	20.1
	302	2.52	3.84	22.9	层状	11.9	0	2.7	20.1
	303	2.51	4.12	19.9	层状	10.4	0	15.1	20.1
	304	2.52	3.98	18.3	层状	9.5	0	22.2	20.1
305—308组	305	2.52	4.06	25.0	分散	12.4	3.7	0	30.3
	306	2.52	3.90	20.9	层状＋分散	11.3	3.4	10.8	30.3
	307	2.52	4.00	20.5	层状＋分散	11.0	3.3	12.6	30.3
	308	2.52	4.23	18.1	层状＋分散	9.7	2.9	23.0	30.3
309—312组	309	2.52	3.75	23.5	分散	12.8	8.2	0	33.5
	310	2.51	3.95	21.8	层状＋分散	12.2	7.8	4.9	33.5
	311	2.52	4.30	19.1	层状＋分散	10.7	6.9	16.8	33.5
	312	2.52	4.29	17.2	层状＋分散	9.7	6.2	24.9	33.5
313—316组	313	2.51	3.91	26.0	分散	12.6	12.1	0	36.6
	314	2.52	4.21	21.7	层状＋分散	11.7	11.3	9.4	36.6
	315	2.52	4.38	20.9	层状＋分散	11.3	10.9	12.9	36.6
	316	2.52	4.48	19.6	层状＋分散	10.6	10.2	18.1	36.6

组名	岩样号	直径 cm	长度 cm	孔隙度 %	泥质分布形式	黄铁矿含量 %	分散泥质含量 %	层状泥质含量 %	束缚水饱和度 %
401—404组	401	2.53	7.50	33.1	—	65.6	0	0	17.2
	402	2.49	3.79	19.9	层状	74.1	0	4.5	17.2
	403	2.49	4.17	18.1	层状	67.4	0	13.2	17.2
	404	2.52	4.37	15.9	层状	59.3	0	23.6	17.2
405—408组	405	2.51	3.87	21.7	分散	72.9	4.0	0	33.1
	406	2.47	4.34	18.4	层状+分散	66.6	3.6	10.1	33.1
	407	2.48	4.17	17.6	层状+分散	63.7	3.5	14.0	33.1
	408	2.47	4.40	16.3	层状+分散	58.9	3.2	20.4	33.1
409—412组	409	2.51	3.46	19.6	分散	70.1	9.0	0	40.6
	410	2.47	4.43	20.0	层状+分散	67.0	8.6	3.2	40.6
	411	2.47	4.36	18.2	层状+分散	60.8	7.8	12.1	40.6
	412	2.48	4.31	16.3	层状+分散	54.4	7.0	21.3	40.6
413—416组	413	2.48	3.32	21.4	分散	63.9	13.4	0	46.5
	414	2.53	4.10	19.3	层状+分散	58.9	12.4	8.3	46.5
	415	2.49	4.07	18.0	层状+分散	54.8	11.5	14.7	46.5
	416	2.51	4.49	17.3	层状+分散	52.7	11.1	18.0	46.5
501—701组	501	2.50	7.52	26.3	—	16.7	0	0	21.2
	601	2.51	7.06	28.0	—	21.0	0	0	20.9
	701	2.51	7.54	27.4	—	24.5	0	0	15.8

六、确定层状泥质电导率

当电流平行于层状泥延展方向流动时,层状泥质与分散泥质岩石之间导电规律遵循严格的并联导电规律。根据并联导电,可得

$$C_{to} = C_{sh}V_{lam} + C_{sa}(1 - V_{lam}) \tag{2-11}$$

$$C_{to} = (C_{sh} - C_{sa})V_{lam} + C_{sa} \tag{2-12}$$

(一)确定常温常压饱和不同矿化度水的层状泥质电导率

由于本次压制的层状泥具有较大孔隙度,因此,当含层状泥岩样饱和不同矿化度水时,岩样中层状泥部分的孔隙饱和水的矿化度发生变化,同时随着饱和水的矿化度的变化,层状泥的附加导电性也发生变化,从而导致岩样中层状泥电导率随饱和水矿化度变化而变化。故应对不同饱和水矿化度,确定其相应的层状泥质电导率,其方法如下:

在假定一次压制的岩心,即同一组岩样具有相同物性的层状泥和分散泥质岩样条件下,利

用常温常压饱和不同矿化度水的岩电实验数据和层状泥质含量,做饱和地层水矿化度分别为1000mg/L、2000mg/L、3500mg/L、5000mg/L、7000mg/L、10000mg/L 条件下的岩样电导率与层状泥质含量交会图。图 2-5 给出两组岩样在常温常压条件下饱和不同矿化度水的混合泥质岩样电导率与层状泥质含量交会图。从图中可以看出,在饱和水矿化度不变条件下,每组岩样电导率 C_o 与层状泥质含量 V_{lam} 之间近似为线性关系,分别拟合交会图中对应各种矿化度水的每组岩样 C_o 与 V_{lam} 数据,可得 C_o 与 V_{lam} 关系式为

$$C_o C_w = k C_w V_{lam} + b C_w \qquad (2-13)$$

对比式(2-12)和式(2-13),可得

$$k C_w = C_{sh} C_w - C_{sa} C_w \qquad (2-14)$$

$$b C_w = C_{sa} C_w \qquad (2-15)$$

根据式(2-14)和式(2-15),可计算出常温常压饱和不同矿化度水的层状泥质电导率为

$$C_{sh} C_w = k C_w + b C_w \qquad (2-16)$$

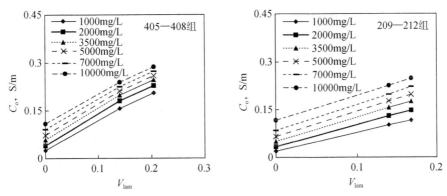

图 2-5　常温常压饱和不同矿化度水的混合泥质岩样电导率与层状泥质含量交会图

(二)确定高温高压饱和某一矿化度水的层状泥质电导率

随着温度变化,水电导率和黏土附加导电性均发生变化,因此,层状泥质电导率随着温度的变化而变化。采用与上面相同的方法,利用高温高压饱和 7000mg/L 矿化度水的混合泥质岩样电导率与层状泥质含量交会图(图 2-6),经过线性拟合可确定高温高压饱和 7000mg/L 矿化度水的层状泥质电导率。

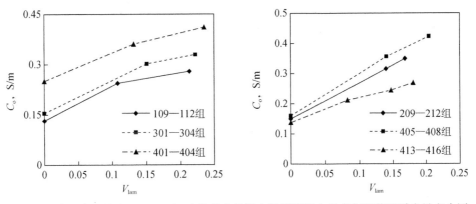

图 2-6　高温高压饱和 7000mg/L 矿化度水的混合泥质岩样电导率与层状泥质含量交会图

去掉 12 块岩电数据异常的岩心样品(编号为 110、116、204、206、210、302、306、310、314、402、406、410),利用其他样品的岩电实验数据,根据上述方法,分别求出了常温常压和高温高压条件下各组岩样饱和不同矿化度水的层状泥质电导率值,见表 2-10 和表 2-11。

表 2-10　常温常压各组岩样饱和不同矿化度水的层状泥质电导率

矿化度,mg/L 　　　 C_{sh},S/m	10000	7000	5000	3500	2000	1000
101—104 组	0.648	0.606	0.579	0.536	0.472	0.389
105—108 组	0.940	0.901	0.867	0.810	0.721	0.596
109—112 组	0.542	0.525	0.512	0.479	0.429	0.362
113—116 组	0.970	0.937	0.947	0.899	0.810	0.694
201—204 组	1.118	1.067	0.998	0.930	0.813	0.656
205—208 组	0.525	0.507	0.481	0.447	0.391	0.322
209—212 组	0.893	0.894	0.847	0.799	0.714	0.598
213—216 组	0.813	0.818	0.775	0.733	0.662	0.555
301—304 组	0.689	0.655	0.627	0.579	0.512	0.421
305—308 组	0.608	0.603	0.582	0.545	0.486	0.408
309—312 组	0.692	0.672	0.653	0.615	0.549	0.464
313—316 组	1.221	1.199	1.163	1.095	0.993	0.837
401—404 组	0.645	0.698	0.732	0.747	0.739	0.696
405—408 组	0.989	0.992	0.997	0.992	0.975	0.915
409—412 组	0.417	0.440	0.462	0.474	0.484	0.469
413—416 组	0.512	0.534	0.541	0.547	0.549	0.531

表 2-11　高温高压各组岩样饱和 7000mg/L 矿化度水的层状泥质电导率

组号	101—104 组	105—108 组	109—112 组	113—116 组	201—204 组	205—208 组	209—212 组	213—216 组
C_{sh},S/m	0.952	1.363	0.836	1.471	1.687	0.783	1.334	1.224
组号	301—304 组	305—308 组	309—312 组	313—316 组	401—404 组	405—408 组	409—412 组	413—416 组
C_{sh},S/m	0.976	0.920	1.011	1.754	0.946	1.469	0.723	0.857

第三章　骨架导电低阻油层导电规律实验研究

利用人工压制的 73 块骨架导电纯岩样和骨架导电泥质岩样岩电实验数据,计算岩样的层状泥质含量、分散泥质含量、黄铁矿含量等参数,研究了骨架导电纯岩石和骨架导电泥质岩石的导电规律。利用常温和高温岩电实验数据,研究温度变化对骨架导电泥质岩石导电规律的影响。

第一节　骨架导电纯岩样导电规律实验研究

一、饱含水骨架导电纯岩样导电规律实验研究

人工压制了 1 组 6 块骨架导电纯岩样,该组岩样由岩样 A1 至 F1 组成,岩样骨架完全由黄铁矿颗粒组成,不含分散泥和层状泥。岩样孔隙度变化范围为 $30.3\% \sim 31.7\%$,地层水电导率变化范围为 $0.181 \sim 1.257 S/m$,在常温常压下测量了饱和不同水电导率的该组岩样电导率。图 3-1 给出了该组饱含水骨架导电纯岩样电导率(C_o)与地层水电导率(C_w)之间的关系。从图中可以看出,随着地层水电导率的增大,饱和水骨架导电纯岩样电导率呈非线性增大,与阿尔奇公式所描述的骨架不导电纯岩石的 C_o 和 C_w 之间的线性关系有明显差别。

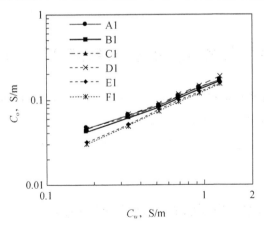

图 3-1　骨架导电纯岩样电导率与饱和水电导率交会图

二、含油气骨架导电纯岩样导电规律实验研究

对于该组骨架导电纯岩样 A1—F1,测量了不同含油饱和度的岩样电阻率。其含水饱和度变化范围为 $0.26 \sim 1.0$,地层水电阻率为 $0.549 \Omega \cdot m$,实验温度为 $60 ℃$,有效围压 7MPa,孔

隙压力 0.1MPa。图 3-2 给出了该组骨架导电纯岩样电阻率(R_t)与含水饱和度(S_w)之间的关系,从图中可以看出,骨架导电纯岩样电阻率(R_t)与含水饱和度(S_w)之间为非线性关系。图 3-3 给出了该组骨架导电纯岩样电阻增大系数(I)与含水饱和度(S_w)的之间关系,从图中可以看出,骨架导电纯岩样的电阻增大系数(I)与含水饱和度(S_w)关系在两者之间的双对数坐标上为非线性关系。

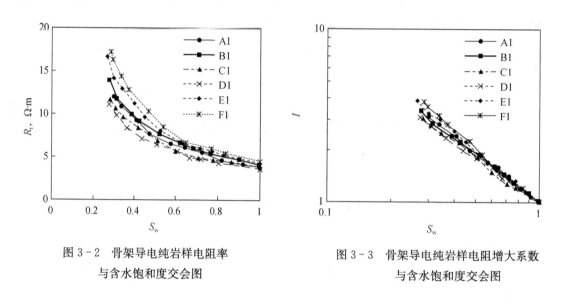

图 3-2　骨架导电纯岩样电阻率　　　　　图 3-3　骨架导电纯岩样电阻增大系数
　　　　与含水饱和度交会图　　　　　　　　　　　与含水饱和度交会图

第二节　骨架导电泥质岩样导电规律实验研究

一、饱含水骨架导电泥质岩样导电规律实验研究

对压制的 64 块骨架导电泥质岩样,在常温常压下测量了饱和不同水电导率的泥质岩样电导率,地层水矿化度分别为 1000mg/L、2000mg/L、3500mg/L、5000mg/L、7000mg/L、10000mg/L,对应的地层水电阻率为 5.52Ω·m、3.00Ω·m、1.92Ω·m、1.44Ω·m、1.06Ω·m,实验温度为 24℃。

(一)层状泥质含量变化对泥质岩石电导率的影响

图 3-4 至图 3-7 给出了 16 组饱含水岩样电导率(C_o)与水电导率(C_w)交会图。这 16 组岩样的特征为,每组岩样所含黄铁矿含量近似相等,分散泥质含量近似相等,而层状泥质含量不同。从图中可以看出,饱含水混合泥质岩样电导率随层状泥质含量(V_{lam})增大而增大。

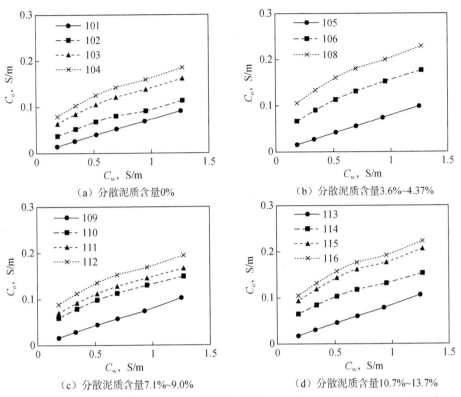

（a）分散泥质含量0%

（b）分散泥质含量3.6%~4.37%

（c）分散泥质含量7.1%~9.0%

（d）分散泥质含量10.7%~13.7%

图 3-4　混合泥质石英骨架饱含水岩样电导率与水电导率交会图（黄铁矿含量 0%）

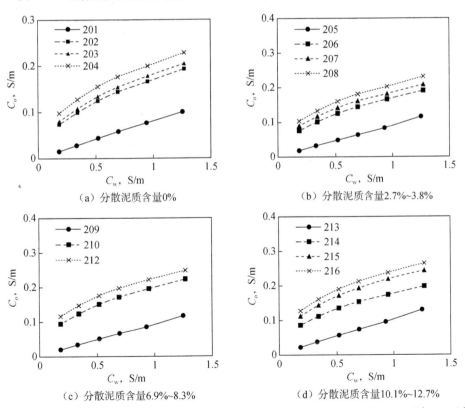

（a）分散泥质含量0%

（b）分散泥质含量2.7%~3.8%

（c）分散泥质含量6.9%~8.3%

（d）分散泥质含量10.1%~12.7%

图 3-5　混合泥质石英骨架饱含水岩样电导率与水电导率交会图（黄铁矿含量 4.5%~6.5%）

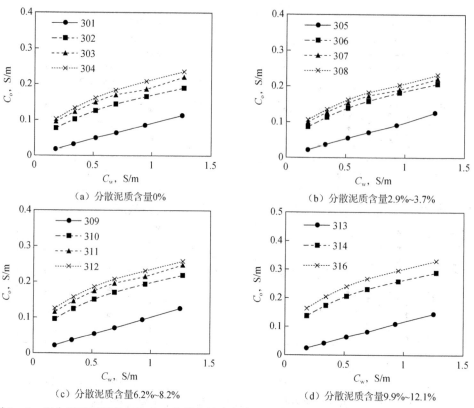

图 3-6　混合泥质石英骨架饱含水岩样电导率与水电导率交会图（黄铁矿含量 9.2％～12.8％）

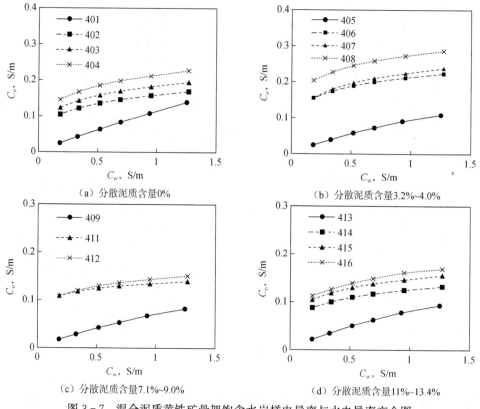

图 3-7　混合泥质黄铁矿骨架饱含水岩样电导率与水电导率交会图

(二)分散泥质含量变化对泥质岩石电导率的影响

由于分散泥质含量对岩样孔隙度影响较大,而孔隙度的大小直接影响到混合泥质砂岩的电导率,故在研究分散泥质含量对泥质岩石电导率影响时,为更好地分析分散泥质含量变化对泥质岩石电导率影响,需选择孔隙度相近的岩样进行比较。图3-8至图3-10给出了8组饱含水岩样电导率与水电导率交会图,这8组岩样的特征为,每一组岩样的孔隙度相近,层状泥质含量近似相等,黄铁矿含量近似相等,而分散泥质含量不同。从图中可以看出,饱含水混合泥质岩样电导率随分散泥质含量(V_{cl})的增大而增大。

(三)黄铁矿含量变化对混合泥质岩石电导率的影响

图3-11至图3-13给出了4组饱含水岩样电导率(C_o)与水电导率(C_w)交会图,这4组岩样的特征为每一组岩样的孔隙度相近,层状泥质含量近似相等,分散泥质含量近似相等,而黄铁矿含量不同。从图中可以看出,饱和水混合泥质岩石岩样电导率(C_o)随黄铁矿含量(V_{mac})的增大而增大。

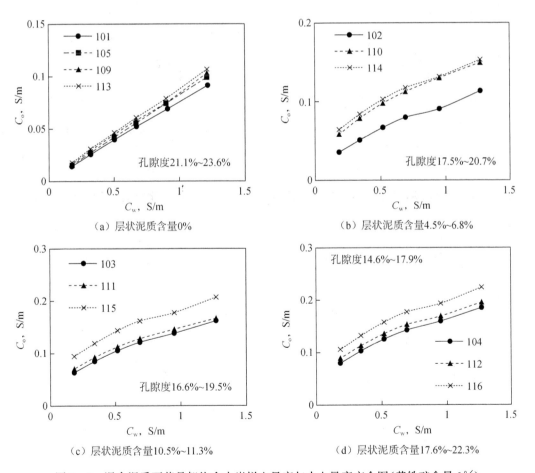

图3-8 混合泥质石英骨架饱含水岩样电导率与水电导率交会图(黄铁矿含量0%)

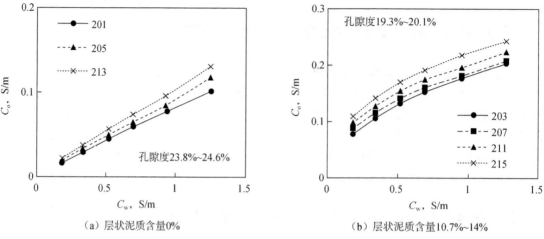

（a）层状泥质含量0%　　　　　　　　　（b）层状泥质含量10.7%~14%

图 3-9　混合泥质石英骨架饱含水岩样电导率与水电导率交会图（黄铁矿含量 5.3%~6.5%）

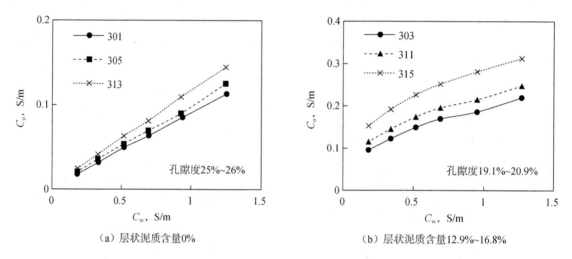

（a）层状泥质含量0%　　　　　　　　　（b）层状泥质含量12.9%~16.8%

图 3-10　混合泥质石英骨架饱含水岩样电导率与水电导率交会图（黄铁矿含量 10.1%~12.6%）

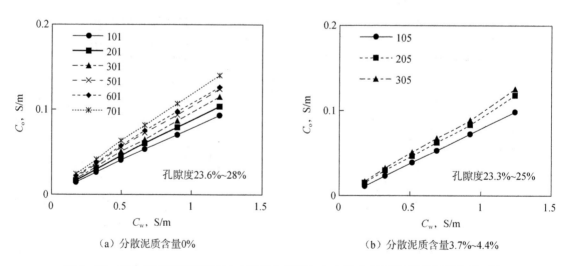

（a）分散泥质含量0%　　　　　　　　　（b）分散泥质含量3.7%~4.4%

图 3-11　混合泥质石英骨架饱含水岩样电导率与水电导率交会图（层状泥质含量 0%）

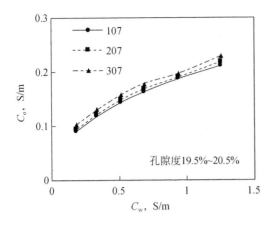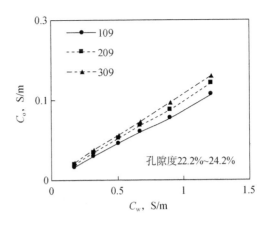

图 3－12　混合泥质石英骨架饱含水岩样
电导率与水电导率交会图（分散泥质含量
3.3%～3.8%，层状泥质含量 12.6%～13.6%）

图 3－13　混合泥质石英骨架饱含水岩样
电导率与水电导率交会图（分散泥质含量
8.2%～9%，层状泥质含量 0%）

二、含油气骨架导电泥质岩石导电规律实验研究

对压制的 64 块骨架导电泥质岩样，在高温高压下测量了不同含油饱和度的泥质岩样电导率，其含水饱和度变化范围为 0.26～1.0，地层水电阻率为 0.549Ω·m，实验温度为 60℃，有效围压 7MPa，孔隙压力 0.1MPa。

（一）层状泥质含量变化对泥质岩石电导率的影响

图 3－14 至图 3－21 给出了 16 组岩样的 R_t-S_w 交会图和 I-S_w 交会图。这 16 组岩样的特征为，每组岩样所含黄铁矿含量近似相等，分散泥质含量近似相等，而层状泥质含量不同。从图中可以看出，含油气混合泥质砂岩岩样电阻率（R_t）随层状泥质含量（V_{lam}）的增加而降低；其电阻增大系数（I）随层状泥质含量的增加而降低。

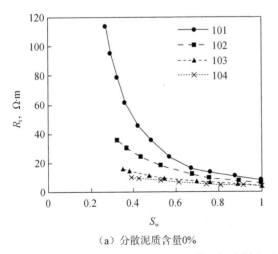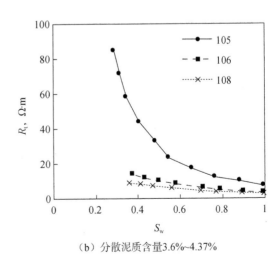

（a）分散泥质含量0%　　　　　　　（b）分散泥质含量3.6%～4.37%

图 3－14　混合泥质石英骨架岩样电阻率与含水饱和度交会图（黄铁矿含量 0%）

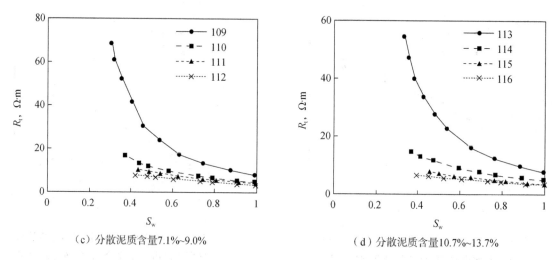

（c）分散泥质含量7.1%~9.0%　　　　　　　（d）分散泥质含量10.7%~13.7%

图 3-14　混合泥质石英骨架岩样电阻率与含水饱和度交会图（黄铁矿含量 0%）（续）

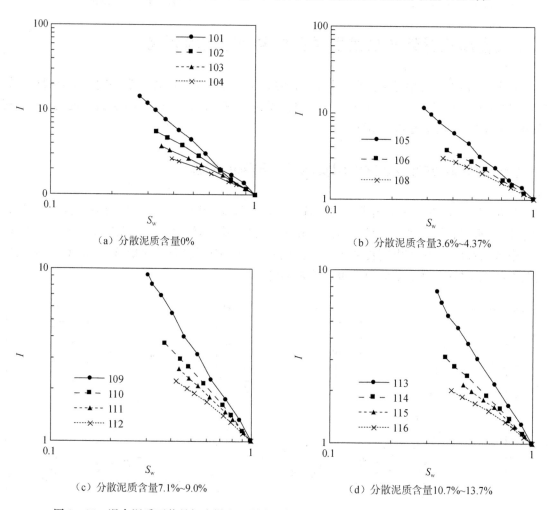

（a）分散泥质含量0%　　　　　　　　　（b）分散泥质含量3.6%~4.37%

（c）分散泥质含量7.1%~9.0%　　　　　　　（d）分散泥质含量10.7%~13.7%

图 3-15　混合泥质石英骨架岩样电阻增大系数与含水饱和度交会图（黄铁矿含量 0%）

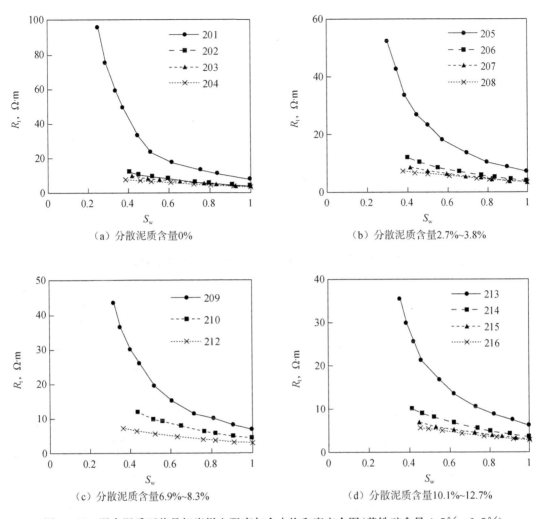

（a）分散泥质含量0%　　　　　　　　　（b）分散泥质含量2.7%~3.8%

（c）分散泥质含量6.9%~8.3%　　　　　　（d）分散泥质含量10.1%~12.7%

图 3-16　混合泥质石英骨架岩样电阻率与含水饱和度交会图（黄铁矿含量 4.5%~6.5%）

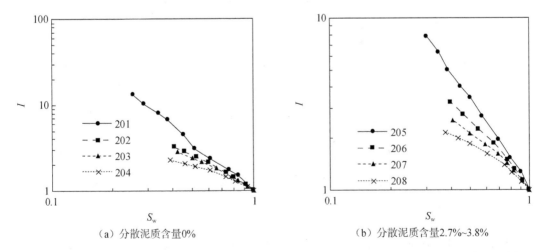

（a）分散泥质含量0%　　　　　　　　　（b）分散泥质含量2.7%~3.8%

图 3-17　混合泥质石英骨架岩样电阻增大系数与含水饱和度交会图（黄铁矿含量 4.5%~6.5%）

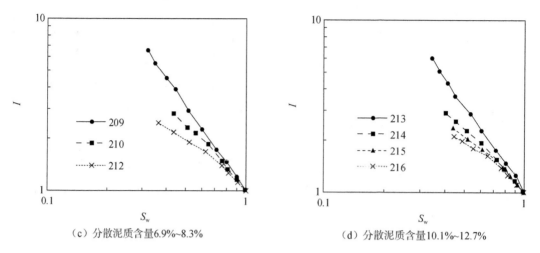

（c）分散泥质含量6.9%~8.3%　　　　　　（d）分散泥质含量10.1%~12.7%

图 3-17　混合泥质石英骨架岩样电阻增大系数与含水饱和度交会图（黄铁矿含量 4.5%～6.5%）（续）

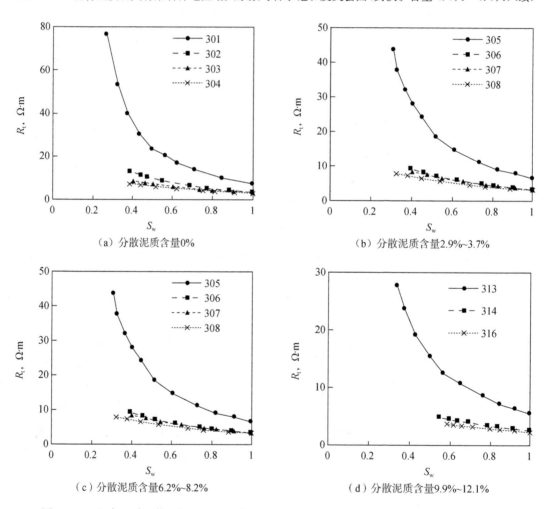

（a）分散泥质含量0%　　　　　　（b）分散泥质含量2.9%~3.7%

（c）分散泥质含量6.2%~8.2%　　　　　　（d）分散泥质含量9.9%~12.1%

图 3-18　混合泥质石英骨架岩样电阻率与含水饱和度交会图（黄铁矿含量 9.2%～12.8%）

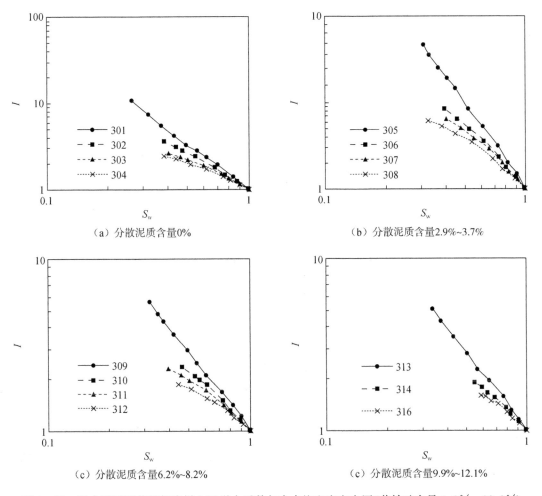

（a）分散泥质含量0%

（b）分散泥质含量2.9%~3.7%

（c）分散泥质含量6.2%~8.2%

（c）分散泥质含量9.9%~12.1%

图 3-19　混合泥质石英骨架岩样电阻增大系数与含水饱和度交会图（黄铁矿含量 9.2%～12.8%）

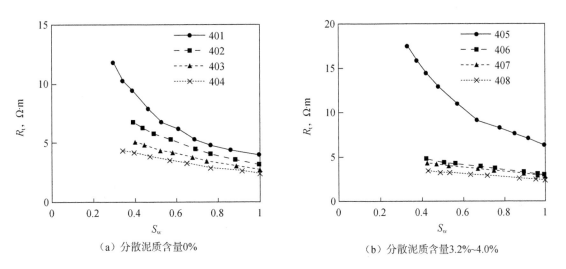

（a）分散泥质含量0%

（b）分散泥质含量3.2%~4.0%

图 3-20　混合泥质黄铁矿骨架岩样电阻率与含水饱和度交会图

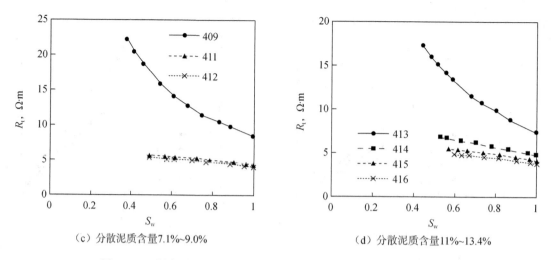

（c）分散泥质含量7.1%~9.0%　　　　　　（d）分散泥质含量11%~13.4%

图3-20　混合泥质黄铁矿骨架岩样电阻率与含水饱和度交会图（续）

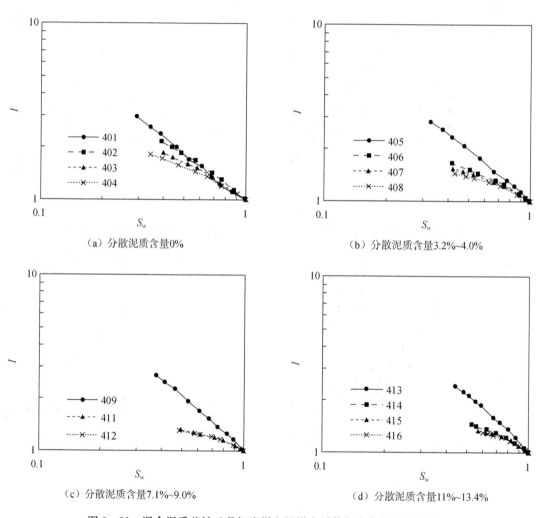

（a）分散泥质含量0%　　　　　　（b）分散泥质含量3.2%~4.0%

（c）分散泥质含量7.1%~9.0%　　　　　　（d）分散泥质含量11%~13.4%

图3-21　混合泥质黄铁矿骨架岩样电阻增大系数与含水饱和度交会图

(二)分散泥质含量变化对泥质岩石电导率的影响

图 3-22 至图 3-25 给出了 8 组岩样的 R_t-S_w 交会图和 I-S_w 交会图。这 8 组岩样的特征为,每一组岩样的孔隙度相近,黄铁矿含量近似相等,层状泥质含量近似相等,而分散泥质含量不同。从图中可以看出,含油气混合泥质砂岩岩样电阻率(R_t)随分散泥质含量(V_{cl})的增加而降低;其电阻增大系数(I)随分散泥质含量的增加而降低。

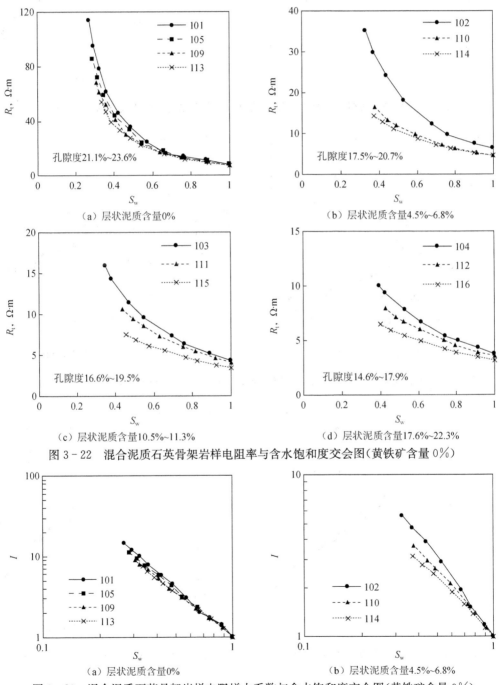

图 3-22　混合泥质石英骨架岩样电阻率与含水饱和度交会图(黄铁矿含量 0%)

图 3-23　混合泥质石英骨架岩样电阻增大系数与含水饱和度交会图(黄铁矿含量 0%)

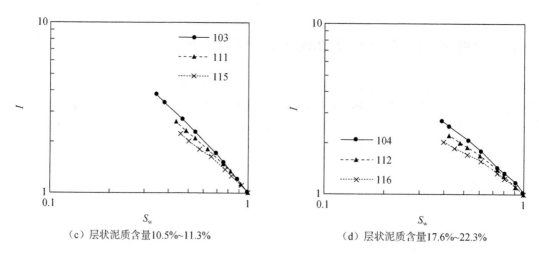

（c）层状泥质含量10.5%~11.3%　　　　（d）层状泥质含量17.6%~22.3%

图 3-23　混合泥质石英骨架岩样电阻增大系数与含水饱和度交会图（黄铁矿含量 0%）（续）

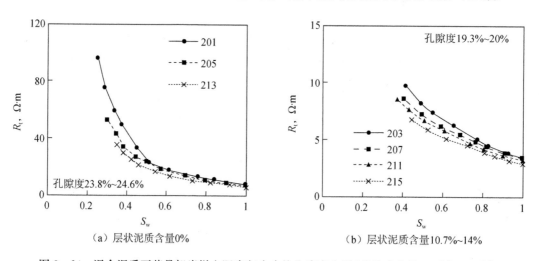

（a）层状泥质含量0%　　　　（b）层状泥质含量10.7%~14%

图 3-24　混合泥质石英骨架岩样电阻率与含水饱和度交会图（黄铁矿含量 5.3%~6.5%）

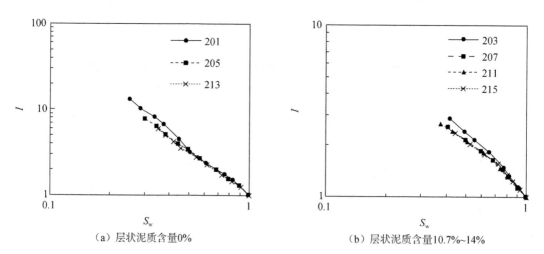

（a）层状泥质含量0%　　　　（b）层状泥质含量10.7%~14%

图 3-25　混合泥质石英骨架岩样电阻率与含水饱和度交会图（黄铁矿含量 5.3%~6.5%）

(三)黄铁矿含量变化对泥质岩石电导率的影响

图 3-26 至图 3-31 给出了 4 组岩样的 R_t-S_w 交会图和 I-S_w 交会图。这 4 组岩样的特征为,每一组岩样的孔隙度相近,层状泥质含量近似相等,分散泥质含量近似相等,而黄铁矿含量不同。从图中可以看出,含油气混合泥质岩石岩样电阻率(R_t)随黄铁矿含量(V_{mac})的增加而降低;其电阻增大系数(I)随黄铁矿含量的增加而降低。

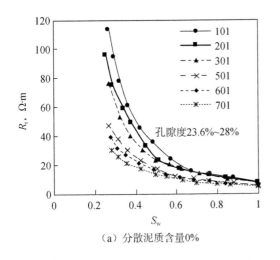

（a）分散泥质含量0%

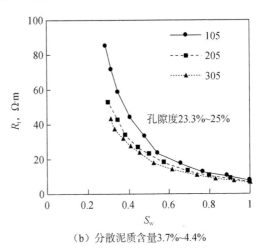

（b）分散泥质含量3.7%~4.4%

图 3-26　混合泥质石英骨架岩样电阻率与含水饱和度交会图(层状泥质含量 0%)

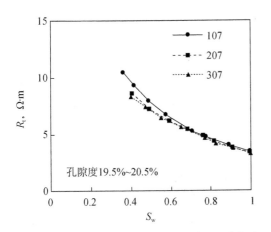

图 3-27　混合泥质石英骨架岩样电阻率与含水饱和度交会图(分散泥质含量 3.3%~3.8%,层状泥质含量 12.6%~13.6%)

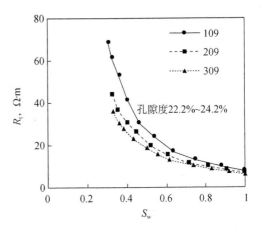

图 3-28　混合泥质石英骨架岩样电阻率与含水饱和度交会图(分散泥质含量 8.2%~9%,层状泥质含量 0%)

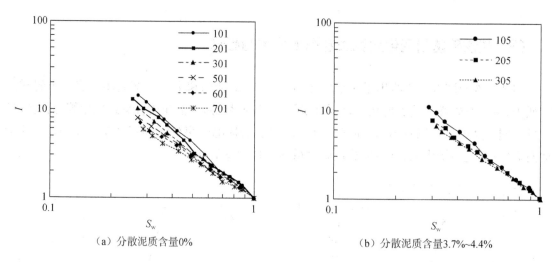

（a）分散泥质含量0%　　　　　　　　　　　（b）分散泥质含量3.7%~4.4%

图3-29　混合泥质石英骨架岩样电阻增大系数与含水饱和度交会图（层状泥质含量0%）

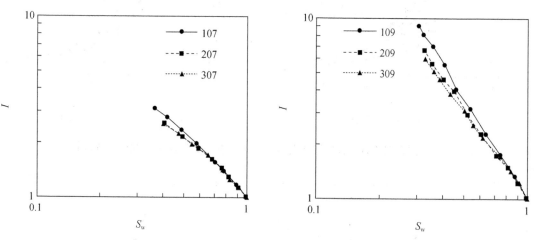

图3-30　混合泥质石英骨架岩样电阻增大系数与
含水饱和度交会图（分散泥质含量3.3%~3.8%，
层状泥质含量12.6%~13.6%）

图3-31　混合泥质石英骨架岩样电阻增大
系数与含水饱和度交会图（分散泥质含量
8.2%~9%，层状泥质含量0%）

三、温压变化对骨架导电泥质岩石导电规律的影响

为了研究温度变化对骨架导电泥质岩石导电规律的影响，选择常温常压（24℃和0.101MPa）和高温高压（60℃和有效围压7MPa）下饱和7000mg/L水的同一组骨架导电泥质岩样，绘制饱含水骨架导电泥质岩样电导率与层状泥质含量关系的对比图（图3-32至图3-34）。由于压力变化对岩样孔隙度变化影响很小，故这里可忽略压力变化对岩样电导率的影响，而只考虑温度变化对岩样电导率的影响。从图中可以看出，随着温度增大，骨架导电泥质岩样电导率增大。其原因为温度增大，水的电导率增大，泥质附加导电性增强，黄铁矿导电性变好，致使岩样电导率增大。

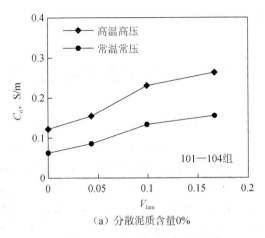

（a）分散泥质含量0%

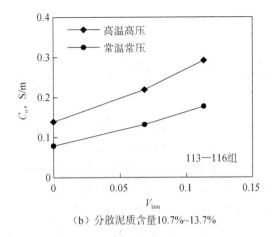

（b）分散泥质含量10.7%~13.7%

图3-32　混合泥质石英骨架岩样电导率与层状泥质含量关系对比图（黄铁矿含量0%）

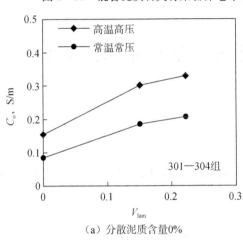

（a）分散泥质含量0%

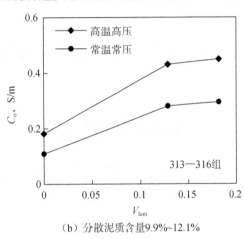

（b）分散泥质含量9.9%~12.1%

图3-33　混合泥质石英骨架岩样电导率与层状泥质含量关系对比图（黄铁矿含量9.2%~12.6%）

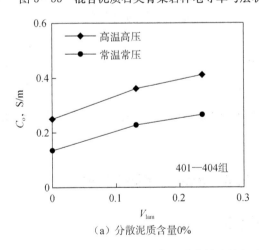

（a）分散泥质含量0%

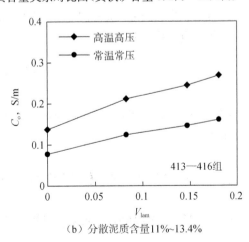

（b）分散泥质含量11%~13.4%

图3-34　混合泥质黄铁矿骨架岩样电导率与层状泥质含量关系对比图

第四章　骨架导电低阻油层导电理论的应用基础研究

对于骨架完全由导电矿物组成的纯岩石以及分散泥质砂岩，分别应用有效介质对称导电理论和孔隙结合导电理论，建立骨架导电纯岩石有效介质对称电阻率模型和孔隙结合电阻率模型以及分散泥质砂岩有效介质对称电阻率模型和孔隙结合电阻率模型，从理论和实验角度验证有效介质对称导电理论和孔隙结合导电理论对骨架导电纯岩石以及分散泥质砂岩导电规律的描述情况。对于两种成分组成的混合介质，分别应用有效介质对称导电理论和孔隙结合导电理论，建立两组分混合介质有效介质对称导电方程和孔隙结合导电方程，对比分析有效介质对称导电理论和孔隙结合导电理论与并联和串联导电理论异同。

第一节　有效介质对称导电理论的应用基础研究

一、有效介质对称导电理论

有效介质对称导电理论用来描述多组分组成的混合介质电导率（Koelman，1997；De Kuijper，1996），其形式如下：

$$\frac{C_{\text{mix}}-C_{0\text{g}}}{C_{\text{mix}}+2C_{0\text{g}}}=\sum_{k=1}^{N}\varphi_{k}\frac{C_{k}-C_{0\text{g}}}{C_{k}+2C_{0\text{g}}} \tag{4-1}$$

式中，C_k 为混合介质中第 k 种成分电导率，S/m；φ_k 为混合介质中第 k 种成分体积分数；$C_{0\text{g}}$ 为虚介质的电导率，S/m；C_{mix} 为混合介质的电导率，S/m；N 为混合介质的组分数。

虚介质电导率表达式为

$$C_{0\text{g}}=\sum_{k=1}^{N}\frac{\lambda_{k}\varphi_{k}^{\gamma_{k}}}{\sum_{i=1}^{n}\lambda_{i}\varphi_{i}^{\gamma_{i}}}C_{k} \tag{4-2}$$

式中，渗滤速率 λ_k 反映岩石中第 k 种成分的连通状况，渗滤指数 γ_k 反映岩石中第 k 种成分的形状和结构。

二、骨架导电纯岩石有效介质对称导电理论应用基础研究

（一）骨架导电纯岩石有效介质对称电阻率模型

对于含油气骨架完全由导电矿物组成的纯岩石地层，根据有效介质导电方程式（4-1）和式（4-2），并假设 $\lambda_{\text{mac}}=\lambda_{\text{h}}$，可得

$$\frac{C_{\text{t}}-C_{0\text{g}}}{C_{\text{t}}+2C_{0\text{g}}}=V_{\text{mac}}\frac{C_{\text{mac}}-C_{0\text{g}}}{C_{\text{mac}}+2C_{0\text{g}}}+\phi_{\text{w}}\frac{C_{\text{w}}-C_{0\text{g}}}{C_{\text{w}}+2C_{0\text{g}}}-\frac{\phi_{\text{h}}}{2} \tag{4-3}$$

$$C_{0g} = \frac{\lambda_{mac} V_{mac}^{\gamma_1} C_{mac} + \lambda_w \phi_w^{\gamma_1} C_w}{\lambda_{mac} V_{mac}^{\gamma_1} + \lambda_w \phi_w^{\gamma_1} + \lambda_{mac} \phi_h^{\gamma_1}} \tag{4-4}$$

式中，C_t 为含油气骨架导电纯岩石电导率，S/m。

(二)骨架导电纯岩石有效介质对称电阻率模型实验研究

Paul(2000 年)给出了一组饱含水的骨架导电的人造岩样，骨架由氧化铜物质组成，其电导率近似为 3.08×10^{-2} S/m，岩样的孔隙度为 $4\% \sim 44\%$，水的电导率分别为 0.11850S/m、1.06750S/m、8.57614S/m、14.9426S/m。对于该组岩样，可知 $S_w = 1.0$，$C_t = C_0$，并令 $\lambda_w = 1.0$，利用最优化技术求解 $C_0 - C_w$ 的非相干函数，可得到 C_{mac} 和 γ_1、λ_{mac}，见表 4-1。从表中可以看出，对于该组骨架完全由导电矿物组成的岩样，计算的导电骨架颗粒电导率为 $0.023 \sim 0.038$S/m，均值为 0.028S/m，与真值 0.0308S/m 非常接近，且测量饱含水岩样电导率 C_0 与计算饱含水岩样电导率 C_{oc} 的平均相对误差很小。这说明有效介质对称导电理论能够描述水电导率大于颗粒电导率的骨架导电岩石的导电规律。

表 4-1　骨架导电纯岩石有效介质对称电阻率模型计算饱含水人造岩样电导率与测量电导率对比

样品号	ϕ_t	$C_w = 0.11850 \sim 14.9426$，S/m			
		C_{mac}，S/m	γ_1	λ_{mac}	$\sum \frac{(C_0 - C_{oc})^2}{C_0^2} \times 10^3$
A1	0.041	0.027	1.494	1.955	1.063
A2	0.074	0.028	1.322	1.873	2.592
A3	0.111	0.024	1.432	1.865	3.631
A4	0.131	0.023	1.413	1.831	3.764
A5	0.153	0.024	1.144	1.633	2.136
A6	0.198	0.025	0.733	0.809	0.155
A7	0.231	0.027	0.639	0.512	0.048
A8	0.289	0.028	0.695	0.475	0.035
A9	0.362	0.033	0.331	0.000001	18.823
A10	0.439	0.038	0.384	0.000001	63.143
平均相对误差＝2.9%					

三、泥质砂岩有效介质对称导电理论应用基础研究

(一)泥质砂岩有效介质对称电阻率模型

对于由不导电骨架颗粒、不导电油珠、分散黏土颗粒、水四种成分组成的分散泥质砂岩地层(宋延杰，2006)，根据有效介质导电方程式(4-1)和式(4-2)，并假设分散黏土颗粒是不连续的，即 $\lambda_{cl} = 0$ 以及 $\lambda_{ma} = \lambda_h$，可得

$$\frac{C_t - C_{0g}}{C_t + 2C_{0g}} = -\frac{V_{ma}}{2} + V_{cl} \frac{C_{cl} - C_{0g}}{C_{cl} + 2C_{0g}} + \phi_w \frac{C_w - C_{0g}}{C_w + 2C_{0g}} - \frac{\phi_h}{2} \tag{4-5}$$

式中，V_{cl} 为分散黏土含量；C_{cl} 为分散黏土电导率，S/m。

$$C_{0g} = \frac{\lambda_w C_w \phi_w^\gamma}{\lambda_{ma} V_{ma}^\gamma + \lambda_w \phi_w^\gamma + \lambda_{ma} \phi_h^\gamma} \tag{4-6}$$

（二）泥质砂岩有效介质对称电阻率模型理论研究

对于含水分散泥质砂岩地层，有 $\phi_w = \phi$，$\phi_h = 0$。将这些值代入式（4-5）和式（4-6），得

$$C_o = 2\frac{2f^2 \phi C_w^2 + [(V_{cl} + \phi)f + 2f^2 V_{cl}]C_{cl}C_w}{2f[(1-\phi)(1+2f) + 2f\phi]C_w + [1-\phi - V_{cl} + 2f(1-V_{cl})]C_{cl}} \tag{4-7}$$

$$f = \frac{\lambda_w \phi^\gamma}{\lambda_{ma}(1-\phi - V_{cl})^\gamma + \lambda_w \phi^\gamma} \tag{4-8}$$

由式（4-7）知，对于含水分散泥质地层，C_o 与 C_w 为曲线关系。当 C_w 很大时，C_o 与 C_w 的关系近似为直线关系。图 4-1 给出了当 $C_{cl} = 0.5$ S/m，总孔隙度 $\phi_t = 0.25$，黏土孔隙度 $\phi_{tcl} = 0.2$，$\phi = \phi_t - V_{cl}\phi_{tcl}$，$\gamma = 1.135$，$\lambda_{ma} = 1.0$，$\lambda_w = 0.4$ 时，泥质砂岩有效介质对称导电模型预测的含水分散泥质砂岩的 C_o 与 C_w 关系，该图说明泥质砂岩有效介质对称导电模型完全可以描述分散泥质砂岩的 C_o 与 C_w 关系，即对于分散泥质砂岩，在低地层水电导率的范围内，C_o 与 C_w 为曲线关系，而当地层水电导率大于某一值后，C_o 与 C_w 为线性关系。

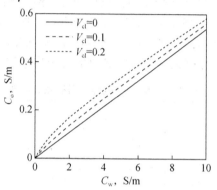

图 4-1 泥质砂岩有效介质对称导电模型预测的含水分散泥质砂岩的 C_o 与 C_w 关系

假设 $C_{cl} = 0.5$ S/m，$C_w = 0.83$ S/m，$\gamma = 1.0$，$\lambda_{ma} = 1.0$，$\lambda_w = 1.9$，$\phi_t = 0.25$，$\phi_{tcl} = 0.2$，图 4-2 和图 4-3 分别给出了泥质砂岩有效介质对称导电模型预测的不同分散黏土含量和黏土电导率的 R_t 与 S_w 交会图。从图中可以看出，随黏土含量和黏土电导率的增大，岩石电阻率减小，该结果与黏土对岩石导电规律的影响理论认识相符。

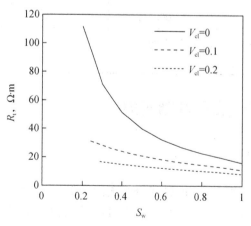

图 4-2 泥质砂岩有效介质对称导电模型预测的不同分散黏土含量的 R_t 与 S_w 交会图

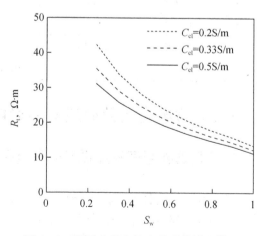

图 4-3 泥质砂岩有效介质对称导电模型预测的不同黏土电导率的 R_t 与 S_w 交会图

(三)泥质砂岩有效介质对称电阻率模型实验研究

利用泥质砂岩有效介质对称电阻率模型,对12块泥质砂岩岩样实验测量数据(Waxman和Thomas,1974;Clavier和Coates等,1984)进行优化拟合可得到V_{cl}、C_{cl}和γ、λ_w值,再将优化参数值代入有效介质对称导电模型中,计算出每块岩样不同含水饱和度的岩石电导率值,从而得到计算岩样电导率与测量岩样电导率的平均相对误差,见表4-2。从表中可知,计算的岩样电导率平均相对误差最小为1.2%,最大为3.4%。图4-4、图4-5分别给出了电阻率平均相对误差最大的两块岩样的模型计算电阻率与岩心测量电阻率对比图(符号点代表岩心测量数据,曲线代表模型拟合结果),从图中看出模型计算电阻率与岩心测量电阻率吻合很好。12块岩样的计算电导率与测量电导率的平均相对误差为2.3%,误差很小,说明有效介质对称电阻率模型能很好地描述分散泥质砂岩岩电实验规律。

表4-2 泥质砂岩有效介质对称电阻率模型计算分散泥质砂岩岩样电导率与测量电导率对比

样品号	ϕ_t	V_{cl}	C_{cl},S/m	γ	λ_w	电导率平均相对误差,%
3218C	0.130	0.320	0.085	1.047	0.571	2.8
3279B	0.265	0.400	0.175	0.722	0.227	3.4
3281	0.195	0.382	0.098	0.762	0.196	1.5
499C	0.123	0.224	0.078	0.677	0.441	2.2
521C	0.115	0.152	0.140	0.740	0.623	2.8
3280B	0.192	0.199	0.131	1.104	0.397	1.2
3282C	0.236	0.167	0.436	0.794	0.308	2.1
512C	0.115	0.144	0.185	0.700	0.478	2.3
3227A	0.232	0.220	0.063	1.386	0.673	2.7
3228B	0.297	0.087	1.221	0.551	0.327	2.2
3301B	0.135	0.043	0.079	0.954	0.664	1.4
3130A	0.281	0.215	0.141	0.785	0.464	2.7

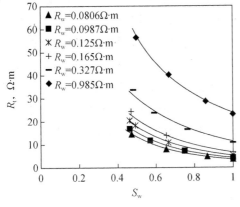

图4-4 3218C号岩心样品的计算
电阻率与测量电阻率对比

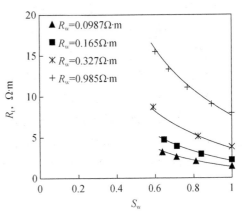

图4-5 3279B号岩心样品的计算
电阻率与测量电阻率对比

四、有效介质对称导电理论与并联和串联导电理论对比

对于层状泥质和纯砂岩或分散泥质砂岩组成的岩石,当电场方向平行于层状泥质延伸方向时,两种成分组成的混合介质导电规律遵循并联导电,而当电场方向垂直于层状泥质延伸方向时,两种成分组成的混合介质导电规律遵循串联导电。对于这两种情况,利用有效介质对称导电理论描述两种成分组成的混合介质导电规律是否合适,需要进行深入研究。

(一)两组分混合介质有效介质对称导电方程

对于两种成分组成的混合介质,根据有效介质导电方程式(4-1)和式(4-2),可得

$$C_t = \frac{2\lambda_1 C_1^2 (1-V_2)^{\gamma_1+1} + C_1 C_2 [\lambda_1 (1-V_2)^{\gamma_1} (1+2V_2) + 2\lambda_2 V_2^{\gamma_2} (1-V_2) + \lambda_2 V_2^{\gamma_2}] + 2\lambda_2 C_2^2 V_2^{\gamma_2+1}}{C_1 [\lambda_1 (2+V_2)(1-V_2)^{\gamma_1} + \lambda_2 V_2^{\gamma_2+1}] + C_2 [\lambda_1 (1-V_2)^{\gamma_1+1} + \lambda_2 V_2^{\gamma_2} (1-V_2) + 2\lambda_2 V_2^{\gamma_2}]}$$

$$(4-9)$$

式中,C_1、C_2 分别为两种介质的电导率,S/m;V_1、V_2 分别为两种介质的相对含量;λ_1、λ_2 分别为两种介质的渗滤速率;γ_1、γ_2 分别为两种介质的渗滤指数。

(二)两组分混合介质并联和串联导电方程

对于两种成分组成的混合介质,按照并联导电理论,有

$$C_t = C_1 (1-V_2) + C_2 V_2 \tag{4-10}$$

对于两种成分组成的混合介质,按照串联导电理论,有

$$C_t = \frac{C_1 C_2}{C_1 V_2 + C_2 (1-V_2)} \tag{4-11}$$

(三)两组分混合介质导电方程理论对比

给定两组不同 C_1 和 C_2 值,由式(4-10)和式(4-11)分别得到 2 组 $C_t - V_2$ 理论关系数据。对于每组数据,利用最优化技术对式(4-9)求解 $C_t - V_2$ 的非相干函数,可得出式(4-9)中的参数值,再将参数值代入式(4-9)中,可得出有效介质对称导电方程对每组数据拟合的 $C_t - V_2$ 关系曲线。图 4-6 和图 4-7 给出了有效介质对称导电方程拟合的 $C_t - V_2$ 关系曲线与并联导电方程和串联导电方程计算的 $C_t - V_2$ 关系曲线比较。从图中可以看出,随两种介质电导率差别增大,有效介质对称导电方程拟合的 $C_t - V_2$ 关系曲线与并联导电方程和串联导电方程计算的 $C_t - V_2$ 关系曲线的差别增大,即有效介质对称导电理论不能描述并联导电理论串联导电理论所预测的两组分混合介质导电规律。

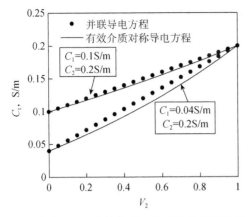

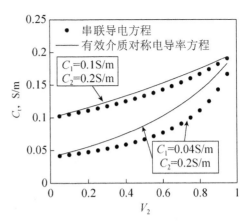

图 4-6 有效介质对称导电方程拟合的
$C_t - V_2$ 关系曲线与并联导电方程计算的
$C_t - V_2$ 关系曲线比较

图 4-7 有效介质对称导电方程拟合的
$C_t - V_2$ 关系曲线与串联导电方程计算的
$C_t - V_2$ 关系曲线比较

第二节　有效介质孔隙结合导电理论的应用基础研究

一、有效介质孔隙结合导电理论

在 HB 方程推导中,获得了一个关于在主介质中含有少量包裹体的混合物介电常数的差分方程。在低频条件下,利用该方程对主介质中加入单一包裹体进行积分就可得到 HB 方程,对于多种物质组成的混合介质,按照小尺度包裹体先加入的原则,利用该方程对加入的每一个包裹体进行连续积分,且每一步积分,都是基于上一步的积分结果,从而建立计算混合介质电导率的方程。计算混合介质电导率的积分方程为

$$\int_{C_{m,i,\cdots,o}}^{C_{m,i,\cdots,o,p}} \left(\frac{1}{C-C_p} - \frac{L_p}{C} \right) \mathrm{d}C + \cdots + \int_{C_m}^{C_{m,i}} \left(\frac{1}{C-C_i} - \frac{L_i}{C} \right) \mathrm{d}C = \int_{V_{m,i,\cdots,o}^m}^{V_{m,i,\cdots,o,p}^m} \frac{\mathrm{d}V}{V} + \cdots + \int_1^{V_{m,i}^m} \frac{\mathrm{d}V}{V}$$

$$(4-12)$$

式中,C_m 为主介质电导率,S/m;C_i、C_p 为第 i、p 种包裹体电导率,S/m;$C_{m,i}$ 为主介质和第 i 种包裹体组成的混合介质电导率,S/m;$C_{m,i,\cdots,o}$ 为主介质和第 i 至 o 种包裹体组成的混合介质电导率,S/m;$C_{m,i,\cdots,o,p}$ 为主介质和第 i 至 p 种包裹体组成的混合介质电导率,S/m;L_i、L_p 为第 i、p 种包裹体的去极化因子;$V_{m,i}^m$ 为主介质和第 i 种包裹体组成的混合介质中主介质的体积分数;$V_{m,i,\cdots,o}^m$ 为主介质和第 i 至 o 种包裹体组成的混合介质中主介质的体积分数;$V_{m,i,\cdots,o,p}^m$ 为主介质和第 i 至 p 种包裹体组成的混合介质中主介质的体积分数。

二、骨架导电纯岩石有效介质孔隙结合导电理论应用基础研究

(一)骨架导电纯岩石有效介质孔隙结合电阻率模型

对于含油气骨架完全由导电矿物组成的纯砂岩地层,按照小尺度包裹体先加入的原则,在水介质中顺序添加油珠和导电骨架颗粒。设油珠的电导率和去极化因子分别为 C_h、L_h,油和

水的混合物电导率为 C_{w+h}，油和水的混合物中水的体积分数为 V_{w+h}^w，水的电导率为 C_w。根据有效介质孔隙结合导电方程式(4-12)，在水介质中添加油珠，可得

$$\int_{C_w}^{C_{w+h}} \left(\frac{1}{C-C_h} - \frac{L_h}{C} \right) dC = \int_1^{V_{w+h}^w} \frac{dV}{V} \qquad (4-13)$$

令饱和度指数 $n=1/(1-L_n)$，并将 $V_{w+h}^w=\phi_w/\phi$ 和 $C_h=0$ 代入式(4-13)，得

$$\left(\frac{C_{w+h}}{C_w} \right)^{\frac{1}{n}} = \frac{\phi_w}{\phi} \qquad (4-14)$$

设导电骨架颗粒的电导率和去极化因子分别为 C_{mac}、L_{mac}，油、水和导电骨架颗粒的混合物电导率为 C_t，油、水和导电骨架颗粒的混合物中水的体积分数为 $V_{w+h+mac}^w$。根据有效介质孔隙结合导电方程式(4-12)，在水和油混合物中添加导电骨架颗粒，可得

$$\int_{C_{w+h}}^{C_t} \left(\frac{1}{C-C_{mac}} - \frac{L_{mac}}{C} \right) dC = \int_{V_{w+h}^w}^{V_{w+h+mac}^w} \frac{dV}{V} \qquad (4-15)$$

令导电骨架颗粒的胶结指数 $m_{mac}=1/(1-L_{mac})$，并将 $V_{w+h}^w=\phi_w/\phi$，$V_{w+h+mac}^w=\phi_w$ 代入式(4-15)，得

$$\frac{C_t-C_{mac}}{C_{w+h}-C_{mac}} \left(\frac{C_t}{C_{w+h}} \right)^{\frac{1}{m_{mac}}-1} = \phi \qquad (4-16)$$

将式(4-14)和 $\phi_w=S_w\phi$ 代入式(4-16)，得

$$\frac{C_t-C_{mac}}{C_w S_w^n-C_{mac}} \left(\frac{C_t}{C_w S_w^n} \right)^{\frac{1}{m_{mac}}-1} = \phi \qquad (4-17)$$

（二）骨架导电纯岩石有效介质孔隙结合电阻率模型实验研究

Paul(2000)给出了一组饱含水的骨架导电的人造岩样，骨架由氧化铜物质组成，其电导率近似为 3.08×10^{-2} S/m，岩样的孔隙度为 4%～44%，水的电导率分别为 0.00126S/m、0.01237S/m、0.11850S/m、1.06750S/m、8.57614S/m、14.9426S/m。对于该组岩样，可知 $S_w=1.0$，$C_t=C_o$，利用最优化技术(Powell 法)求解 C_o-C_w 的非相干函数，可得到 R_{mac} 和 m_{mac}，见表4-3。从表中可以看出，对于该组骨架完全由导电矿物组成的岩样，优化得到的导电骨架颗粒电阻率均值为39Ω·m，与真值32.47Ω·m 很接近，且测量饱含水岩样电导率 C_o 与计算饱含水岩样电导率 C_{oc} 的平均相对误差很小。这说明有效介质孔隙结合导电理论能够描述水电导率大于颗粒电导率的骨架导电岩石的导电规律。

表4-3 骨架导电纯岩石有效介质孔隙结合电阻率模型计算饱含水人造岩样电导率与测量电导率对比

样品号	ϕ	m_{mac}	R_{mac}，Ω·m	$\sum \frac{(C_o-C_{oc})^2}{C_o^2} \times 10^3$
A1	0.041	3.501	36.16	2.379
A2	0.074	2.473	36.91	12.663
A3	0.111	2.422	43.47	19.511
A4	0.131	2.333	44.79	20.503
A5	0.153	2.010	43.99	12.881
A6	0.198	1.523	40.99	1.127
A7	0.231	1.409	38.20	0.369

样品号	ϕ	m_{mac}	$R_{mac}, \Omega \cdot m$	$\sum \dfrac{(C_o - C_{oc})^2}{C_o{}^2} \times 10^3$
A8	0.289	1.417	37.42	0.197
A9	0.362	1.185	34.36	0.01
A10	0.439	1.095	33.65	0.001
平均相对误差＝2.8%				

三、泥质砂岩有效介质孔隙结合导电理论应用基础研究

(一)泥质砂岩有效介质孔隙结合电阻率模型

对于由不导电骨架颗粒、不导电油珠、分散黏土颗粒、水四种成分组成的分散泥质砂岩地层,按照小尺度包裹体先加入的原则,在水介质中顺序添加分散黏土颗粒、油珠和不导电骨架颗粒。根据有效介质孔隙结合导电方程式(4-12),可得

$$C_t = (\phi + V_{cl})^{m_{manc}} \left(\frac{\phi_w + V_{cl}}{\phi + V_{cl}} \right)^n C_{w+cl} \qquad (4-18)$$

$$\frac{C_{w+cl} - C_{cl}}{C_w - C_{cl}} \left(\frac{C_{w+cl}}{C_w} \right)^{\frac{1}{m_{cl}} - 1} = \frac{\phi_w}{\phi_w + V_{cl}}$$

式中,ϕ_w,ϕ 分别为含水孔隙度和有效孔隙度;V_{cl} 为分散黏土含量;C_{cl} 为分散黏土电导率,S/m;C_w 为地层水电导率,S/m;C_t 为含油气分散泥质岩石电导率,S/m;m_{cl} 为分散黏土胶结指数;m_{manc} 为不导电骨架的胶结指数;n 为饱和度指数;

对于含水分散泥质砂岩地层,有 $S_w = 1.0$,$\phi_w = \phi$,则有

$$C_o = (\phi + V_{cl})^{m_{manc}} C_{w+cl} \qquad (4-19)$$

$$\frac{C_{w+cl} - C_{cl}}{C_w - C_{cl}} \left(\frac{C_{w+cl}}{C_w} \right)^{\frac{1}{m_{cl}} - 1} = \frac{\phi}{\phi + V_{cl}}$$

(二)泥质砂岩有效介质孔隙结合电阻率模型理论研究

由式(4-19)可知,对于含水分散泥质地层,C_o 与 C_w 为曲线关系,当 C_w 很大时,C_o 与 C_w 的关系近似为直线关系。当 $C_{cl} = 0.5$ S/m,$\phi = 0.2$,$m_{cl} = 2.0$,$m_{manc} = 2.0$ 时,图 4-8 给出了泥质砂岩有效介质孔隙结合电阻率模型预测的含水分散泥质砂岩的 C_o 与 C_w 关系。该图说明泥质砂岩有效介质孔隙结合电阻率模型完全可以描述分散泥质砂岩的 C_o 与 C_w 关系,即对于分散泥质砂岩,在低地层水电导率的范围内,C_o 与 C_w 为曲线关系,而当地层水电导率大于某一值后,C_o 与 C_w 为线性关系。

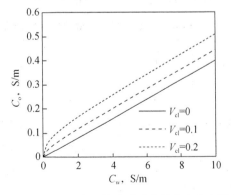

图 4-8 泥质砂岩有效介质孔隙结合电阻率模型预测的含水分散泥质砂岩的 C_o 与 C_w 关系

假设 $C_{cl}=0.5S/m$, $C_w=1.818S/m$, $\phi=0.2$, $m_{cl}=2.0$, $m_{manc}=2.0$, $n=2.0$, 图4-9和图4-10分别给出了泥质砂岩有效介质孔隙结合模型预测的不同分散黏土含量和不同黏土电导率的 R_t 与 S_w 交会图。从图中可以看出,随黏土含量和黏土电导率的增大,岩石电阻率减小,该结果与黏土对岩石导电规律的影响理论认识相符。

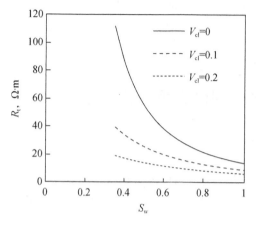

图4-9 泥质砂岩有效介质孔隙结合模型预测的不同分散黏土含量的 R_t 与 S_w 交会图

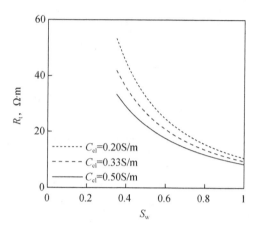

图4-10 泥质砂岩有效介质孔隙结合模型预测的不同黏土电导率的 R_t 与 S_w 交会图

(三)泥质砂岩有效介质孔隙结合电阻率模型实验研究

利用泥质砂岩有效介质孔隙结合电阻率模型,对12块泥质砂岩岩样实验测量数据(Waxman 和 Thomas,1974;Clavier 和 Coates 等,1984)进行优化拟合可得到 V_{cl}、m_{manc}、C_{cl}、m_{cl} 和 n 值,再将优化参数值代入有效介质孔隙结合模型中,计算出每块岩样不同含水饱和度的岩石电导率值,从而得到计算岩样电导率与测量岩样电导率的平均相对误差,见表4-4。从表中可知,计算的岩样电导率平均相对误差最小为0.8%,最大为3.3%。图4-11、图4-12分别给出了电阻率平均相对误差最大的两块岩样的模型计算电阻率与岩心测量电阻率对比图(符号点代表岩心测量数据,曲线代表模型拟合结果),从图中看出模型计算电阻率与岩心测量电阻率吻合很好。12块岩样的计算电导率与测量电导率的平均相对误差为1.9%,误差很小,说明有效介质孔隙结合电阻率模型能很好地描述泥质砂岩的导电规律。

表4-4 泥质砂岩有效介质孔隙结合模型计算泥质砂岩岩样电导率与测量电导率对比

样品号	ϕ_t	V_{cl}	m_{manc}	m_{cl}	n	C_{cl}, S/m	电导率平均相对误差,%
3218c	0.130	0.061	1.793	2.045	1.795	1.050	1.7
3279b	0.265	0.184	1.752	2.209	1.635	0.338	1.0
3281	0.195	0.107	1.947	2.330	1.653	0.532	0.9
499c	0.123	0.064	1.739	1.679	1.698	0.550	0.8
521c	0.115	0.025	1.631	2.557	1.472	1.315	2.2
3280b	0.192	0.093	1.786	2.463	1.815	0.172	3.3

样品号	ϕ_t	V_{cl}	m_{manc}	m_{cl}	n	C_{cl},S/m	电导率平均相对误差,%
3282c	0.236	0.059	1.783	3.000	1.446	0.605	0.8
512c	0.115	0.068	1.747	1.500	1.605	0.470	2.9
3227A	0.232	0.091	1.409	3.000	1.748	0.050	3.1
3228B	0.297	0.088	1.819	1.500	1.542	0.104	1.8
3301B	0.135	0.002	1.783	3.000	1.942	0.050	3.1
3130A	0.281	0.045	1.746	2.389	1.619	0.896	1.5

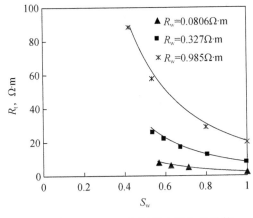

图 4-11　3280B 号岩心样品的计算电阻率与测量电阻率对比图

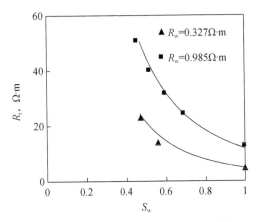

图 4-12　3227A 号岩心样品的计算电阻率与测量电阻率对比图

四、有效介质孔隙结合导电理论与并联和串联导电理论对比

对于层状泥质和纯砂岩或分散泥质砂岩组成的岩石,当电场方向平行于层状泥质延伸方向时,两种成分组成的混合介质导电规律遵循并联导电,而当电场方向垂直于层状泥质延伸方向时,两种成分组成的混合介质导电规律遵循串联导电。对于这两种情况,利用有效介质孔隙结合导电理论描述两种成分组成的混合介质导电规律是否合适,需要进行深入研究。

(一)两组分混合介质孔隙结合导电方程

对于两种成分组成的混合介质,根据有效介质孔隙结合导电方程式(4-12),可得

$$\left(\frac{C_t - C_2}{C_1 - C_2}\right)\left(\frac{C_t}{C_1}\right)^{\frac{1}{m}-1} = \frac{V_1}{V_1 + V_2} \qquad (4-20)$$

式中,C_1、C_2 分别为两种介质的电导率,S/m;V_1、V_2 分别为两种介质的相对含量;m 为胶结指数;C_t 为混合介质电导率,S/m。

(二)两组分混合介质并联和串联导电方程

对于两种成分组成的混合介质,按照并联导电理论,有

$$C_t = C_1(1-V_2) + C_2V_2 \qquad (4-21)$$

对于两种成分组成的混合介质,按照串联导电理论,有

$$C_t = \frac{C_1C_2}{C_1V_2 + C_2(1-V_2)} \qquad (4-22)$$

(三)两组分混合介质导电方程理论对比

对于两组分混合有效介质孔隙结合导电方程(4-20),当胶结指数 $m=1.0$ 时,式(4-20)可以改写成并联导电理论方程(4-21);当胶结指数 $m \rightarrow \infty$ 时,式(4-20)可以改写成串联导电理论方程(4-22)。

第五章　骨架导电低阻油层有效介质对称电阻率模型

对于由导电骨架颗粒、不导电骨架颗粒、分散黏土、油气、微孔隙水、可动水等六组分组成的骨架导电分散泥质岩石,利用有效介质对称导电理论,建立骨架导电分散泥质岩石有效介质对称电阻率方程,再利用并联导电理论计算分散泥质砂岩和层状泥质的电导率,从而建立骨架导电混合泥质砂岩低阻油层有效介质对称电阻率模型。对模型进行理论验证,同时,利用人工压制的骨架导电混合泥质岩石的岩电实验数据对模型进行实验验证。

第一节　骨架导电低阻油层有效介质对称电阻率模型的建立

对于骨架导电的混合泥质低阻油层,其组成成分为层状泥质、导电骨架颗粒、不导电骨架颗粒、分散黏土、油气、微孔隙水、可动水。这种低阻油层的导电性可看成层状泥质与分散泥质砂岩的并联导电,而分散泥质砂岩导电规律可采用有效介质对称导电理论描述。基于这种观点,本文给出了骨架导电低阻油层有效介质对称电阻率模型的体积模型,如图 5 - 1 所示。其物质平衡方程为

| 层状泥质 V_{lam} |
| 导电骨架颗粒 V_{mac} |
| 不导电骨架颗粒 V_{manc} |
| 分散黏土 V_{cl} |
| 油 ϕ_h |
| 微孔隙水 ϕ_{wi} |
| 可动水 ϕ_{wf} |

图 5 - 1　骨架导电低阻油层有效介质对称电阻率模型的体积模型

$$\begin{cases} V_{lam} + V_{mac} + V_{manc} + V_{cl} + \phi = 1 \\ \phi_h + \phi_{wi} + \phi_{wf} = \phi \end{cases} \tag{5 - 1}$$

一、层状泥质与分散泥质砂岩并联导电确定整个泥质砂岩电导率

设层状泥质的电导率为 C_{sh},分散泥质砂岩的电导率为 C_{sa},整个泥质砂岩的电导率为 C_t,则按照并联导电的观点,有

$$C_{sa} = \frac{C_t - V_{lam} C_{sh}}{1 - V_{lam}} \tag{5 - 2}$$

二、骨架导电分散泥质砂岩有效介质对称电阻率模型

基于有效介质对称导电理论以及 Koelman(1997)和 de Kuijper(1996)提出的有效介质 SATORI 电阻率模型的推导原理,六组分的泥质砂岩的电导率可表示为

$$\frac{C_{sa} - C_{0g}}{C_{sa} + 2C_{0g}} = \sum_{k=1}^{6} \varphi_k \frac{C_k - C_{0g}}{C_k + 2C_{0g}} \tag{5 - 3}$$

$$\sum_{k=1}^{6} \varphi_k = 1 \tag{5 - 4}$$

式中,C_1、C_2、C_3、C_4、C_5、C_6 分别为骨架导电分散泥质砂岩中的导电骨架颗粒、不导电骨架颗粒、分散黏土颗粒、微孔隙水、可动水、油珠的电导率(C_{mac}、C_{manc}、C_{cl}、C_{wi}、C_{wf}、C_h),S/m;φ_1、φ_2、φ_3、φ_4、φ_5、φ_6 分别为骨架导电分散泥质砂岩中的导电骨架颗粒、不导电骨架颗粒、分散黏土颗

粒、微孔隙水、可动水、油珠的相对含量；C_{0g} 为虚介质的电导率，S/m。

设 V_{mac}、V_{manc}、V_{cl}、ϕ_{wi}、ϕ_{wf}、ϕ_h 分别代表骨架导电混合泥质砂岩中的导电骨架颗粒、不导电骨架颗粒、分散黏土颗粒、微孔隙水、可动水和油珠的含量，则

$$\varphi_1=\frac{V_{mac}}{1-V_{lam}},\varphi_2=\frac{V_{manc}}{1-V_{lam}},\varphi_3=\frac{V_{cl}}{1-V_{lam}},\varphi_4=\frac{\phi_{wi}}{1-V_{lam}},\varphi_5=\frac{\phi_{wf}}{1-V_{lam}},\varphi_6=\frac{\phi_h}{1-V_{lam}} \quad (5-5)$$

认为微孔隙水与可动水有相同的电导率，因此令 $C_{wi}=C_{wf}=C_w$，并令 $C_{manc}=0,C_h=0$，由公式(5-3)得

$$(C_{sa}-C_{0g})/(C_{sa}+2C_{0g})=\varphi_1\frac{C_{mac}-C_{0g}}{C_{mac}+2C_{0g}}-\frac{\varphi_2}{2}+\varphi_3\frac{C_{cl}-C_{0g}}{C_{cl}+2C_{0g}}+\varphi_4\frac{C_w-C_{0g}}{C_w+2C_{0g}}+\varphi_5\frac{C_w-C_{0g}}{C_w+2C_{0g}}-\frac{\varphi_6}{2}$$
$$(5-6)$$

整理式(5-6)，得

$$C_{sa}=2C_{0g}\frac{\begin{array}{c}\varphi_3C_{cl}(C_w+2C_{0g})(C_{mac}+2C_{0g})+(\varphi_4+\varphi_5)C_w(C_{cl}+2C_{0g})(C_{mac}+2C_{0g})\\+\varphi_1C_{mac}(C_{cl}+2C_{0g})(C_w+2C_{0g})\end{array}}{\begin{array}{c}2\varphi_1C_{0g}(C_w+2C_{0g})(C_{cl}+2C_{0g})+2\varphi_3C_{0g}(C_w+2C_{0g})(C_{mac}+2C_{0g})\\+2(\varphi_4+\varphi_5)C_{0g}(C_{cl}+2C_{0g})(C_{mac}+2C_{0g})\\+(\varphi_2+\varphi_6)(C_{cl}+2C_{0g})(C_w+2C_{0g})(C_{mac}+2C_{0g})\end{array}} \quad (5-7)$$

Koelman(1997)和 de Kuijper(1996)给出了 C_{0g} 的参数化方法，其计算公式为

$$C_{0g}=\sum_{k=1}^{6}h_kC_k=h_1C_{mac}+h_2C_{manc}+h_3C_{cl}+h_4C_{wi}+h_5C_{wf}+h_6C_h \quad (5-8)$$

$$\sum_{k=1}^{6}h_k=1$$

h_k 表示成如下形式：

$$h_k=\frac{\lambda_k\varphi_k^{\gamma_k'}}{\sum_{i=1}^{6}\lambda_i\varphi_i^{\gamma_i'}},k=1,\cdots,6 \quad (5-9)$$

式中，h_1、h_2、h_3、h_4、h_5、h_6 分别为骨架导电分散泥质砂岩中的导电骨架颗粒、不导电骨架颗粒、分散黏土颗粒、微孔隙水、可动水、油气的几何参数；λ_1、λ_2、λ_3、λ_4、λ_5、λ_6 分别为骨架导电分散泥质砂岩中的导电骨架颗粒、不导电骨架颗粒、分散黏土颗粒、微孔隙水、可动水、油气的渗滤速率，可用 λ_{mac}、λ_{manc}、λ_{cl}、λ_{wi}、λ_{wf}、λ_h 表示；γ_1'、γ_2'、γ_3'、γ_4'、γ_5'、γ_6' 分别为骨架导电分散泥质砂岩中的导电骨架颗粒、不导电骨架颗粒、分散黏土颗粒、微孔隙水、可动水、油气的渗滤指数，可用 γ_{mac}、γ_{manc}、γ_{cl}、γ_{wi}、γ_{wf}、γ_h 表示。

渗滤速率反映泥质砂岩中某一物质成分的连通状况，其值大于或等于零。当某一物质成分不连续时，该物质成分的渗滤速率等于零。渗滤指数反映岩石颗粒的润湿性或表面粗糙度或岩石中某一物质成分的形状和结构，其值大于零。

认为油气在电性、尺寸、形状方面类似不导电的砂岩颗粒(Berg,1995)，可动流体孔隙的弯曲程度与不导电的骨架表面的曲折程度相似，故有 $\lambda_{manc}=\lambda_h,\gamma_{manc}=\gamma_h=\gamma_{wf}$。考虑黏土和导电骨架颗粒的连通性、形状和结构等对岩石导电性的影响，则有 $\lambda_{cl}\neq0,\lambda_{mac}\neq0,\gamma_{mac}\neq0,\gamma_{cl}\neq0$。根据 Koelman(1997)和 de Kuijper(1996)给出的 C_{0g} 参数化方法，设 $C_{manc}=C_h=0,\gamma_{manc}=\gamma_h=\gamma_{wf}=\gamma_1,\gamma_{wi}=\gamma_2,\gamma_{mac}=\gamma_3,\gamma_{cl}=\gamma_4,(1-V_{lam})^{\gamma_1-\gamma_4}=\gamma_5,(1-V_{lam})^{\gamma_1-\gamma_2}=\gamma_6,(1-V_{lam})^{\gamma_1-\gamma_3}=\gamma_7$，将式(5-5)、式(5-9)代入式(5-8)，整理得

$$C_{0g}=\frac{\lambda_{cl}C_{cl}V_{cl}^{\gamma_4}\gamma_5+\lambda_{wi}C_w\phi_{wi}^{\gamma_2}\gamma_6+\lambda_{wf}C_w\phi_{wf}^{\gamma_1}+\lambda_{mac}C_{mac}V_{mac}^{\gamma_3}\gamma_7}{\lambda_{manc}V_{manc}^{\gamma_1}+\lambda_{cl}V_{cl}^{\gamma_4}\gamma_5+\lambda_h\phi_h^{\gamma_1}+\lambda_{wi}\phi_{wi}^{\gamma_2}\gamma_6+\lambda_{wf}\phi_{wf}^{\gamma_1}+\lambda_{mac}V_{mac}^{\gamma_3}\gamma_7} \quad (5-10)$$

由式(5-10)，得

$$C_{cl}+2C_{0g}=C_{cl}+2\ \frac{\lambda_{cl}C_{cl}V_{cl}^{\gamma_4}\gamma_5+\lambda_{wi}C_w\phi_{wi}^{\gamma_2}\gamma_6+\lambda_{wf}C_w\phi_{wf}^{\gamma_1}+\lambda_{mac}C_{mac}V_{mac}^{\gamma_3}\gamma_7}{\lambda_{manc}V_{manc}^{\gamma_1}+\lambda_{cl}V_{cl}^{\gamma_4}\gamma_5+\lambda_h\phi_h^{\gamma_1}+\lambda_{wi}\phi_{wi}^{\gamma_2}\gamma_6+\lambda_{wf}\phi_{wf}^{\gamma_1}+\lambda_{mac}V_{mac}^{\gamma_3}\gamma_7}$$

$$=\frac{\begin{matrix}\lambda_{manc}C_{cl}V_{manc}^{\gamma_1}+3\lambda_{cl}C_{cl}V_{cl}^{\gamma_4}\gamma_5+\lambda_hC_{cl}\phi_h^{\gamma_1}+\lambda_{wc}(C_{cl}+2C_w)\phi_{wi}^{\gamma_2}\gamma_6+\\ \lambda_{wf}(C_{cl}+2C_w)\phi_{wf}^{\gamma_1}+\lambda_{mac}(C_{cl}+2C_{mac})V_{mac}^{\gamma_3}\gamma_7\end{matrix}}{\lambda_{manc}V_{manc}^{\gamma_1}+\lambda_{cl}V_{cl}^{\gamma_4}\gamma_5+\lambda_h\phi_h^{\gamma_1}+\lambda_{wi}\phi_{wi}^{\gamma_2}\gamma_6+\lambda_{wf}\phi_{wf}^{\gamma_1}+\lambda_{mac}V_{mac}^{\gamma_3}\gamma_7}\qquad(5-11)$$

令 $A_1=\lambda_{manc}C_{cl}V_{manc}^{\gamma_1}+3\lambda_{cl}C_{cl}V_{cl}^{\gamma_4}\gamma_5+\lambda_{mac}(C_{cl}+2C_{mac})V_{mac}^{\gamma_3}\gamma_7$，$A_2=\lambda_hC_{cl}$，$A_3=\lambda_{wf}(C_{cl}+2C_w)$，$A_4=\lambda_{wi}(C_{cl}+2C_w)\gamma_6$，则

$$C_{cl}+2C_{0g}=\frac{A_1+A_2\phi_h^{\gamma_3}+A_3\phi_{wf}^{\gamma_1}+A_4\phi_{wi}^{\gamma_2}}{\lambda_{manc}V_{manc}^{\gamma_1}+\lambda_{cl}V_{cf}^{\gamma_4}\gamma_5+\lambda_h\phi_h^{\gamma_1}+\lambda_{wi}\phi_{wi}^{\gamma_2}\gamma_6+\lambda_{wf}\phi_{wf}^{\gamma_1}+\lambda_{mac}V_{mac}^{\gamma_3}\gamma_7}\qquad(5-12)$$

$$C_w+2C_{0g}=C_w+2\ \frac{\lambda_{cl}C_{cl}V_{cl}^{\gamma_4}\gamma_5+\lambda_{wf}C_w\phi_{wf}^{\gamma_1}+\lambda_{wi}C_w\phi_{wi}^{\gamma_2}\gamma_6+\lambda_{mac}C_{mac}V_{mac}^{\gamma_3}\gamma_7}{\lambda_{manc}V_{manc}^{\gamma_1}+\lambda_{cl}V_{cl}^{\gamma_4}\gamma_5+\lambda_h\phi_h^{\gamma_1}+\lambda_{wi}\phi_{wi}^{\gamma_2}\gamma_6+\lambda_{wf}\phi_{wf}^{\gamma_1}+\lambda_{mac}V_{mac}^{\gamma_3}\gamma_7}$$

$$=\frac{\begin{matrix}\lambda_{manc}C_wV_{manc}^{\gamma_1}+\lambda_{cl}(C_w+2C_{cl})V_{cl}^{\gamma_4}\gamma_5+\lambda_hC_w\phi_h^{\gamma_1}+3\lambda_{wi}C_w\phi_{wi}^{\gamma_2}\gamma_6+\\ 3\lambda_{wf}C_w\phi_{wf}^{\gamma_1}+\lambda_{mac}(C_w+2C_{mac})V_{mac}^{\gamma_3}\gamma_7\end{matrix}}{\lambda_{manc}V_{manc}^{\gamma_1}+\lambda_{cl}V_{cl}^{\gamma_4}\gamma_5+\lambda_h\phi_h^{\gamma_1}+\lambda_{wi}\phi_{wi}^{\gamma_2}\gamma_6+\lambda_{wf}\phi_{wf}^{\gamma_1}+\lambda_{mac}V_{mac}^{\gamma_3}\gamma_7}\qquad(5-13)$$

令 $B_1=\lambda_{manc}C_wV_{manc}^{\gamma_1}+\lambda_{cl}(C_w+2C_{cl})V_{cl}^{\gamma_4}\gamma_5+\lambda_{mac}(C_w+2C_{mac})V_{mac}^{\gamma_3}\gamma_7$，$B_2=\lambda_hC_w$，$B_3=3\lambda_{wf}C_w$，$B_4=3\lambda_{wi}C_w\gamma_6$，则

$$C_w+2C_{0g}=\frac{B_1+B_2\phi_h^{\gamma_1}+B_3\phi_{wf}^{\gamma_1}+B_4\phi_{wi}^{\gamma_2}}{\lambda_{manc}V_{manc}^{\gamma_1}+\lambda_{cl}V_{cl}^{\gamma_4}\gamma_5+\lambda_h\phi_h^{\gamma_1}+\lambda_{wi}\phi_{wi}^{\gamma_2}\gamma_6+\lambda_{wf}\phi_{wf}^{\gamma_1}+\lambda_{mac}V_{mac}^{\gamma_3}\gamma_7}\qquad(5-14)$$

$$C_{mac}+2C_{0g}=C_{mac}+2\ \frac{\lambda_{cl}C_{cl}V_{cl}^{\gamma_4}\gamma_5+\lambda_{wf}C_w\phi_{wf}^{\gamma_1}+\lambda_{wi}C_w\phi_{wi}^{\gamma_2}\gamma_6+\lambda_{mac}C_{mac}V_{mac}^{\gamma_3}\gamma_7}{\lambda_{manc}V_{manc}^{\gamma_1}+\lambda_{cl}V_{cl}^{\gamma_4}\gamma_5+\lambda_h\phi_h^{\gamma_1}+\lambda_{wi}\phi_{wi}^{\gamma_2}\gamma_6+\lambda_{wf}\phi_{wf}^{\gamma_1}+\lambda_{mac}V_{mac}^{\gamma_3}\gamma_7}$$

$$=\frac{\begin{matrix}\lambda_{manc}C_{mac}V_{manc}^{\gamma1}+\lambda_{cl}(C_{mac}+2C_{cl})V_{cl}^{\gamma_4}\gamma_5+\lambda_hC_{mac}\phi_h^{\gamma_1}+3\lambda_{mac}C_{mac}V_{mac}^{\gamma_3}\gamma_7+\\ \lambda_{wf}(C_{mac}+2C_w)\phi_{wf}^{\gamma_1}+\lambda_{wi}(C_{mac}+2C_w)\phi_{wi}^{\gamma_2}\gamma_6\end{matrix}}{\lambda_{manc}V_{manc}^{\gamma1}+\lambda_{cl}V_{cl}^{\gamma_4}\gamma_5+\lambda_h\phi_h^{\gamma_1}+\lambda_{wi}\phi_{wi}^{\gamma_2}\gamma_6+\lambda_{wf}\phi_{wf}^{\gamma_1}+\lambda_{mac}V_{mac}^{\gamma_3}\gamma_7}\qquad(5-15)$$

令 $Q_1=\lambda_{manc}C_{mac}V_{manc}^{\gamma_1}+\lambda_{cl}(C_{mac}+2C_{cl})V_{cl}^{\gamma_4}\gamma_5+3\lambda_{mac}C_{mac}V_{mac}^{\gamma_3}\gamma_7$，$Q_2=\lambda_hC_{mac}$，$Q_3=\lambda_{wf}(C_{mac}+2C_w)$，$Q_4=\lambda_{wi}(C_{mac}+2C_w)\gamma_6$，则

$$\begin{cases}C_{mac}+2C_{0g}=\dfrac{Q_1+Q_2\phi_h^{\gamma_1}+Q_3\phi_{wf}^{\gamma_1}+Q_4\phi_{wi}^{\gamma_2}}{\lambda_{manc}V_{manc}^{\gamma_1}+\lambda_{cl}V_{cl}^{\gamma_4}\gamma_5+\lambda_h\phi_h^{\gamma_1}+\lambda_{wi}\phi_{wi}^{\gamma_2}\gamma_6+\lambda_{wf}\phi_{wf}^{\gamma_1}+\lambda_{mac}V_{mac}^{\gamma_3}\gamma_7}\\[2mm] \varphi_3C_{cl}(C_w+2C_{0g})(C_{mac}+2C_{0g})\\[1mm] \quad=\dfrac{V_{cl}C_{cl}}{1-V_{lam}}\dfrac{(B_1+B_2\phi_h^{\gamma_1}+B_3\phi_{wf}^{\gamma_1}+B_4\phi_{wi}^{\gamma_2})(Q_1+Q_2\phi_h^{\gamma_1}+Q_3\phi_{wf}^{\gamma_1}+Q_4\phi_{wi}^{\gamma_2})}{(\lambda_{manc}V_{manc}^{\gamma_1}+\lambda_{cl}V_{cl}^{\gamma_4}\gamma_5+\lambda_h\phi_h^{\gamma_1}+\lambda_{wi}\phi_{wi}^{\gamma_2}\gamma_6+\lambda_{wf}\phi_{wf}^{\gamma_1}+\lambda_{mac}V_{mac}^{\gamma_3}\gamma_7)^2}\end{cases}\qquad(5-16)$$

令 $D_1=B_1Q_1$，$D_2=B_1Q_2+B_2Q_1$，$D_3=B_1Q_3+B_3Q_1$，$D_4=B_1Q_4+B_4Q_1$，$D_5=B_2Q_2$，$D_6=B_2Q_3+B_3Q_2$，$D_7=B_2Q_4+B_4Q_2$，$D_8=B_3Q_3$，$D_9=B_3Q_4+B_4Q_3$，$D_{10}=B_4Q_4$，则

$$\begin{cases}\varphi_3C_{cl}(C_w+2C_{0g})(C_{mac}+2C_{0g})\\[1mm] \quad=\dfrac{V_{cl}C_{cl}}{1-V_{lam}}\dfrac{\begin{matrix}D_1+D_2\phi_h^{\gamma_1}+D_3\phi_{wf}^{\gamma_1}+D_4\phi_{wi}^{\gamma_2}+D_5\phi_h^{2\gamma_1}+D_6\phi_h^{\gamma_1}\phi_{wf}^{\gamma_1}+\\ D_7\phi_h^{\gamma_1}\phi_{wi}^{\gamma_2}+D_8\phi_{wf}^{2\gamma_1}+D_9\phi_{wi}^{\gamma_2}\phi_{wf}^{\gamma_1}+D_{10}\phi_{wi}^{2\gamma_2}\end{matrix}}{(\lambda_{manc}V_{manc}^{\gamma_1}+\lambda_{cl}V_{cl}^{\gamma_4}\gamma_5+\lambda_h\phi_h^{\gamma_1}+\lambda_{wi}\phi_{wi}^{\gamma_2}\gamma_6+\lambda_{wf}\phi_{wf}^{\gamma_1}+\lambda_{mac}V_{mac}^{\gamma_3}\gamma_7)^2}\\[2mm] (\varphi_4+\varphi_5)C_w(C_{cl}+2C_{0g})(C_{mac}+2C_{0g})\\[1mm] \quad=\dfrac{(\phi_{wi}+\phi_{wf})C_w}{1-V_{lam}}\dfrac{(A_1+A_2\phi_h^{\gamma_1}+A_3\phi_{wf}^{\gamma_1}+A_4\phi_{wi}^{\gamma_2})(Q_1+Q_2\phi_h^{\gamma_1}+Q_3\phi_{wf}^{\gamma_1}+Q_4\phi_{wi}^{\gamma_2})}{(\lambda_{manc}V_{manc}^{\gamma_1}+\lambda_{cl}V_{cl}^{\gamma_4}\gamma_5+\lambda_h\phi_h^{\gamma_1}+\lambda_{wi}\phi_{wi}^{\gamma_2}\gamma_6+\lambda_{wf}\phi_{wf}^{\gamma_1}+\lambda_{mac}V_{mac}^{\gamma_3}\gamma_7)^2}\end{cases}$$

$$(5-17)$$

令 $F_1=A_1Q_1$，$F_2=A_1Q_2+A_2Q_1$，$F_3=A_1Q_3+A_3Q_1$，$F_4=A_1Q_4+A_4Q_1$，$F_5=A_2Q_2$，$F_6=$

$A_2Q_3+A_3Q_2$，$F_7=A_2Q_4+A_4Q_2$，$F_8=A_3Q_3$，$F_9=A_3Q_4+A_4Q_3$，$F_{10}=A_4Q_4$，则

$$\left\{ \begin{array}{l} (\varphi_4+\varphi_5)C_w(C_{cl}+2C_{0g})(C_{mac}+2C_{0g}) \\[4pt] =\dfrac{(\phi_{wi}+\phi_{wf})C_w}{1-V_{lam}}\dfrac{\begin{array}{l}F_1+F_2\phi_h^{\gamma_1}+F_3\phi_{wf}^{\gamma_1}+F_4\phi_{wi}^{\gamma_2}+F_5\phi_h^{2\gamma_1}+F_6\phi_h^{\gamma_1}\phi_{wf}^{\gamma_1}+ \\ F_7\phi_h^{\gamma_1}\phi_{wi}^{\gamma_2}+F_8\phi_{wf}^{2\gamma_1}+F_9\phi_{wi}^{\gamma_2}\phi_{wf}^{\gamma_1}+F_{10}\phi_{wi}^{2\gamma_2}\end{array}}{(\lambda_{manc}V_{manc}^{\gamma_1}+\lambda_{cl}V_{cl}^{\gamma_4}\gamma_5+\lambda_h\phi_h^{\gamma_1}+\lambda_{wi}\phi_{wi}^{\gamma_2}\gamma_6+\lambda_{wf}\phi_{wf}^{\gamma_1}+\lambda_{mac}V_{mac}^{\gamma_3}\gamma_7)^2} \\[18pt] \varphi_1C_{mac}(C_w+2C_{0g})(C_{cl}+2C_{0g}) \\[4pt] =\dfrac{V_{mac}C_{mac}}{1-V_{lam}}\dfrac{(A_1+A_2\phi_h^{\gamma_1}+A_3\phi_{wf}^{\gamma_1}+A_4\phi_{wi}^{\gamma_2})(B_1+B_2\phi_h^{\gamma_1}+B_3\phi_{wf}^{\gamma_1}+B_4\phi_{wi}^{\gamma_2})}{(\lambda_{manc}V_{manc}^{\gamma_1}+\lambda_{cl}V_{cl}^{\gamma_4}\gamma_5+\lambda_h\phi_h^{\gamma_1}+\lambda_{wi}\phi_{wi}^{\gamma_2}\gamma_6+\lambda_{wf}\phi_{wf}^{\gamma_1}+\lambda_{mac}V_{mac}^{\gamma_3}\gamma_7)^2} \end{array} \right. \tag{5-18}$$

令 $E_1=A_1B_1$，$E_2=A_1B_2+A_2B_1$，$E_3=A_1B_3+A_3B_1$，$E_4=A_1B_4+A_4B_1$，$E_5=A_2B_2$，$E_6=A_2B_3+A_3B_2$，$E_7=A_2B_4+A_4B_2$，$E_8=A_3B_3$，$E_9=A_3B_4+A_4B_3$，$E_{10}=A_4B_4$，则

$$\begin{array}{l} \varphi_1C_{mac}(C_w+2C_{0g})(C_{cl}+2C_{0g}) \\[4pt] =\dfrac{V_{mac}C_{mac}}{1-V_{lam}}\dfrac{\begin{array}{l}E_1+E_2\phi_h^{\gamma_1}+E_3\phi_{wf}^{\gamma_1}+E_4\phi_{wi}^{\gamma_2}+E_5\phi_h^{2\gamma_1}+E_6\phi_h^{\gamma_1}\phi_{wf}^{\gamma_1}+E_7\phi_h^{\gamma_1}\phi_{wi}^{\gamma_2}+ \\ E_8\phi_{wf}^{2\gamma_1}+E_9\phi_{wi}^{\gamma_2}\phi_{wf}^{\gamma_1}+E_{10}\phi_{wi}^{2\gamma_2}\end{array}}{(\lambda_{manc}V_{manc}^{\gamma_1}+\lambda_{cl}V_{cl}^{\gamma_4}\gamma_5+\lambda_h\phi_h^{\gamma_1}+\lambda_{wi}\phi_{wi}^{\gamma_2}\gamma_6+\lambda_{wf}\phi_{wf}^{\gamma_1}+\lambda_{mac}V_{mac}^{\gamma_3}\gamma_7)^2} \end{array} \tag{5-19}$$

$$\begin{array}{l} \left[\begin{array}{l}\varphi_3C_{cl}(C_w+2C_{0g})(C_{mac}+2C_{0g})+(\varphi_4+\varphi_5)C_w(C_{cl}+2C_{0g})(C_{mac}+2C_{0g}) \\ +\varphi_1C_{mac}(C_w+2C_{0g})(C_{cl}+2C_{0g})\end{array}\right] \\[4pt] =\dfrac{\left[\begin{array}{l}V_{cl}C_{cl}(D_1+D_2\phi_h^{\gamma_1}+D_3\phi_{wf}^{\gamma_1}+D_4\phi_{wi}^{\gamma_2}+D_5\phi_h^{2\gamma_1}+D_6\phi_h^{\gamma_1}\phi_{wf}^{\gamma_1}+D_7\phi_h^{\gamma_1}\phi_{wi}^{\gamma_2}+D_8\phi_{wf}^{2\gamma_1} \\ +D_9\phi_{wi}^{\gamma_2}\phi_{wf}^{\gamma_1}+D_{10}\phi_{wi}^{2\gamma_2})+(\phi_{wi}+\phi_{wf})C_w(F_1+F_2\phi_h^{\gamma_1}+F_3\phi_{wf}^{\gamma_1}+F_4\phi_{wi}^{\gamma_2}+F_5\phi_h^{2\gamma_1} \\ +F_6\phi_h^{\gamma_1}\phi_{wf}^{\gamma_1}+F_7\phi_h^{\gamma_1}\phi_{wi}^{\gamma_2}+F_8\phi_{wf}^{2\gamma_1}+F_9\phi_{wi}^{\gamma_2}\phi_{wf}^{\gamma_1}+F_{10}\phi_{wi}^{2\gamma_2})+V_{mac}C_{mac}(E_1+E_2\phi_h^{\gamma_1} \\ +E_3\phi_{wf}^{\gamma_1}+E_4\phi_{wi}^{\gamma_2}+E_5\phi_h^{2\gamma_1}+E_6\phi_h^{\gamma_1}\phi_{wf}^{\gamma_1}+E_7\phi_h^{\gamma_1}\phi_{wi}^{\gamma_2}+E_8\phi_{wf}^{2\gamma_1}+E_9\phi_{wi}^{\gamma_2}\phi_{wf}^{\gamma_1}+E_{10}\phi_{wi}^{2\gamma_2})\end{array}\right]}{(1-V_{lam})(\lambda_{manc}V_{manc}^{\gamma_1}+\lambda_{cl}V_{cl}^{\gamma_4}\gamma_5+\lambda_h\phi_h^{\gamma_1}+\lambda_{wi}\phi_{wi}^{\gamma_2}\gamma_6+\lambda_{wf}\phi_{wf}^{\gamma_1}+\lambda_{mac}V_{mac}^{\gamma_3}\gamma_7)^2} \end{array}$$

令 $D1_1=V_{cl}C_{cl}D_1+V_{mac}C_{mac}E_1$，$D1_2=V_{cl}C_{cl}D_2+V_{mac}C_{mac}E_2$，$D1_3=V_{cl}C_{cl}D_3+V_{mac}C_{mac}E_3$，$D1_4=V_{cl}C_{cl}D_4+V_{mac}C_{mac}E_4$，$D1_5=V_{cl}C_{cl}D_5+V_{mac}C_{mac}E_5$，$D1_6=V_{cl}C_{cl}D_6+V_{mac}C_{mac}E_6$，$D1_7=V_{cl}C_{cl}D_7+V_{mac}C_{mac}E_7$，$D1_8=V_{cl}C_{cl}D_8+V_{mac}C_{mac}E_8$，$D1_9=V_{cl}C_{cl}D_9+V_{mac}C_{mac}E_9$，$D1_{10}=V_{cl}C_{cl}D_{10}+V_{mac}C_{mac}E_{10}$，得

$$\left\{ \begin{array}{l} \left[\begin{array}{l}\varphi_3C_{cl}(C_w+2C_{0g})(C_{mac}+2C_{0g})+(\varphi_4+\varphi_5)C_w(C_{cl}+2C_{0g})(C_{mac}+2C_{0g}) \\ +\varphi_1C_{mac}(C_w+2C_{0g})(C_{cl}+2C_{0g})\end{array}\right] \\[4pt] =\dfrac{\left[\begin{array}{l}D1_1+D1_2\phi_h^{\gamma_1}+D1_3\phi_{wf}^{\gamma_1}+D1_4\phi_{wi}^{\gamma_2}+D1_5\phi_h^{2\gamma_1}+D1_6\phi_h^{\gamma_1}\phi_{wf}^{\gamma_1}+D1_7\phi_h^{\gamma_1}\phi_{wi}^{\gamma_2} \\ +D1_8\phi_{wf}^{2\gamma_1}+D1_9\phi_{wi}^{\gamma_2}\phi_{wf}^{\gamma_1}+D1_{10}\phi_{wi}^{2\gamma_2}+(\phi_{wi}+\phi_{wf})C_w(F_1+F_2\phi_h^{\gamma_1}+F_3\phi_{wf}^{\gamma_1} \\ +F_4\phi_{wi}^{\gamma_2}+F_5\phi_h^{2\gamma_1}+F_6\phi_h^{\gamma_1}\phi_{wf}^{\gamma_1}+F_7\phi_h^{\gamma_1}\phi_{wi}^{\gamma_2}+F_8\phi_{wf}^{2\gamma_1}+F_9\phi_{wi}^{\gamma_2}\phi_{wf}^{\gamma_1}+F_{10}\phi_{wi}^{2\gamma_2})\end{array}\right]}{(1-V_{lam})(\lambda_{manc}V_{manc}^{\gamma_1}+\lambda_{cl}V_{cl}^{\gamma_4}\gamma_5+\lambda_h\phi_h^{\gamma_1}+\lambda_{wi}\phi_{wi}^{\gamma_2}\gamma_6+\lambda_{wf}\phi_{wf}^{\gamma_1}+\lambda_{mac}V_{mac}^{\gamma_3}\gamma_7)^2} \\[18pt] \left[\begin{array}{l}\varphi_3(C_w+2C_{0g})(C_{mac}+2C_{0g})+(\varphi_4+\varphi_5)(C_{cl}+2C_{0g})(C_{mac}+2C_{0g})+ \\ \varphi_1(C_w+2C_{0g})(C_{cl}+2C_{0g})\end{array}\right] \\[4pt] =\dfrac{\left[\begin{array}{l}V_{cl}(D_1+D_2\phi_h^{\gamma_1}+D_3\phi_{wf}^{\gamma_1}+D_4\phi_{wi}^{\gamma_2}+D_5\phi_h^{2\gamma_1}+D_6\phi_h^{\gamma_1}\phi_{wf}^{\gamma_1}+D_7\phi_h^{\gamma_1}\phi_{wi}^{\gamma_2}+D_8\phi_{wf}^{2\gamma_1} \\ +D_9\phi_{wi}^{\gamma_2}\phi_{wf}^{\gamma_1}+D_{10}\phi_{wi}^{2\gamma_2})+(\phi_{wi}+\phi_{wf})(F_1+F_2\phi_h^{\gamma_1}+F_3\phi_{wf}^{\gamma_1}+F_4\phi_{wi}^{\gamma_2}+F_5\phi_h^{2\gamma_1} \\ +F_6\phi_h^{\gamma_1}\phi_{wf}^{\gamma_1}+F_7\phi_h^{\gamma_1}\phi_{wi}^{\gamma_2}+F_8\phi_{wf}^{2\gamma_1}+F_9\phi_{wi}^{\gamma_2}\phi_{wf}^{\gamma_1}+F_{10}\phi_{wi}^{2\gamma_2})+V_{mac}(E_1+E_2\phi_h^{\gamma_1}+ \\ E_3\phi_{wf}^{\gamma_1}+E_4\phi_{wi}^{\gamma_2}+E_5\phi_h^{2\gamma_1}+E_6\phi_h^{\gamma_1}\phi_{wf}^{\gamma_1}+E_7\phi_h^{\gamma_1}\phi_{wi}^{\gamma_2}+E_8\phi_{wf}^{2\gamma_1}+E_9\phi_{wi}^{\gamma_2}\phi_{wf}^{\gamma_1}+E_{10}\phi_{wi}^{2\gamma_2})\end{array}\right]}{(1-V_{lam})(\lambda_{manc}V_{manc}^{\gamma_1}+\lambda_{cl}V_{cl}^{\gamma_4}\gamma_5+\lambda_h\phi_h^{\gamma_1}+\lambda_{wi}\phi_{wi}^{\gamma_2}\gamma_6+\lambda_{wf}\phi_{wf}^{\gamma_1}+\lambda_{mac}V_{mac}^{\gamma_3}\gamma_7)^2} \end{array} \right. \tag{5-20}$$

令 $D2_1=V_{cl}D_1+V_{mac}E_1$，$D2_2=V_{cl}D_2+V_{mac}E_2$，$D2_3=V_{cl}D_3+V_{mac}E_3$，$D2_4=V_{cl}D_4+V_{mac}E_4$，$D2_5=V_{cl}D_5+V_{mac}E_5$，$D2_6=V_{cl}D_6+V_{mac}E_6$，$D2_7=V_{cl}D_7+V_{mac}E_7$，$D2_8=V_{cl}D_8+V_{mac}E_8$，

$D2_9 = V_{cl}D_9 + V_{mac}E_9$, $D2_{10} = V_{cl}D_{10} + V_{mac}E_{10}$, 则

$$\begin{bmatrix} \varphi_3(C_w + 2C_{0g})(C_{mac} + 2C_{0g}) + (\varphi_4 + \varphi_5)(C_{cl} + 2C_{0g})(C_{mac} + 2C_{0g}) + \\ \varphi_1(C_w + 2C_{0g})(C_{cl} + 2C_{0g}) \end{bmatrix}$$

$$= \frac{\begin{bmatrix} (D2_1 + D2_2\phi_h^{\gamma_1} + D2_3\phi_{wf}^{\gamma_1} + D2_4\phi_{wi}^{\gamma_2} + D2_5\phi_h^{2\gamma_1} + D2_6\phi_h^{\gamma_1}\phi_{wf}^{\gamma_1} + D2_7\phi_h^{\gamma_1}\phi_{wi}^{\gamma_2} \\ + D2_8\phi_{wf}^{2\gamma_1} + D2_9\phi_{wi}^{\gamma_2}\phi_{wf}^{\gamma_1} + D2_{10}\phi_{wi}^{2\gamma_2}) + (\phi_{wi} + \phi_{wf})(F_1 + F_2\phi_h^{\gamma_1} + F_3\phi_{wf}^{\gamma_1} \\ + F_4\phi_{wi}^{\gamma_2} + F_5\phi_h^{2\gamma_1} + F_6\phi_h^{\gamma_1}\phi_{wf}^{\gamma_1} + F_7\phi_h^{\gamma_1}\phi_{wi}^{\gamma_2} + F_8\phi_{wf}^{2\gamma_1} + F_9\phi_{wi}^{\gamma_2}\phi_{wf}^{\gamma_1} + F_{10}\phi_{wi}^{2\gamma_2}) \end{bmatrix}}{(1 - V_{lam})(\lambda_{manc}V_{manc}^{\gamma_1} + \lambda_{cl}V_{cl}^{\gamma_4}\gamma_5 + \lambda_h\phi_h^{\gamma_1} + \lambda_{wi}\phi_{wi}^{\gamma_2}\gamma_6 + \lambda_{wf}\phi_{wf}^{\gamma_1} + \lambda_{mac}V_{mac}^{\gamma_3}\gamma_7)^2} \tag{5-21}$$

$(\varphi_2 + \varphi_6)(C_{cl} + 2C_{0g})(C_w + 2C_{0g})(C_{mac} + 2C_{0g})/2C_{0g}$

$$= \frac{V_{manc} + \phi_h}{1 - V_{lam}} \frac{\begin{bmatrix} (A_1 + A_2\phi_h^{\gamma_1} + A_3\phi_{wf}^{\gamma_1} + A_4\phi_{wi}^{\gamma_2})(Q_1 + Q_2\phi_h^{\gamma_1} + Q_3\phi_{wf}^{\gamma_1} + Q_4\phi_{wi}^{\gamma_2}) \\ (B_1 + B_2\phi_h^{\gamma_1} + B_3\phi_{wf}^{\gamma_1} + B_4\phi_{wi}^{\gamma_2}) \end{bmatrix}}{\begin{bmatrix} 2(\lambda_{cl}C_{cl}V_{cl}^{\gamma_4}\gamma_5 + \lambda_{wi}C_w\phi_{wi}^{\gamma_2}\gamma_6 + \lambda_{wf}C_w\phi_{wf}^{\gamma_1} + \lambda_{mac}C_{mac}V_{mac}^{\gamma_3}\gamma_7) \\ (\lambda_{manc}V_{manc}^{\gamma_1} + \lambda_{cl}V_{cl}^{\gamma_4}\gamma_5 + \lambda_h\phi_h^{\gamma_1} + \lambda_{wi}\phi_{wi}^{\gamma_2}\gamma_6 + \lambda_{wf}\phi_{wf}^{\gamma_1} + \lambda_{mac}V_{mac}^{\gamma_3}\gamma_7)^2 \end{bmatrix}}$$

令 $E1_1 = A_1B_1Q_1$, $E1_2 = (A_1B_2 + A_2B_1)Q_1$, $E1_3 = (A_1B_3 + A_3B_1)Q_1$, $E1_4 = (A_1B_4 + A_4B_1)Q_1$, $E1_5 = A_2B_2Q_1$, $E1_6 = (A_2B_3 + A_3B_2)Q_1$, $E1_7 = (A_2B_4 + A_4B_2)Q_1$, $E1_8 = A_3B_3Q_1$, $E1_9 = (A_3B_4 + A_4B_3)Q_1$, $E1_{10} = A_4B_4Q_1$, $E1_{11} = A_1B_1Q_2$, $E1_{12} = (A_1B_2 + A_2B_1)Q_2$, $E1_{13} = (A_1B_3 + A_3B_1)Q_2$, $E1_{14} = (A_1B_4 + A_4B_1)Q_2$, $E1_{15} = A_2B_2Q_2$, $E1_{16} = (A_2B_3 + A_3B_2)Q_2$, $E1_{17} = (A_2B_4 + A_4B_2)Q_2$, $E1_{18} = A_3B_3Q_2$, $E1_{19} = (A_3B_4 + A_4B_3)Q_2$, $E1_{20} = A_4B_4Q_2$, $E1_{21} = A_1B_1Q_3$, $E1_{22} = (A_1B_2 + A_2B_1)Q_3$, $E1_{23} = (A_1B_3 + A_3B_1)Q_3$, $E1_{24} = (A_1B_4 + A_4B_1)Q_3$, $E1_{25} = A_2B_2Q_3$, $E1_{26} = (A_2B_3 + A_3B_2)Q_3$, $E1_{27} = (A_2B_4 + A_4B_2)Q_3$, $E1_{28} = A_3B_3Q_3$, $E1_{29} = (A_3B_4 + A_4B_3)Q_3$, $E1_{30} = A_4B_4Q_3$, $E1_{31} = A_1B_1Q_4$, $E1_{32} = (A_1B_2 + A_2B_1)Q_4$, $E1_{33} = (A_1B_3 + A_3B_1)Q_4$, $E1_{34} = (A_1B_4 + A_4B_1)Q_4$, $E1_{35} = A_2B_2Q_4$, $E1_{36} = (A_2B_3 + A_3B_2)Q_4$, $E1_{37} = (A_2B_4 + A_4B_2)Q_4$, $E1_{38} = A_3B_3Q_4$, $E1_{39} = (A_3B_4 + A_4B_3)Q_4$, $E1_{40} = A_4B_4Q_4$, 则

$(\varphi_2 + \varphi_6)(C_{cl} + 2C_{0g})(C_w + 2C_{0g})(C_{mac} + 2C_{0g})/2C_{0g}$

$$= \frac{V_{manc} + \phi_h}{1 - V_{lam}} \frac{\begin{bmatrix} E1_1 + E1_2\phi_h^{\gamma_1} + E1_3\phi_{wf}^{\gamma_1} + E1_4\phi_{wi}^{\gamma_2} + E1_5\phi_h^{2\gamma_1} \\ + E1_6\phi_h^{\gamma_1}\phi_{wf}^{\gamma_1} + E1_7\phi_h^{\gamma_1}\phi_{wi}^{\gamma_2} + E1_8\phi_{wf}^{2\gamma_1} + E1_9\phi_{wc}^{\gamma_2}\phi_{wf}^{\gamma_1} \\ + E1_{10}\phi_{wi}^{2\gamma_2} + (E1_{11} + E1_{12}\phi_h^{\gamma_1} + E1_{13}\phi_{wf}^{\gamma_1} + E1_{14}\phi_{wi}^{\gamma_2} \\ + E1_{15}\phi_h^{2\gamma_1} + E1_{16}\phi_h^{\gamma_1}\phi_{wf}^{\gamma_1} + E1_{17}\phi_h^{\gamma_1}\phi_{wi}^{\gamma_2} + E1_{18}\phi_{wf}^{2\gamma_1} \\ + E1_{19}\phi_{wi}^{\gamma_2}\phi_{wf}^{\gamma_1} + E1_{20}\phi_{wi}^{2\gamma_2})\phi_h^{\gamma_1} + (E1_{21} + E1_{22}\phi_h^{\gamma_1} \\ + E1_{23}\phi_{wf}^{\gamma_1} + E1_{24}\phi_{wi}^{\gamma_2} + E1_{25}\phi_h^{2\gamma_1} + E1_{26}\phi_h^{\gamma_1}\phi_{wf}^{\gamma_1} \\ + E1_{27}\phi_h^{\gamma_1}\phi_{wi}^{\gamma_2} + E1_{28}\phi_{wf}^{2\gamma_1} + E1_{29}\phi_{wi}^{\gamma_2}\phi_{wf}^{\gamma_1} + E1_{30}\phi_{wi}^{2\gamma_2})\phi_{wf}^{\gamma_1} \\ + (E1_{31} + E1_{32}\phi_h^{\gamma_1} + E1_{33}\phi_{wf}^{\gamma_1} + E1_{34}\phi_{wi}^{\gamma_2} + E1_{35}\phi_h^{2\gamma_1} \\ + E1_{36}\phi_h^{\gamma_1}\phi_{wf}^{\gamma_1} + E1_{37}\phi_h^{\gamma_1}\phi_{wi}^{\gamma_2} + E1_{38}\phi_{wf}^{2\gamma_1} + E1_{39}\phi_{wi}^{\gamma_2}\phi_{wf}^{\gamma_1} \\ + E1_{40}\phi_{wi}^{2\gamma_2})\phi_{wi}^{\gamma_2} \end{bmatrix}}{\begin{bmatrix} 2(\lambda_{cl}C_{cl}V_{cl}^{\gamma_4}\gamma_5 + \lambda_{wi}C_w\phi_{wi}^{\gamma_2}\gamma_6 + \lambda_{wf}C_w\phi_{wf}^{\gamma_1} + \lambda_{mac}C_{mac}V_{mac}^{\gamma_3}\gamma_7) \\ (\lambda_{manc}V_{manc}^{\gamma_1} + \lambda_{cl}V_{cl}^{\gamma_4}\gamma_5 + \lambda_h\phi_h^{\gamma_1} + \lambda_{wi}\phi_{wi}^{\gamma_2}\gamma_6 + \lambda_{wf}\phi_{wf}^{\gamma_1} \\ + \lambda_{mac}V_{mac}^{\gamma_3}\gamma_7)^2 \end{bmatrix}} \tag{5-22}$$

令 $F1_1 = \lambda_{cl}C_{cl}V_{cl}^{\gamma_4}\gamma_5 + \lambda_{mac}C_{mac}V_{mac}^{\gamma_3}\gamma_7$，$F1_2 = \lambda_{wi}C_w\gamma_6$，$F1_3 = \lambda_{wf}C_w$，则

$$\varphi_1(C_w + 2C_{0g})(C_{cl} + 2C_{0g}) + (\varphi_4 + \varphi_5)(C_{cl} + 2C_{0g})(C_{mac} + 2C_{0g})$$
$$+ \varphi_3(C_w + 2C_{0g})(C_{mac} + 2C_{0g}) + (\varphi_2 + \varphi_6)(C_{cl} + 2C_{0g})(C_w + 2C_{0g})(C_{mac} + 2C_{0g})/2C_{0g}$$

$$=\left\{
\begin{aligned}
&2(F1_1 + F1_2\phi_{wi}^{\gamma_2} + F1_3\phi_{wf}^{\gamma_1})[D2_1 + D2_2\phi_h^{\gamma_1} + D2_3\phi_{wf}^{\gamma_1} + D2_4\phi_{wi}^{\gamma_2} + D2_5\phi_h^{2\gamma_1} \\
&+ D2_6\phi_h^{\gamma_1}\phi_{wf}^{\gamma_1} + D2_7\phi_h^{\gamma_1}\phi_{wi}^{\gamma_2} + D2_8\phi_{wf}^{2\gamma_1} + D2_9\phi_{wi}^{\gamma_2}\phi_{wf}^{\gamma_1} + D2_{10}\phi_{wi}^{2\gamma_2} \\
&+ (\phi_{wi} + \phi_{wf})(F_1 + F_2\phi_h^{\gamma_1} + F_3\phi_{wf}^{\gamma_1} + F_4\phi_{wi}^{\gamma_2} + F_5\phi_h^{2\gamma_1} + F_6\phi_h^{\gamma_1}\phi_{wf}^{\gamma_1} + F_7\phi_h^{\gamma_1}\phi_{wi}^{\gamma_2} \\
&+ F_8\phi_{wf}^{2\gamma_1} + F_9\phi_{wi}^{\gamma_2}\phi_{wf}^{\gamma_1} + F_{10}\phi_{wi}^{2\gamma_2})] + (V_{manc} + \phi_h)
\end{aligned}
\right\}$$

$$\left[
\begin{aligned}
&(E1_1 + E1_2\phi_h^{\gamma_1} + E1_3\phi_{wf}^{\gamma_1} + E1_4\phi_{wi}^{\gamma_2} + E1_5\phi_h^{2\gamma_1} + E1_6\phi_h^{\gamma_1}\phi_{wf}^{\gamma_1} + E1_7\phi_h^{\gamma_1}\phi_{wi}^{\gamma_2} + E1_8\phi_{wf}^{2\gamma_1} \\
&+ E1_9\phi_{wi}^{\gamma_2}\phi_{wf}^{\gamma_1} + E1_{10}\phi_{wi}^{2\gamma_2}) + (E1_{11} + E1_{12}\phi_h^{\gamma_1} + E1_{13}\phi_{wf}^{\gamma_1} + E1_{14}\phi_{wi}^{\gamma_2} + E1_{15}\phi_h^{2\gamma_1} \\
&+ E1_{16}\phi_h^{\gamma_1}\phi_{wf}^{\gamma_1} + E1_{17}\phi_h^{\gamma_1}\phi_{wi}^{\gamma_2} + E1_{18}\phi_{wf}^{2\gamma_1} + E1_{19}\phi_{wi}^{\gamma_2}\phi_{wf}^{\gamma_1} + E1_{20}\phi_{wi}^{2\gamma_2})\phi + (E1_{21} \\
&+ E1_{22}\phi_h^{\gamma_1} + E1_{23}\phi_{wf}^{\gamma_1} + E1_{24}\phi_{wi}^{\gamma_2} + E1_{25}\phi_h^{2\gamma_1} + E1_{26}\phi_h^{\gamma_1}\phi_{wf}^{\gamma_1} + E1_{27}\phi_h^{\gamma_1}\phi_{wi}^{\gamma_2} + E1_{28}\phi_{wf}^{2\gamma_1} \\
&+ E1_{29}\phi_{wi}^{\gamma_2}\phi_{wf}^{\gamma_1} + E1_{30}\phi_{wi}^{2\gamma_2})\phi_h^{\gamma_1} + (E1_{31} + E1_{32}\phi_h^{\gamma_1} + E1_{33}\phi_{wf}^{\gamma_1} + E1_{34}\phi_{wi}^{\gamma_2} + E1_{35}\phi_h^{2\gamma_1} \\
&+ E1_{36}\phi_h^{\gamma_1}\phi_{wf}^{\gamma_1} + E1_{37}\phi_h^{\gamma_1}\phi_{wi}^{\gamma_2} + E1_{38}\phi_{wf}^{2\gamma_1} + E1_{39}\phi_{wi}^{\gamma_2}\phi_{wf}^{\gamma_1} + E1_{40}\phi_{wi}^{2\gamma_2})\phi_{wf}^{\gamma_2}
\end{aligned}
\right] \tag{5-23}$$

$$\left[
\begin{aligned}
&2(1 - V_{lam})(F1_1 + F1_2\phi_{wi}^{\gamma_2} + F1_3\phi_{wf}^{\gamma_1})(\lambda_{manc}V_{manc}^{\gamma_1} + \lambda_{cl}V_{cl}^{\gamma_4}\gamma_5 + \lambda_{wi}\phi_{wi}^{\gamma_2}\gamma_6 \\
&+ \lambda_h\phi_h^{\gamma_1} + \lambda_{wf}\phi_{wf}^{\gamma_1} + \lambda_{mac}V_{mac}^{\gamma_3}\gamma_7)^2
\end{aligned}
\right]$$

将式(5-20)和式(5-23)代入式(5-7)，并令 $G_i = D1_i - C_{sa}D2_i (i=1,\cdots,10)$，$G_0 = C_w - C_{sa}$，整理得

$$2(F1_1 + F1_2\phi_{wi}^{\gamma_2} + F1_3\phi_{wf}^{\gamma_1})[G_1 + G_2\phi_h^{\gamma_1} + G_3\phi_{wf}^{\gamma_1} + G_4\phi_{wi}^{\gamma_2} + G_5\phi_h^{2\gamma_1} + G_6\phi_h^{\gamma_1}\phi_{wf}^{\gamma_1}$$
$$+ G_7\phi_h^{\gamma_1}\phi_{wi}^{\gamma_2} + G_8\phi_{wf}^{2\gamma_1} + G_9\phi_{wi}^{\gamma_2}\phi_{wf}^{\gamma_1} + G_{10}\phi_{wi}^{2\gamma_2} + G_0(\phi_{wi} + \phi_{wf})(F_1 + F_2\phi_h^{\gamma_1} + F_3\phi_{wf}^{\gamma_1}$$
$$+ F_4\phi_{wi}^{\gamma_2} + F_5\phi_h^{2\gamma_1} + F_6\phi_h^{\gamma_1}\phi_{wf}^{\gamma_1} + F_7\phi_h^{\gamma_1}\phi_{wi}^{\gamma_2} + F_8\phi_{wf}^{2\gamma_1} + F_9\phi_{wi}^{\gamma_2}\phi_{wf}^{\gamma_1} + F_{10}\phi_{wi}^{2\gamma_2})]$$
$$- C_{sa}(V_{manc} + \phi_h)[E1_1 + E1_2\phi_h^{\gamma_1} + E1_3\phi_{wf}^{\gamma_1} + E1_4\phi_{wi}^{\gamma_2} + E1_5\phi_h^{2\gamma_1} + E1_6\phi_h^{\gamma_1}\phi_{wf}^{\gamma_1}$$
$$+ E1_7\phi_h^{\gamma_1}\phi_{wi}^{\gamma_2} + E1_8\phi_{wf}^{2\gamma_1} + E1_9\phi_{wi}^{\gamma_2}\phi_{wf}^{\gamma_1} + E1_{10}\phi_{wi}^{2\gamma_2} + (E1_{11} + E1_{12}\phi_h^{\gamma_1} + E1_{13}\phi_{wf}^{\gamma_1}$$
$$+ E1_{14}\phi_{wi}^{\gamma_2} + E1_{15}\phi_h^{2\gamma_1} + E1_{16}\phi_h^{\gamma_1}\phi_{wf}^{\gamma_1} + E1_{17}\phi_h^{\gamma_1}\phi_{wi}^{\gamma_2} + E1_{18}\phi_{wf}^{2\gamma_1} + E1_{19}\phi_{wi}^{\gamma_2}\phi_{wf}^{\gamma_1} \tag{5-24}$$
$$+ E1_{20}\phi_{wi}^{2\gamma_2})\phi_h^{\gamma_1} + (E1_{21} + E1_{22}\phi_h^{\gamma_1} + E1_{23}\phi_{wf}^{\gamma_1} + E1_{24}\phi_{wi}^{\gamma_2} + E1_{25}\phi_h^{2\gamma_1} + E1_{26}\phi_h^{\gamma_1}\phi_{wf}^{\gamma_1}$$
$$+ E1_{27}\phi_h^{\gamma_1}\phi_{wi}^{\gamma_2} + E1_{28}\phi_{wf}^{2\gamma_1} + E1_{29}\phi_{wi}^{\gamma_2}\phi_{wf}^{\gamma_1} + E1_{30}\phi_{wi}^{2\gamma_2})\phi_{wf}^{\gamma_1} + (E1_{31} + E1_{32}\phi_h^{\gamma_1} + E1_{33}\phi_{wf}^{\gamma_1}$$
$$+ E1_{34}\phi_{wi}^{\gamma_2} + E1_{35}\phi_h^{2\gamma_1} + E1_{36}\phi_h^{\gamma_1}\phi_{wf}^{\gamma_1} + E1_{37}\phi_h^{\gamma_1}\phi_{wi}^{\gamma_2} + E1_{38}\phi_{wf}^{2\gamma_1} + E1_{39}\phi_{wi}^{\gamma_2}\phi_{wf}^{\gamma_1}$$
$$+ E1_{40}\phi_{wi}^{2\gamma_2})\phi_{wi}^{\gamma_2}] = 0$$

$$\phi_h = \phi - \phi_{wi} - \phi_{wf} \tag{5-25}$$

式中，ϕ 为有效孔隙度。

将式(5-25)代入式(5-24)，可得到一个关于 ϕ_{wf} 的方程，解方程可求出 ϕ_{wf} 值，由 ϕ_{wf} 可计算有效含水饱和度 S_w：

$$S_w = \frac{\phi_{wi} + \phi_{wf}}{\phi} \tag{5-26}$$

式(5-2)、式(5-24)、式(5-25)为骨架导电低阻油层有效介质对称电阻率模型。

第二节　骨架导电低阻油层有效介质对称电阻率模型的理论验证

一、边界条件

(1)当 $\phi=1$ 时,即岩石完全由孔隙组成,不含有任何颗粒成分,有 $V_{lam}=0$,$V_{manc}=0$, $V_{mac}=0$ 和 $V_{cl}=0$,则当孔隙完全含水时,将 $V_{manc}=0$,$V_{mac}=0$,$V_{cl}=0$,$\phi_h=0$,$\phi_w=\phi_{wi}+\phi_{wf}$,代入式(5-7)和式(5-2),可知

$$C_o=2C_{0g}\frac{\phi_w C_w\times2C_{0g}\times2C_{0g}}{2\times\phi_w C_{0g}\times2C_{0g}\times2C_{0g}}=C_w \tag{5-27}$$

即地层因素 $F=1$,这与按照 F 定义在 $\phi=1$ 情况下 $F==1$ 相符。

(2)当 $S_w=1$ 时,即岩石孔隙完全被水饱和。将 $\phi_h=0$ 和 $\phi_w=\phi_{wi}+\phi_{wf}$ 代入式(5-7)和式(5-2)可得饱含水骨架导电泥质岩石的电阻率为

$$C_o=(1-V_{lam})\frac{2C_{0g}\begin{bmatrix}V_{cl}C_{cl}(C_w+2C_{0g})(C_{mac}+2C_{0g})\\+\phi_w C_w(C_{cl}+2C_{0g})(C_{mac}+2C_{0g})\\+V_{mac}C_{mac}(C_{cl}+2C_{0g})(C_w+2C_{0g})\end{bmatrix}}{\begin{bmatrix}V_{manc}(C_{cl}+2C_{0g})(C_w+2C_{0g})(C_{mac}+2C_{0g})\\+2V_{mac}C_{0g}(C_w+2C_{0g})(C_{cl}+2C_{0g})\\+2V_{cl}C_{0g}(C_w+2C_{0g})(C_{mac}+2C_{0g})\\+2\phi_w C_{0g}(C_{cl}+2C_{0g})(C_{mac}+2C_{0g})\end{bmatrix}}+V_{lam}C_{sh} \tag{5-28}$$

由电阻增大系数的定义,可得 $I=C_o/C_t=1$,这与按照 I 定义在 $S_w=1$ 情况下 $I==1$ 相符。

(3)当 $\phi=0$,$V_{lam}=0$ 时,即岩石完全由不导电颗粒、导电颗粒和分散黏土组成,不含有孔隙,则有 $\phi_w=0$,$\phi_h=0$。将 $\phi_w=0$ 和 $\phi_h=0$ 代入式(5-7)和式(5-2),可得

$$C_o=2C_{0g}\left[\frac{V_{cl}C_{cl}(C_w+2C_{0g})(C_{mac}+2C_{0g})+V_{mac}C_{mac}(C_{cl}+2C_{0g})(C_w+2C_{0g})}{\begin{array}{c}2V_{mac}C_{0g}(C_w+2C_{0g})(C_{cl}+2C_{0g})+2V_{cl}C_{0g}(C_w+2C_{0g})(C_{mac}+2C_{0g})\\+V_{manc}(C_{cl}+2C_{0g})(C_w+2C_{0g})(C_{mac}+2C_{0g})\end{array}}\right]$$

且

$$C_{0g}=\frac{\lambda_{mac}C_{mac}V_{mac}^{\gamma_3}\gamma_7+\lambda_{cl}C_{cl}V_{cl}^{\gamma_4}\gamma_5}{\lambda_{manc}V_{manc}^{\gamma_1}+\lambda_{mac}V_{mac}^{\gamma_3}\gamma_7+\lambda_{cl}V_{cl}^{\gamma_4}\gamma_5} \tag{5-29}$$

①当 $V_{mac}=1.0$,$V_{cl}=0$,$V_{manc}=0$ 时,即岩石完全由导电颗粒组成,且不含有孔隙,则将 $V_{manc}=0$,$V_{cl}=0$,$\phi_h=0$ 和 $\phi_w=0$ 代入式(5-29)可得 $C_t=C_{mac}$,这与实际相符。

②当 $V_{manc}=1.0$,$V_{cl}=0$,$V_{manc}=0$ 时,即岩石完全由不导电颗粒组成,且不含有孔隙,则将 $V_{mac}=0$,$V_{cl}=0$,$\phi_h=0$ 和 $\phi_w=0$ 代入式(5-29)可得 $C_t=0$,这与实际相符。

③当 $V_{cl}=1$,$V_{manc}=0$,$V_{mac}=0$ 时,即岩石完全由黏土颗粒组成,且不含有孔隙,则将

$V_{\text{manc}} = 0, V_{\text{mac}} = 0, \phi_h = 0$ 和 $\phi_w = 0$ 代入式(5-29)可得 $C_t = C_{\text{cl}}$,这与实际相符。

(4)当 $C_w = C_{\text{mac}} = C_{\text{cl}}, V_{\text{manc}} = 0, V_{\text{lam}} = 0, \phi_w = \phi$ 时,即岩石由导电颗粒、黏土颗粒和孔隙组成,且孔隙完全含水,则将 $V_{\text{manc}} = 0, \phi_h = 0$ 和 $C_w = C_{\text{mac}} = C_{\text{cl}}$ 代入式(5-7)和式(5-2),可得 $C_t = C_w$,这与实际相符。

二、理论分析

模型中各个因素变化都会对模型产生一定的影响,这里主要讨论 $V_{\text{cl}}, R_{\text{cl}}, V_{\text{lam}}, R_{\text{sh}}, V_{\text{mac}},$ $R_{\text{mac}}, \gamma_{\text{wf}}, \gamma_{\text{wi}}, \gamma_{\text{cl}}, \gamma_{\text{mac}}, \lambda_{\text{wf}}, \lambda_{\text{wi}}, \lambda_{\text{cl}}, \lambda_{\text{mac}}$ 等值的变化对骨架导电低阻油层有效介质对称电阻率模型的影响。在分析各个参数的敏感性过程中,假设各参数值如下: $R_w = 0.549\Omega \cdot \text{m}, R_{\text{mac}} = 5.0\Omega \cdot \text{m}, R_{\text{cl}} = 5.0\Omega \cdot \text{m}, R_{\text{sh}} = 1.11\Omega \cdot \text{m}, V_{\text{mac}} = 0.12, V_{\text{lam}} = 0.06, V_{\text{cl}} = 0.12, \phi = 0.2, S_{\text{wi}} = 0.3, \gamma_{\text{wf}} = 3.0, \gamma_{\text{wi}} = 1.0, \gamma_{\text{mac}} = 1.0, \gamma_{\text{cl}} = 1.0, \lambda_{\text{manc}} = 1.0, \lambda_{\text{cl}} = 1.0, \lambda_{\text{wi}} = 3.0, \lambda_{\text{wf}} = 1.0$。在其他值不变的情况下,研究其中某一参数值的变化对骨架导电低阻油层有效介质对称电阻率模型的影响。

(一)导电骨架含量及电阻率变化对模型的影响

1.导电骨架含量变化对模型的影响

图5-2和图5-3分别给出了 V_{mac} 为 0.02,0.05,0.1,0.15,0.2 时的 R_t 与 S_w 交会图和 I 与 S_w 交会图。从图中看出,V_{mac} 不同,R_t 与 S_w 关系曲线以及 I 与 S_w 关系曲线的曲率不同。V_{mac} 越大,R_t 和 I 值越小。

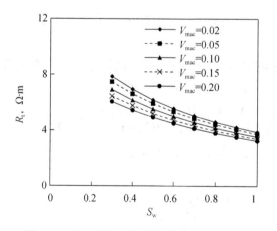
图5-2 V_{mac} 变化对模型的影响($R_t - S_w$)

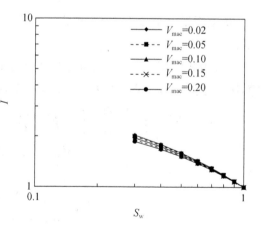
图5-3 V_{mac} 变化对模型的影响($I - S_w$)

2.导电骨架电阻率变化对模型的影响

图5-4和图5-5分别给出了 R_{mac} 为 $0.1\Omega \cdot \text{m}, 0.5\Omega \cdot \text{m}, 1.0\Omega \cdot \text{m}, 5.0\Omega \cdot \text{m}, 10.0\Omega \cdot \text{m}$ 时的 R_t 与 S_w 交会图和 I 与 S_w 交会图。从图中看出,R_{mac} 不同,R_t 与 S_w 关系曲线以及 I 与

S_w 关系曲线的曲率不同。R_{mac} 值越大,R_t 值越大,I 值越大。

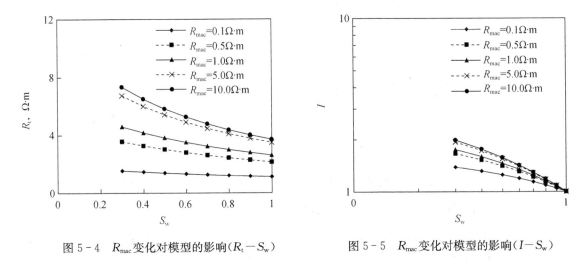

图 5-4　R_{mac} 变化对模型的影响($R_t - S_w$)　　图 5-5　R_{mac} 变化对模型的影响($I - S_w$)

(二)泥质颗粒含量及电阻率变化对模型的影响

1. 黏土含量变化对模型的影响

图 5-6 和图 5-7 分别给出了 V_{cl} 为 0.02,0.05,0.1,0.15,0.2 时 R_t 与 S_w 交会图和 I 与 S_w 交会图。从图中看出,V_{cl} 不同,R_t 与 S_w 以及 I 与 S_w 关系曲线曲率不同。V_{cl} 越大,R_t 和 I 值越小。

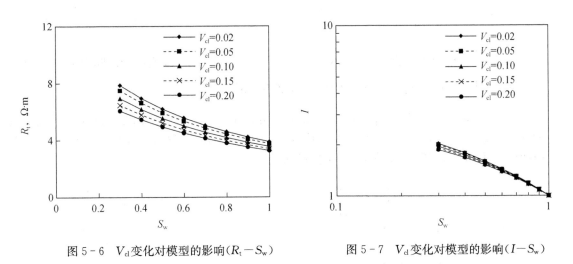

图 5-6　V_{cl} 变化对模型的影响($R_t - S_w$)　　图 5-7　V_{cl} 变化对模型的影响($I - S_w$)

2. 黏土颗粒电阻率变化对模型的影响

图 5-8 和图 5-9 分别给出了 R_{cl} 为 1.0Ω·m,3.0Ω·m,5.0Ω·m,10.0Ω·m,20.0Ω·m 时的 R_t 与 S_w 交会图和 I 与 S_w 交会图。从图中看出,R_{cl} 不同,R_t 与 S_w 以及 I 与 S_w 关系曲线曲率不同。R_{cl} 越大,R_t 值越大,I 值越大。

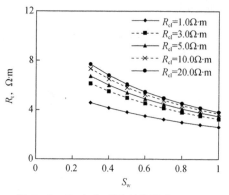

图 5-8 R_{cl} 变化对模型的影响($R_t - S_w$)

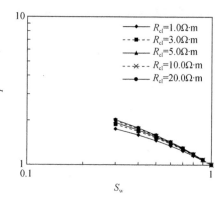

图 5-9 R_{cl} 变化对模型的影响($I - S_w$)

3. 层状泥质含量变化对模型的影响

图 5-10 和图 5-11 分别给出了 V_{lam} 为 0.02,0.05,0.1,0.15,0.2 时的 R_t 与 S_w 交会图和 I 与 S_w 交会图。从图中看出,V_{lam} 不同,R_t 与 S_w 以及 I 与 S_w 关系曲线曲率不同。V_{lam} 越大, R_t 和 I 值越小。

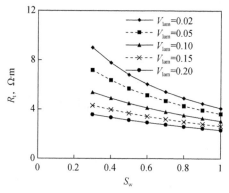

图 5-10 V_{lam} 变化对模型的影响($R_t - S_w$)

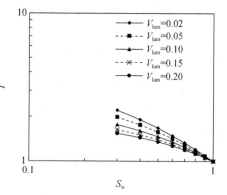

图 5-11 V_{lam} 变化对模型的影响($I - S_w$)

4. 层状泥质颗粒电阻率变化对模型的影响

图 5-12 和图 5-13 分别给出了 R_{sh} 为 0.5Ω·m,1.0Ω·m,3.0Ω·m,5.0Ω·m,10.0Ω·m 时的 R_t 与 S_w 交会图和 I 与 S_w 交会图。从图中可以看出,R_{sh} 不同,R_t 与 S_w 以及 I 与 S_w 关系曲线曲率不同。R_{sh} 越大,R_t 值越大,I 值越大。

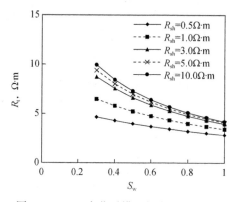

图 5-12 R_{sh} 变化对模型的影响($R_t - S_w$)

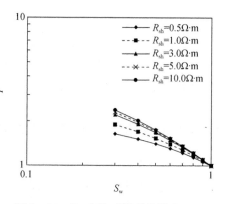

图 5-13 R_{sh} 变化对模型的影响($I - S_w$)

(三)渗滤速率变化对模型的影响

1.黏土颗粒渗滤速率变化对模型的影响

图 5-14 和图 5-15 分别给出了 λ_{cl} 为 0.5,1.0,3.0,5.0,7.0 时 R_t 与 S_w 交会图和 I 与 S_w 交会图。从图中看出,λ_{cl} 越大,R_t 值越大,I 值越小。

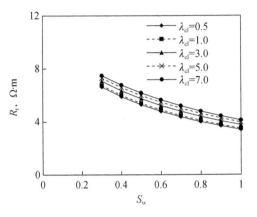

图 5-14　λ_{cl} 变化对模型的影响(R_t-S_w)　　　图 5-15　λ_{cl} 变化对模型的影响($I-S_w$)

2.可动水渗滤速率变化对模型的影响

图 5-16 和图 5-17 分别给出了 λ_{wf} 为 0.5,1.0,2.0,5.0,10.0 时的 R_t 与 S_w 交会图和 I 与 S_w 交会图。从图中看出,λ_{wf} 不同,R_t 和 I 值略有变化。

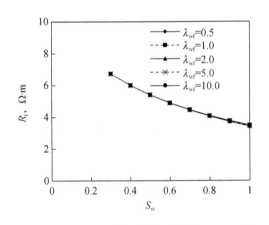

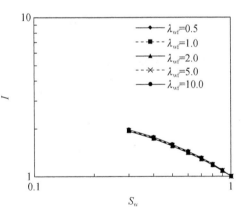

图 5-16　λ_{wf} 变化对模型的影响(R_t-S_w)　　　图 5-17　λ_{wf} 变化对模型的影响($I-S_w$)

3.微孔隙水渗滤速率变化对模型的影响

图 5-18 和图 5-19 分别给出了 λ_{wi} 为 0.5,1.0,2.0,5.0,10.0 时的 R_t 与 S_w 交会图和 I 与 S_w 交会图。从图中看出,λ_{wi} 不同时,R_t 与 S_w 关系曲线以及 I 与 S_w 关系曲线的曲率不同。λ_{wi} 越大,R_t 值越小,I 值越大。

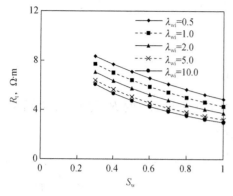

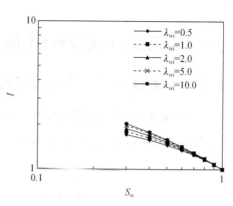

图 5-18　λ_{wi} 变化对模型的影响($R_t - S_w$)　　　　图 5-19　λ_{wi} 变化对模型的影响($I - S_w$)

4. 导电骨架颗粒渗滤速率变化对模型的影响

图 5-20 和图 5-21 分别给出 λ_{mac} 为 0.5,1.0,3.0,5.0,7.0 时的 R_t 与 S_w 交会图和 I 与 S_w 交会图。从图中看出,λ_{mac} 越大,R_t 值越大,I 值越小。

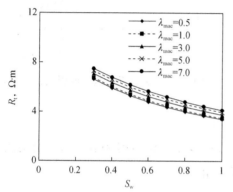

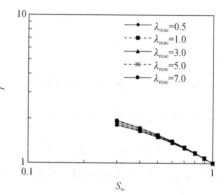

图 5-20　λ_{mac} 变化对模型的影响($R_t - S_w$)　　　　图 5-21　λ_{mac} 变化对模型的影响($I - S_w$)

(四)渗滤指数变化对模型的影响

1. 黏土颗粒渗滤指数变化对模型的影响

图 5-22 和图 5-23 分别给出了 γ_{cl} 为 0.1,0.5,1.0,2.0,3.0 时的 R_t 与 S_w 交会图和 I 与 S_w 交会图。从图中看出,γ_{cl} 越大,R_t 值越小,I 值越大。

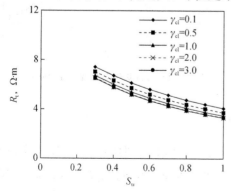

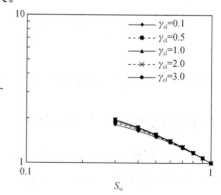

图 5-22　γ_{cl} 变化对模型的影响($R_t - S_w$)　　　　图 5-23　γ_{cl} 变化对模型的影响($I - S_w$)

2. 可动水渗滤指数变化对模型的影响

图 5-24 和图 5-25 分别给出了 γ_{wf} 为 1.0,1.5,2.0,3.0,5.0 时 R_t 与 S_w 交会图和 I 与 S_w 交会图。从图中看出，γ_{wf} 不同，R_t 与 S_w 关系曲线以及 I 与 S_w 关系曲线的曲率不同。γ_{wf} 越大，R_t 值越小，I 值越小。

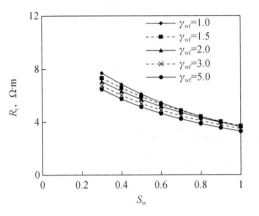

图 5-24 γ_{wf} 变化对模型的影响 (R_t-S_w) 　　图 5-25 γ_{wf} 变化对模型的影响 ($I-S_w$)

3. 微孔隙水渗滤指数变化对模型的影响

图 5-26 和图 5-27 分别给出 γ_{wi} 为 0.1,0.5,1.0,1.5,2.5 时 R_t 与 S_w 交会图和 I 与 S_w 交会图。从图中看出，γ_{wi} 不同，R_t 与 S_w 关系曲线以及 I 与 S_w 关系曲线的曲率不同。γ_{wi} 越大，R_t 值越大，I 值越小。

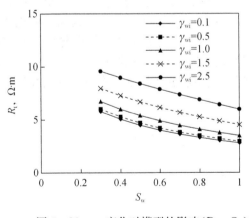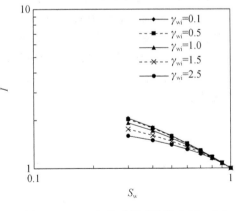

图 5-26 γ_{wi} 变化对模型的影响 (R_t-S_w) 　　图 5-27 γ_{wi} 变化对模型的影响 ($I-S_w$)

4. 导电骨架颗粒渗滤指数变化对模型的影响

图 5-28 和图 5-29 分别给出了 γ_{mac} 为 0.1,0.5,1.0,2.0,3.0 时 R_t 与 S_w 交会图和 I 与 S_w 交会图。从图中看出，γ_{mac} 越大，R_t 值越小，I 值越大。

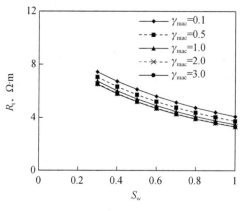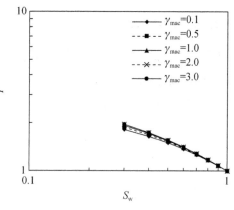

图 5-28 γ_{mac} 变化对模型的影响($R_t - S_w$)   图 5-29 γ_{mac} 变化对模型的影响($I - S_w$)

第三节 骨架导电低阻油层有效介质
对称电阻率模型的实验验证

一、骨架导电纯岩样计算电导率与测量电导率的比较

(一)饱含水骨架导电纯岩样计算电导率与测量电导率的比较

使用人工压制的 7 块骨架导电纯岩样饱含水实验测量数据,该组岩样的孔隙度变化范围为 30.3%~33.1%,地层水电导率变化范围为 0.181~1.257S/m,对于该组岩样采用最优化技术求解 $C_o - C_w$ 的非相关函数,可优化得到模型中各未知参数值,见表 5-1。从表 5-1 中可以看出,对于该组骨架完全由导电矿物组成的岩样,测量 C_o 与计算 C_{oc} 的平均相对误差为 1.7%,导电骨架颗粒电导率的范围为 0.0056~0.0196S/m,平均值为 0.0131S/m。将优化的各参数值代入骨架导电纯岩石电阻率模型,图 5-30 给出了该组岩样的计算电导率值与岩心测量值对比图(其中符号点为岩心测量数据,曲线为方程计算结果),从图中可以看到曲线与符号点的一致性很好。说明建立的有效介质对称电阻率模型能够描述饱含水骨架导电纯岩石的导电规律。

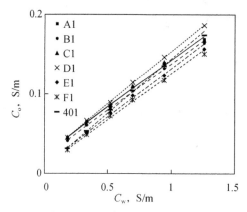

图 5-30 饱含水骨架导电纯岩样计算电导率值与实验测量值对比图

表 5-1　饱含水骨架导电纯岩样的电阻率模型优化参数和精度

岩样号	ϕ	λ_{mac}	γ_{wf}	γ_{wi}	λ_{wf}	C_{mac}, S/m	电导率平均相对误差,%
A1	0.308	1.58	1.68	1.50	1.95	0.0196	1.5
B1	0.303	1.55	1.66	1.46	2.02	0.0165	1.1
C1	0.311	1.59	1.69	1.49	1.92	0.0189	2.1
D1	0.318	1.56	1.72	1.43	2.13	0.0175	0.7
E1	0.306	1.48	1.55	1.27	1.81	0.0077	2.5
F1	0.305	1.60	1.63	0.96	1.74	0.0068	2.6
401	0.331	1.45	1.77	1.29	1.88	0.0056	1.6

(二)含油气骨架导电纯岩样计算电导率与测量电导率的比较

使用人工压制的 7 块骨架导电纯岩样含油气实验测量数据,其含水饱和度变化范围为 26%~100%,地层水电阻率为 0.549Ω·m,对于该组岩样,采用最优化技术求解 C_t-S_w 的非相关函数,可优化得到模型中各未知参数值(表 5-2),导电骨架颗粒电导率的范围为 0.0105~0.0557S/m,平均值为 0.0365S/m。将优化的各参数值代入骨架导电纯岩石电阻率模型,图 5-31 给出了该组岩样的计算电导率值与实验测量值对比图(其中符号点为岩心测量数据,曲线为方程计算结果),从图中可以看到曲线与符号点的一致性很好。说明建立的有效介质对称电阻率模型能够描述含油气骨架导电纯岩石的导电规律。

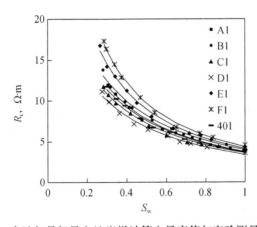

图 5-31　含油气骨架导电纯岩样计算电导率值与实验测量值对比图

表 5-2　含油气骨架导电纯岩样的电阻率模型优化参数和精度

岩样号	ϕ	λ_{mac}	γ_{wf}	γ_{wi}	λ_{wf}	C_{mac}, S/m	电导率平均相对误差,%
A1	0.308	3.00	3.00	0.40	0.50	0.0371	2.1
B1	0.303	3.00	3.00	0.43	0.50	0.0373	2.6
C1	0.311	3.00	3.00	0.43	0.50	0.0476	3.4

岩样号	ϕ	λ_{mac}	γ_{wf}	γ_{wi}	λ_{wf}	C_{mac} , S/m	电导率平均相对误差,%
D1	0.318	3.00	3.00	0.41	0.50	0.0557	3.1
E1	0.306	3.00	3.00	0.40	0.50	0.0179	2.8
F1	0.305	3.00	3.00	0.41	0.50	0.0105	2.4
401	0.331	3.00	3.00	0.63	0.50	0.0498	3.2

二、骨架导电泥质岩样计算电导率与测量电导率的比较

(一)骨架导电混合泥质砂岩岩样计算电导率与测量电导率的比较

1. 饱含水骨架导电混合泥质砂岩岩样计算电导率与测量电导率的比较

岩样 105、109、113,该组岩样不含层状泥质和黄铁矿,而分散泥质含量变化,其孔隙度变化范围为 21.1%~23.3%,地层水电导率变化范围为 0.183~1.251S/m,对于该组岩样,$V_{mac}=0$,$V_{lam}=0$,$\lambda_{wf}=2.8$,$\lambda_{manc}=1.35$,利用最优化技术求解 C_o-C_w 的非相关函数,可优化得到模型中各未知参数值,见表 5-3。从表中可以看出,该组岩样测量 C_o 与计算 C_{oc} 的平均相对误差为 0.8%。分散泥质电导率的范围为 0.018~0.029S/m,平均值为 0.022S/m。

表 5-3 饱含水分散泥质砂岩岩样的电阻率模型优化参数和精度

岩样号	ϕ	C_{cl}	λ_{cl}	γ_{wi}	γ_{cl}	γ_{wf}	电导率平均相对误差,%
105	0.233	0.029	0.23	1.58	3.54	1.57	0.2
109	0.222	0.020	0.14	1.38	3.82	1.27	1.4
113	0.211	0.018	0.14	1.31	3.87	1.24	1.0

对于 101—104 组、105—108 组、109—112 组、113—116 组饱含水岩样,黄铁矿含量为 0%,$C_{cl}=0.0213$S/m,利用最优化技术求解 C_o-C_w 的非相关函数,可优化得到模型中各未知参数值,见表 5-4。从表中可以看出,4 组岩样测量 C_o 与计算 C_{oc} 的平均相对误差分别为 4.5%、1.8%、3.5%、1.1%。将优化的各参数值代入泥质岩石电阻率模型,图 5-32 至图 5-35 给出了 4 组岩样的计算电导率值与实验测量值对比图(其中符号点为岩心测量数据,曲线为方程计算结果),从图中可以看到曲线与符号点的一致性很好。说明建立的有效介质对称电阻率模型能够描述饱含水混合泥质砂岩的导电规律。

表 5-4 饱含水混合泥质砂岩岩样的电阻率模型优化参数和精度

组名	岩样号	ϕ	γ_{wi}	γ_{wf}	λ_{wf}	λ_{manc}	γ_{cl}	λ_{cl}	电导率平均相对误差,%
101—104 组	101	0.236	1.54	1.48	2.63	1.52	—	—	2.6
	102	0.207	1.51	1.29	2.84	1.40	—	—	8.5
	103	0.195	1.51	1.12	3.04	1.28	—	—	6.4
	104	0.179	1.53	1.40	2.72	1.47	—	—	0.7

组名	岩样号	ϕ	γ_{wi}	γ_{wf}	λ_{wf}	λ_{manc}	γ_{cl}	λ_{cl}	电导率平均相对误差,%
105—108 组	105	0.233	1.57	1.29	2.57	1.72	1.09	1.95	0.2
	106	0.214	0.50	3.00	4.00	0.50	0.51	2.98	2.7
	107	0.200	1.69	1.36	2.48	2.01	2.98	0.53	2.4
	108	0.198	0.54	3.00	3.97	0.50	0.50	3.00	1.9
109—112 组	109	0.222	1.72	1.14	2.75	1.63	3.00	0.51	1.4
	111	0.183	0.50	0.82	4.00	0.50	0.50	3.00	8.3
	112	0.161	1.74	1.13	2.76	1.52	3.00	0.50	0.8
113—116 组	113	0.211	1.76	1.12	2.79	1.51	3.00	0.50	1.2
	114	0.175	0.50	1.38	4.00	0.50	0.50	3.00	1.5
	115	0.166	1.81	0.98	2.97	1.24	3.00	0.50	0.6

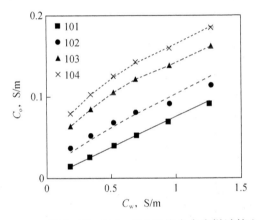

图 5-32 101—104 组饱含水岩样计算电导
率值与实验测量值对比图

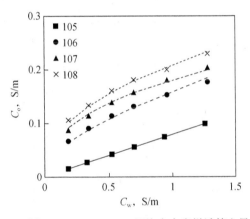

图 5-33 105—108 组饱含水岩样计算电导
率值与实验测量值对比图

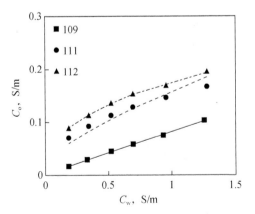

图 5-34 109—112 组饱含水岩样计算电导
率值与实验测量值对比图

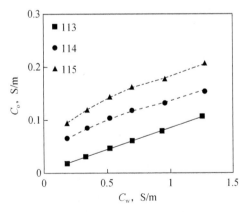

图 5-35 113—116 组饱含水岩样计算电导
率值与实验测量值对比图

对于 201—204 组、205—208 组、209—212 组、213—216 组饱含水岩样，黄铁矿含量平均为 5.7%，$C_{mac}=0.0142S/m$，$C_{cl}=0.0213S/m$，利用最优化技术求解 C_o-C_w 的非相关函数，可优化得到模型中各未知参数值，见表 5-5。从表中可以看出，4 组岩样测量 C_o 与计算 C_{oc} 的平均相对误差分别为 2.5%、4.7%、0.7%、4.2%。将优化的各参数值代入骨架导电泥质岩石电阻率模型，图 5-36 至图 5-39 给出了 4 组岩样的计算电导率值与实验测量值对比图(其中符号点为岩心测量数据，曲线为方程计算结果)，从图中可以看到除岩样 207 外，其他岩样的拟合曲线与测量符号点的一致性很好。说明建立的有效介质对称电阻率模型能够描述饱含水骨架导电混合泥质砂岩的导电规律。

表 5-5　饱含水骨架导电混合泥质砂岩岩样的电阻率模型优化参数和精度

组名	岩样号	ϕ	γ_{wi}	γ_{wf}	λ_{wf}	λ_{mac}	γ_{cl}	λ_{cl}	电导率平均相对误差,%
201—204 组	201	0.244	1.00	0.51	0.82	1.63	—	—	1.3
	202	0.208	1.31	0.50	1.39	1.10	—	—	5.1
	203	0.201	0.71	2.94	3.49	1.70	—	—	1.0
205—208 组	205	0.246	1.67	1.48	2.62	1.00	0.80	2.46	1.3
	207	0.195	0.50	0.50	4.00	0.50	2.99	0.51	12.3
	208	0.160	0.80	1.83	3.84	1.65	2.96	0.57	0.6
209—212 组	209	0.242	1.63	1.27	2.67	1.58	1.50	1.97	1.1
	211	0.193	0.88	1.35	2.42	0.52	0.60	2.77	0.7
	212	0.187	0.76	2.70	2.57	1.63	3.00	0.50	0.4
213—216 组	213	0.238	0.91	2.74	2.08	1.62	3.00	0.50	1.0
	214	0.208	0.50	0.82	4.00	0.50	0.50	3.00	7.9
	215	0.198	0.50	0.50	4.00	0.50	0.71	3.00	6.5
	216	0.181	0.88	2.52	2.38	1.63	3.00	0.50	1.2

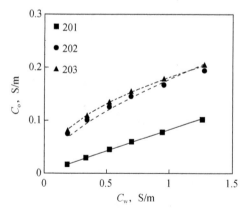

图 5-36　201—204 组饱含水岩样计算电导率值与实验测量值对比图

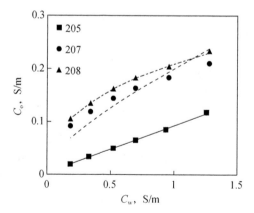

图 5-37　205—208 组饱含水岩样计算电导率值与实验测量值对比图

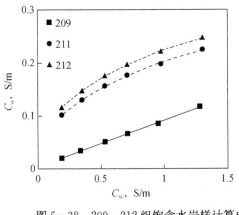

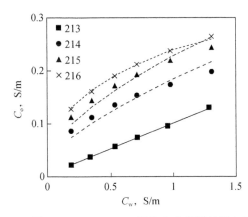

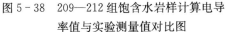

图 5-38 209—212 组饱含水岩样计算电导
率值与实验测量值对比图

图 5-39 213—216 组饱含水岩样计算电导
率值与实验测量值对比图

对于 301—304 组、305—308 组、309—312 组、313—316 组饱含水岩样,黄铁矿含量平均
为 11.2%,$C_{mac}=0.0142S/m$,$C_{cl}=0.0213S/m$,利用最优化技术求解 C_o-C_w 的非相关函数,
可优化得到模型中各未知参数值,见表 5-6。从表中可以看出,4 组岩样测量 C_o 与计算 C_{oc} 的
平均相对误差分别为 3.0%、4.5%、2.9%、2.9%。将优化的各参数值代入骨架导电泥质岩石
电阻率模型,图 5-40 至图 5-43 给出了 4 组岩样的计算电导率值与实验测量值对比图(其中
符号点为岩心测量数据,曲线为方程计算结果),从图中可以看到除岩样 307 外,其他岩样的拟
合曲线与测量符号点的一致性很好。说明建立的有效介质对称电阻率模型能够描述饱含水骨
架导电混合泥质砂岩的导电规律。

表 5-6 饱含水骨架导电混合泥质砂岩岩样的电阻率模型优化参数和精度

组名	岩样号	ϕ	γ_{wi}	γ_{wf}	λ_{wf}	λ_{mac}	γ_{cl}	λ_{cl}	电导率平均相对误差,%
301—304 组	301	0.258	1.52	1.67	2.19	1.45	—	—	0.8
	303	0.199	1.28	0.50	1.89	1.16	—	—	6.4
	304	0.183	0.83	2.99	2.47	1.58	—	—	1.7
305—308 组	305	0.250	1.65	1.42	2.54	1.84	1.19	1.95	1.4
	307	0.205	0.50	0.50	4.00	0.50	0.66	2.85	10.9
	308	0.181	0.90	2.99	1.18	1.59	2.99	0.51	1.2
309—312 组	309	0.235	1.03	2.88	1.23	1.66	3.00	0.50	1.0
	311	0.191	0.50	0.59	4.00	0.50	0.50	3.00	5.9
	312	0.172	1.08	3.00	1.64	1.52	3.00	0.50	1.9
313—316 组	313	0.260	1.08	2.92	0.10	1.67	3.00	0.50	1.4
	315	0.209	0.50	0.50	4.00	0.50	1.06	2.80	5.3
	316	0.196	1.08	3.00	0.11	1.85	3.00	0.50	2.0

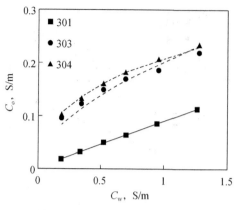

图 5 - 40 301—304 组饱含水岩样计算电导
率值与实验测量值对比图

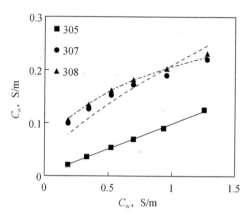

图 5 - 41 305—308 组饱含水岩样计算电导
率值与实验测量值对比图

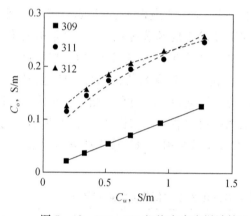

图 5 - 42 309—312 组饱含水岩样计算电导
率值与实验测量值对比图

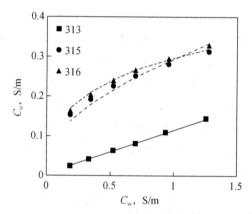

图 5 - 43 313—316 组饱含水岩样计算电导
率值与实验测量值对比图

对于 501—701 组饱含水岩样，其中三块岩样的黄铁矿含量分别为 16.7%、21.0%、24.5%，$C_{mac}=0.0142S/m$，$C_{cl}=0.0213S/m$，利用最优化技术求解 C_o—C_w 的非相关函数，可优化得到模型中各未知参数值，见表 5 - 7。从表中可以看出，该组岩样测量 C_o 与计算 C_{oc} 的平均相对误差为 1.4%。将优化的各参数值代入骨架导电岩石电阻率模型，图 5 - 44 给出了该组岩样的计算电导率值与实验测量值对比图（其中符号点为岩心测量数据，曲线为方程计算结果），从图中可以看到曲线与符号点的一致性很好。说明建立的有效介质对称电阻率模型能够描述饱含水骨架导电砂岩的导电规律。

表 5 - 7 饱含水骨架导电砂岩岩样的电阻率模型优化参数和精度

岩样号	ϕ	γ_{wi}	γ_{wf}	λ_{wf}	λ_{mac}	电导率平均相对误差，%
501	0.263	1.05	3.00	3.49	1.56	1.6
601	0.280	1.42	3.00	3.31	1.61	1.5
701	0.274	1.42	3.00	3.72	1.54	1.2

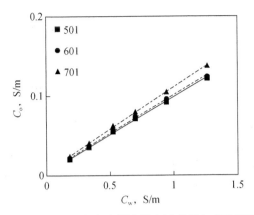

图 5-44　501—701 组饱含水岩样计算电导率值与实验测量值对比图

2. 含油气骨架导电混合泥质砂岩岩样计算电导率与测量电导率的比较

岩样 105、109、113,该组岩样不含层状泥质和黄铁矿,而分散泥质含量变化,其含水饱和度变化范围为 29%~100%,地层水电阻率为 0.549Ω·m,对于该组岩样,利用最优化技术求解 C_t-S_w 的非相关函数,可优化得到模型中各未知参数值,见表 5-8。从表中可以看出,该组岩样测量 C_t 与计算 C_{tc} 的平均相对误差为 2.0%。分散泥质电导率的范围为 0.026~0.041S/m,平均值为 0.031S/m。

表 5-8　含油气分散泥质砂岩岩样的电阻率模型优化参数和精度

岩样号	ϕ	C_{cl}	λ_{cl}	γ_{wi}	γ_{cl}	γ_{wf}	λ_{wf}	λ_{manc}	电导率平均相对误差,%
105	0.233	0.026	2.39	0.93	0.88	0.91	1.00	1.82	2.5
109	0.222	0.026	2.13	0.92	0.74	0.94	1.38	1.33	2.0
113	0.211	0.041	0.10	0.89	2.99	0.71	0.97	1.84	1.6

对于 101—104 组岩样,分散泥质和黄铁矿含量均为 0%,而层状泥质含量从 0% 变化到 17.6%。利用表 2-11 计算的高温高压饱和 7000mg/L 矿化度水的层状泥质电导率,对该组含油气岩样岩电规律进行拟合。图 5-45 给出了岩电规律拟合结果与测量结果对比图,从图中可以看出,层状泥质含量为 0% 的含油气岩样(101)的岩电规律拟合效果很好,而层状泥质含量不为 0% 的含油气岩样的岩电规律拟合效果很差。图 5-46 给出了根据式(5-2)去掉层状泥影响的纯砂岩岩样电阻增大率与含水饱和度交会图,从图中可以看出,经过层状泥影响校正的纯砂岩岩样(102、103、104)的电阻增大率与含水饱和度在双对数坐标上显示为非线性关系而不是线性关系。这说明利用表 2-11 计算的高温高压饱和 7000mg/L 矿化度水的层状泥质电导率对该组含油气岩样岩电规律进行校正不合适,其原因是层状泥质部分具有较大的有效孔隙度(约为 20%),在油驱水过程中虽然层状泥部分两端铜帽未打孔可有效地阻止油进入,但在较大驱替力下仍有少部分油进入层状泥质部分的有效孔隙中,从而使层状泥质电导率随含水饱和度的增大而增大。层状泥质电导率校正公式为

$$C_{sh} = C_{sh}' S_w^{n_1} \tag{5-30}$$

式中,C_{sh}' 为饱含水层状泥质电导率,S/m;C_{sh} 为经过含水饱和度校正后的层状泥质电导率,S/m。

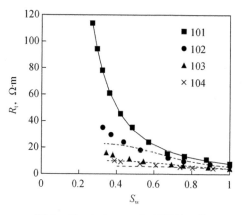

图 5 - 45　101—104 组岩样校正前
$R_t - S_w$ 交会图

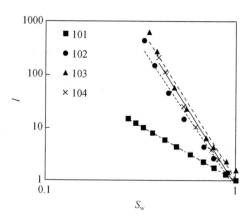

图 5 - 46　101—104 组岩样校正前
$I - S_w$ 交会图

对于 101—104 组岩样,将式(5 - 30)代入模型中,再利用最优化技术求解 $C_t - S_w$ 的非相关函数,可优化得到模型中各未知参数值,见表 5 - 9。将优化的各参数值代入泥质岩石电阻率模型,图 5 - 48 给出了该组岩样的计算电导率值与实验测量值对比图(其中符号点为岩心测量数据,曲线为方程计算结果),从图中可以看到曲线与符号点的一致性很好。其中,层状泥质电导率校正指数 n_1 的范围为 0.75~1.10,平均值约为 1.0。图 5 - 47 和图 5 - 48 为校正后的 $I - S_w$ 及 $R_t - S_w$ 交会图,从图中可以看出校正的效果很好。

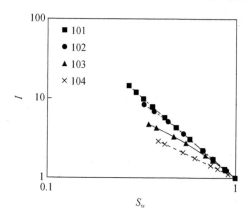

图 5 - 47　101—104 组岩样校正后
$I - S_w$ 交会图

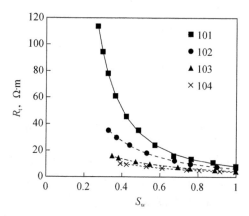

图 5 - 48　101—104 组岩样校正后
$R_t - S_w$ 交会图

表 5 - 9　101—104 组含油气混合泥质砂岩岩样的电阻率模型优化参数和精度

岩样号	ϕ	λ_{manc}	γ_{wf}	γ_{wi}	λ_{wf}	n_1	电导率平均相对误差,%
101	0.236	1.27	0.97	1.11	0.76	—	2.4
102	0.207	1.13	1.37	1.19	1.70	0.75	1.1
103	0.195	2.35	0.13	1.00	1.12	1.10	1.4
104	0.179	2.30	0.31	1.49	0.74	0.78	1.0

对于 105—108 组、109—112 组、113—116 组含油气岩样,黄铁矿含量为 0%,$C_{cl} = 0.036S/m$,$n_1 = 1.0$,利用最优化技术求解 $C_t - S_w$ 的非相关函数,可优化得到模型中各未知参

数值,见表 5-10。从表中可以看出,3 组岩样测量 C_t 与 C_{tc} 计算的平均相对误差分别为 1.3%、2.0%、1.1%。将优化的各参数值代入泥质岩石电阻率模型,图 5-49 至图 5-51 给出了 3 组岩样的计算电导率值与实验测量值对比图(其中符号点为岩心测量数据,曲线为方程计算结果),从图中可以看到曲线与符号点的一致性很好。说明建立的有效介质对称电阻率模型能够描述含油气混合泥质砂岩的导电规律。

表 5-10 含油气混合泥质砂岩岩样的电阻率模型优化参数和精度

组名	岩样号	ϕ	γ_{wi}	γ_{wf}	λ_{wf}	λ_{manc}	γ_{cl}	λ_{cl}	电导率平均相对误差,%
105—108 组	105	0.233	1.02	0.91	0.84	1.54	1.04	2.93	2.5
	106	0.214	1.14	2.05	2.89	0.68	2.08	2.43	0.6
	107	0.200	1.40	2.97	3.00	0.50	2.99	0.50	0.7
	108	0.198	1.26	3.00	2.83	0.50	1.34	1.51	1.5
109—112 组	109	0.222	0.98	0.94	1.26	1.29	1.00	3.00	2.0
	111	0.183	0.96	2.36	3.00	0.50	3.00	0.50	0.9
	112	0.161	0.59	3.00	0.50	1.34	1.00	3.00	3.1
113—116 组	113	0.211	0.93	0.71	0.83	1.58	3.00	0.50	1.6
	114	0.175	0.87	1.82	2.95	1.04	2.16	2.71	0.5
	115	0.166	0.68	3.00	2.87	1.20	1.66	3.00	1.3

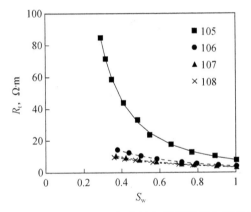

图 5-49 105—108 组含油气岩样计算电导率值
与实验测量值对比图

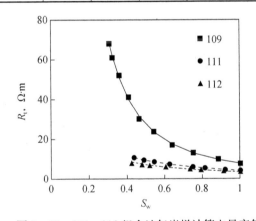

图 5-50 109—112 组含油气岩样计算电导率值
与实验测量值对比图

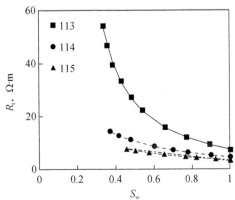

图 5-51 113—116 组含油气岩样计算电导率值与实验测量值对比图

对于 201—204 组、205—208 组、209—212 组、213—216 组含油气岩样,黄铁矿含量平均为 5.7%,$C_{mac}=0.0377S/m$,$C_{cl}=0.036S/m$,$n_1=1.0$,利用最优化技术求解 C_t-S_w 的非相关函数,可优化得到模型中各未知参数值,见表 5-11。从表中可以看出,4 组岩样测量 C_t 与 C_{tc} 计算的平均相对误差分别为 2.1%、3.5%、2.3%、1.7%。将优化的各参数值代入骨架导电泥质岩石电阻率模型,图 5-52 至图 5-55 给出了 4 组岩样的计算电导率值与实验测量值对比图(其中符号点为岩心测量数据,曲线为方程计算结果),从图中可以看到曲线与符号点的一致性很好。说明建立的有效介质对称电阻率模型能够描述含油气骨架导电混合泥质砂岩的导电规律。

表 5-11　含油气骨架导电混合泥质砂岩岩样的电阻率模型优化参数和精度

组名	岩样号	ϕ	γ_{wi}	γ_{wf}	λ_{wf}	λ_{mac}	γ_{cl}	λ_{cl}	电导率平均相对误差,%
201—204 组	201	0.244	1.05	0.88	0.83	1.53	—	—	4.5
	202	0.208	1.57	2.88	2.39	0.20			0.5
	203	0.201	1.51	2.90	2.25	0.35	—	—	1.2
205—208 组	205	0.246	1.07	0.79	0.73	1.62	2.55	1.23	1.9
	207	0.195	0.92	2.65	3.00	0.50	3.00	1.03	2.0
	208	0.160	0.61	3.00	0.50	2.00	1.00	3.00	6.6
209—212 组	209	0.242	1.52	0.84	0.51	0.72			1.8
	211	0.193	1.41	3.00	3.00	0.50	1.11	1.13	1.7
	212	0.187	0.91	3.00	0.50	1.17	1.00	3.00	3.3
213—216 组	213	0.238	1.15	0.66	0.74	1.65	2.99	1.01	1.5
	214	0.208	1.50	2.42	2.98	0.51	2.89	1.33	0.6
	215	0.198	1.35	2.69	3.00	0.50	3.00	1.00	1.8
	216	0.181	1.11	3.00	0.50	0.50	1.02	3.00	2.7

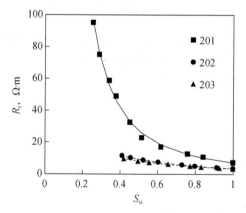

图 5-52　201—204 组含油气岩样计算电导率值与实验测量值对比图

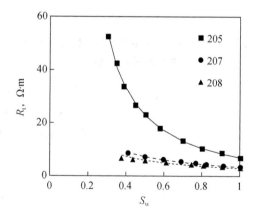

图 5-53　205—208 组含油气岩样计算电导率值与实验测量值对比图

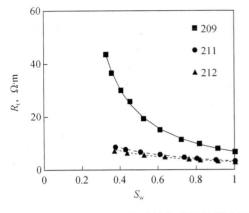

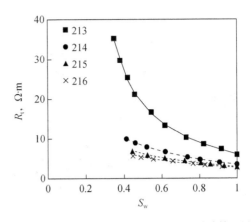

图 5-54 209—212 组含油气岩样计算电导
率值与实验测量值对比图

图 5-55 213—216 组含油气岩样计算电导
率值与实验测量值对比图

对于 301—304 组、305—308 组、309—312 组、313—316 组含油气岩样,黄铁矿含量平均为 11.2%,$C_{mac}=0.0377S/m$,$C_{cl}=0.036S/m$,$n_1=1.0$,利用最优化技术求解 C_t-S_w 的非相关函数,可优化得到模型中各未知参数值,见表 5-12。从表中可以看出,4 组岩样测量 C_t 与 C_{tc} 计算的平均相对误差分别为 2.7%、2.9%、2.5%、1.7%。将优化的各参数值代入骨架导电泥质岩石电阻率模型,图 5-56 至图 5-59 给出了 4 组岩样的计算电导率值与实验测量值对比图(其中符号点为岩心测量数据,曲线为方程计算结果),从图中可以看到曲线与符号点的一致性很好。说明建立的有效介质对称电阻率模型能够描述含油气骨架导电混合泥质砂岩的导电规律。

表 5-12 含油气骨架导电混合泥质砂岩岩样的电阻率模型优化参数和精度

组名	岩样号	ϕ	γ_{wi}	γ_{wf}	λ_{wf}	λ_{mac}	γ_{cl}	λ_{cl}	电导率平均相对误差,%
301—304 组	301	0.258	2.52	0.52	0.62	1.44	—	—	2.4
	303	0.199	0.80	2.90	2.50	1.13	—	—	1.9
	304	0.183	0.64	2.90	0.10	2.35	—	—	3.7
305—308 组	305	0.250	1.27	0.71	0.65	1.75	1.00	3.00	1.5
	307	0.205	1.23	3.00	3.00	0.50	1.61	2.10	1.7
	308	0.181	0.82	3.00	0.50	2.00	1.00	3.00	5.6
309—312 组	309	0.235	1.25	0.68	0.72	1.68	1.17	2.40	1.4
	311	0.191	1.00	3.00	3.00	0.50	1.06	2.63	2.1
	312	0.172	0.87	3.00	0.50	2.00	1.00	3.00	4.0
313—316 组	313	0.260	1.18	0.55	0.73	1.69	1.12	2.97	1.8
	315	0.209	0.97	3.00	2.04	1.23	1.64	2.91	1.4
	316	0.196	1.03	3.00	0.50	1.68	1.00	3.00	1.9

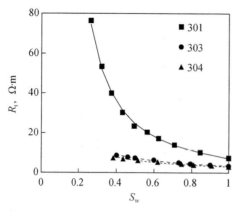

图 5-56　301—304 组含油气岩样计算电导
率值与实验测量值对比图

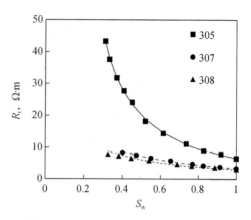

图 5-57　305—308 组含油气岩样计算电导
率值与实验测量值对比图

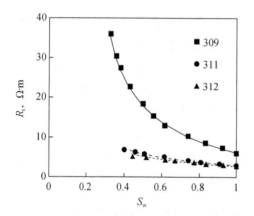

图 5-58　309—312 组含油气岩样计算电导
率值与实验测量值对比图

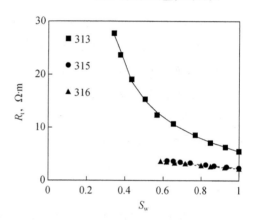

图 5-59　313—316 组含油气岩样计算电导
率值与实验测量值对比图

对于 501—701 组含油气岩样，其中三块岩样的黄铁矿含量分别为 16.7%、21.0%、24.5%，$C_{mac}=0.0377 S/m$，$C_{cl}=0.036 S/m$，$n_1=1.0$，利用最优化技术求解 C_t-S_w 的非相关函数，可优化得到模型中各未知参数值，见表 5-13。从表中可以看出，该组岩样测量 C_t 与 C_{tc} 计算的平均相对误差为 2.8%。将优化的各参数值代入骨架导电岩石电阻率模型，图 5-60 给出了该组岩样的计算电导率值与实验测量值对比图（其中符号点为岩心测量数据，曲线为方程计算结果），从图中可以看到曲线与符号点的一致性很好。说明建立的有效介质对称电阻率模型能够描述含油气骨架导电砂岩的导电规律。

表 5-13　含油气骨架导电砂岩岩样的电阻率模型优化参数和精度

岩样号	ϕ	γ_{wi}	γ_{wf}	λ_{wf}	λ_{mac}	电导率平均相对误差，%
501	0.263	1.05	0.59	0.87	1.45	2.8
601	0.280	2.40	0.40	0.77	1.34	2.4
701	0.274	0.90	0.55	0.92	1.37	3.0

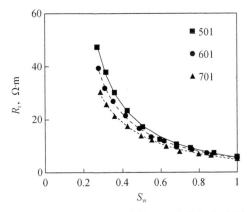

图 5 - 60 501—701 组含油气岩样计算电导率值与实验测量值对比图

(二)混合泥质黄铁矿骨架岩样计算电导率与测量电导率的比较

1. 饱含水混合泥质黄铁矿骨架岩样计算电导率与测量电导率的比较

由表 2—10 可知,在常温常压条件下混合泥质黄铁矿骨架岩样饱和不同矿化度水的层状泥质电导率值 C_{sh} 随 C_w 增大而增大,但当 C_w 增大到某一值后,C_{sh} 随 C_w 增大而出现了一定降低,这与理论不符。因此,利用式(5 - 31)对饱含水混合泥质黄铁矿骨架岩样(401—404 组、405—408 组、409—412 组、413—416 组)的层状泥质电导率进行校正。使用式(5 - 31)拟合表 2 - 10 中的层状泥质电导率数据,确定方程中的 c' 和 d',而 B' 作为模型的优化量:

$$C_{sh} = B'(1.0 - c'e^{-d'C_w}) \tag{5-31}$$

各组岩样的拟合结果见表 5 - 14。

表 5 - 14 饱含水混合泥质黄铁矿骨架岩样层状泥质电导率校正系数

组名	c'	d'	相关系数
401—404 组	3.25	21.87	0.962
405—408 组	0.48	9.78	0.996
409—412 组	0.49	17.51	1.000
413—416 组	1.23	20.09	1.000

对于 401—404 组、405—408 组、409—412 组、413—416 组饱含水岩样,$V_{manc} = 0$,$C_{mac} = 0.0067 S/m$,$C_{cl} = 0.0213 S/m$,c' 和 d' 的值见表 5 - 14,利用最优化技术求解 $C_o - C_w$ 的非相关函数,可优化得到模型中各未知参数值,见表 5 - 15。从表中可以看出,4 组岩样测量 C_o 与计算 C_{oc} 的平均相对误差分别为 1.9%、2.3%、3.0%、2.7%。将优化的各参数值代入骨架导电泥质岩石电阻率模型,图 5 - 61 至图 5 - 64 给出了 4 组岩样的计算电导率值与实验测量值对比图(其中符号点为岩心测量数据,曲线为方程计算结果),从图中可以看到曲线与符号点的一致性很好。说明建立的有效介质对称电阻率模型能够描述饱含水混合泥质黄铁矿骨架岩石的导电规律。

表 5‐15　饱含水混合泥质黄铁矿骨架岩样的电阻率模型优化参数和精度

组名	岩样号	ϕ	γ_{wi}	γ_{wf}	λ_{wf}	λ_{mac}	γ_{cl}	λ_{cl}	B'	电导率平均相对误差,%
401—404 组	401	0.331	1.54	1.50	1.58	1.51	—	—	—	1.8
	403	0.181	1.50	0.95	1.84	1.09	—	—	1.12	2.0
	404	0.159	1.45	0.74	2.00	0.71	—	—	0.75	1.9
405—408 组	405	0.217	1.40	1.06	1.74	1.00	1.78	1.75	—	4.1
	407	0.176	1.43	1.03	1.76	1.00	1.78	1.74	1.09	1.7
	408	0.163	1.46	1.25	1.67	1.00	3.00	0.50	1.00	1.1
409—412 组	409	0.196	1.46	1.24	1.67	1.00	3.00	0.50	—	5.7
	411	0.182	1.35	1.50	1.54	1.00	0.50	3.00	0.80	1.3
	412	0.163	1.06	1.31	2.07	1.00	0.50	3.00	0.45	1.9
413—416 组	413	0.214	1.40	1.38	1.64	1.00	3.00	0.50	—	4.7
	414	0.193	1.17	1.42	2.53	1.00	0.50	3.00	0.88	2.2
	415	0.180	0.90	1.49	2.98	1.00	0.50	3.00	0.62	2.0
	416	0.173	1.19	1.38	1.89	1.00	1.08	2.03	0.55	2.1

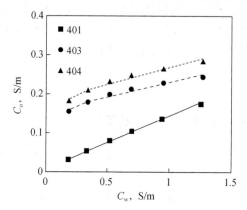

图 5‐61　401—404 组饱含水岩样计算电导率值与实验测量值对比图

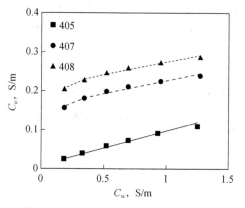

图 5‐62　405—408 组饱含水岩样计算电导率值与实验测量值对比图

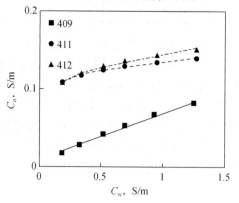

图 5‐63　409—412 组饱含水岩样计算电导率值与实验测量值对比图

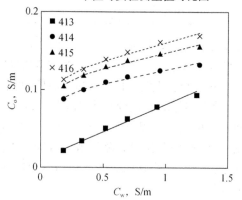

图 5‐64　413—416 组饱含水岩样计算电导率值与实验测量值对比图

2. 含油气混合泥质黄铁矿骨架岩样计算电导率与测量电导率的比较

考虑在油驱水过程中有少部分油进入层状泥质部分的有效孔隙中,从而使层状泥质电导率随含水饱和度的增大而增大,仍采用式(5-30)对混合泥质黄铁矿骨架岩样的层状泥质电导率进行油气影响校正。

对于401—404组岩样,$C_{mac}=0.0377$S/m,利用最优化技术求解 C_t-S_w 的非相关函数,可优化得到模型中各未知参数值,见表5-16。将优化的各参数值代入骨架导电泥质岩石电阻率模型,图5-65给出了该组岩样的计算电导率值与实验测量值对比图(其中符号点为岩心测量数据,曲线为方程计算结果),从图中可以看到曲线与符号点的一致性很好。其中,层状泥质电导率校正指数 n_1 的范围为0.18~0.23,平均值约为0.2。

表5-16 401—404组含油气层状泥质黄铁矿骨架岩样的电阻率模型优化参数和精度

岩样号	ϕ	λ_{mac}	γ_{wf}	γ_{wi}	λ_{wf}	n_1	电导率平均相对误差,%
401	0.331	2.80	3.80	0.68	0.10	—	2.7
403	0.181	0.77	0.31	0.53	2.71	0.23	0.7
404	0.159	0.10	1.63	1.19	3.00	0.18	0.7

对于405—408组、409—412组、413—416组含油气岩样,$V_{manc}=0$,$C_{mac}=0.0377$S/m,$C_{cl}=0.036$S/m,$C_{sh}=S_w^{0.2}$,利用最优化技术求解 C_t-S_w 的非相关函数,可优化得到模型中各未知参数值,见表5-17。从表中可以看出,3组岩样测量 C_t 与 C_{tc} 计算的平均相对误差分别为0.5%、2.0%、0.8%。将优化的各参数值代入骨架导电泥质岩石电阻率模型,图5-66至图5-68给出了3组岩样的计算电导率值与实验测量值对比图(其中符号点为岩心测量数据,曲线为方程计算结果),从图中可以看到曲线与符号点的一致性很好。说明本文建立的有效介质对称电阻率模型能够描述含油气混合泥质黄铁矿骨架岩石的导电规律。

表5-17 含油气混合泥质黄铁矿骨架岩样的电阻率模型优化参数和精度

组名	岩样号	ϕ	γ_{wi}	γ_{wf}	λ_{wf}	λ_{mac}	γ_{cl}	λ_{cl}	电导率平均相对误差,%
405—408组	405	0.217	0.57	0.85	0.44	1.64	1.00	3.00	1.9
	407	0.176	1.28	2.21	3.00	0.50	2.99	1.03	0.3
	408	0.163	1.73	2.16	3.00	0.50	2.99	1.00	0.3
409—412组	409	0.196	1.48	0.40	0.15	0.50	1.00	3.00	1.5
	411	0.182	0.75	3.30	3.00	2.06	1.70	3.00	4.2
	412	0.163	1.87	3.30	3.00	0.51	3.00	1.03	1.0
413—416组	413	0.214	1.27	0.45	0.12	0.50	1.00	3.00	0.6
	414	0.193	1.04	3.30	0.10	1.79	1.65	2.80	1.2
	415	0.180	1.81	3.15	3.00	0.50	3.00	1.00	0.9
	416	0.173	1.81	2.95	3.00	0.50	3.00	1.00	0.8

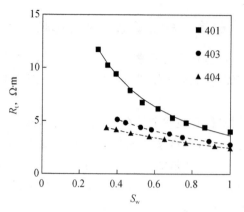

图 5 - 65　401—404 组含油气岩样计算电导
率值与实验测量值对比图

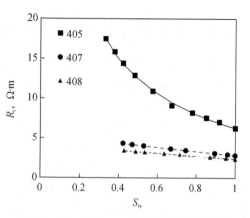

图 5 - 66　405—408 组含油气岩样计算电导
率值与实验测量值对比图

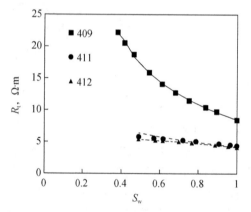

图 5 - 67　409—412 组含油气岩样计算电导
率值与实验测量值对比图

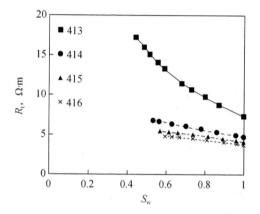

图 5 - 68　413—416 组含油气岩样计算电导
率值与实验测量值对比图

第六章　骨架导电低阻油层孔隙结合电阻率模型

对于由导电骨架颗粒、不导电骨架颗粒、分散黏土、油气、混合水(微孔隙水和可动水)等5组分组成的骨架导电分散泥质岩石,通过在混合水介质中顺序添加分散黏土、油珠、导电骨架颗粒、不导电骨架颗粒,并应用电导率差分方程对每一种成分进行连续积分。同时,采用三水导电理论计算微孔隙水与可动水组成的混合水电导率,采用并联导电理论计算分散泥质砂岩和层状泥质的电导率,从而建立骨架导电低阻油层孔隙结合电阻率模型。对模型进行理论验证,并利用人工压制的骨架导电混合泥质岩石的岩电实验数据对模型进行实验验证。

第一节　骨架导电低阻油层孔隙结合电阻率模型的建立

骨架导电的混合泥质砂岩包括层状泥质、不导电骨架颗粒、导电骨架颗粒、油气、分散黏土颗粒、微孔隙水、可动水。按照小尺度包裹体先加入的原则,在混合水(微孔隙水和可动水)介质中顺序添加分散黏土颗粒、油珠、导电骨架颗粒、不导电骨架颗粒,对每一种成分应用电导率差分方程进行连续积分,同时,采用三水导电理论计算微孔隙水与可动水组成的混合水电导率,采用并联导电理论计算分散泥质砂岩和层状泥质的电导率,建立一种适用于骨架导电泥质砂岩的孔隙结合电阻率模型。图6-1给出了骨架导电泥质砂岩孔隙结合电阻率模型的体积模型。其物质平衡方程为

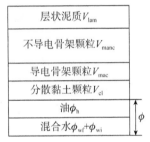

图6-1　骨架导电泥质砂岩孔隙结合电阻率模型的体积模型

$$\begin{cases} V_{lam} + V_{manc} + V_{mac} + V_{cl} + \phi = 1 \\ \phi = \phi_w + \phi_h \\ \phi_w = \phi_{wf} + \phi_{wi} \end{cases} \tag{6-1}$$

式中,V_{lam}、V_{manc}、V_{mac}、V_{cl}分别为骨架导电低阻油层的层状泥质、不导电骨架颗粒、导电骨架颗粒、分散黏土的体积分数;ϕ_{wi}、ϕ_{wf}分别为骨架导电低阻油层的微孔隙水孔隙度、可动水孔隙度;ϕ_w、ϕ_h分别为骨架导电低阻油层的含水孔隙度、含油气孔隙度;ϕ为骨架导电低阻油层的有效孔隙度。

一、添加分散黏土颗粒

设分散黏土颗粒的电导率和去极化因子分别为C_{cl}、L_{cl},混合水和分散黏土颗粒的混合物电导率为C_{w+cl},混合水和分散黏土颗粒的混合物中混合水的体积分数为V_{w+cl}^w,混合水电导率为C'_w,在混合水中添加分散黏土颗粒,根据差分方程进行积分,则有

$$\int_{C'_w}^{C_{w+cl}} \left(\frac{1}{C - C_{cl}} - \frac{L_{cl}}{C} \right) dC = \int_1^{V_{w+cl}^w} \frac{dV}{V} \tag{6-2}$$

令黏土的胶结指数 $m_{cl} = 1/(1 - L_{cl})$，并将 $V_{w+cl}^w = \phi_w/(\phi_w + V_{cl})$ 代入式（6-2），得

$$\left(\frac{C_{w+cl} - C_{cl}}{C_w' - C_{cl}}\right)\left(\frac{C_{w+cl}}{C_w'}\right)^{\frac{1}{m_{cl}} - 1} = \frac{\phi_w}{\phi_w + V_{cl}} \tag{6-3}$$

二、添加油珠

设油珠的电导率和去极化因子分别为 C_h、L_h，混合水、分散黏土颗粒和油珠的混合物电导率为 C_{w+cl+h}，混合水、分散黏土颗粒和油珠的混合物中混合水的体积分数为 V_{w+cl+h}^w，在混合水和分散黏土颗粒的混合物中添加油珠，并在上一步结果的基础上，对油珠进行积分，则有

$$\int_{C_{w+cl}}^{C_{w+cl+h}} \left(\frac{1}{C - C_h} - \frac{L_h}{C}\right)dC = \int_{V_{w+cl}^w}^{V_{w+cl+h}^w} \frac{dV}{V} \tag{6-4}$$

因为油珠的电导率 $C_h = 0$，令饱和度指数 $n = 1/(1 - L_h)$，并将 $V_{w+cl}^w = \phi_w/(\phi_w + V_{cl})$ 和 $V_{w+h+cl}^w = \phi_w/(\phi + V_{cl})$ 代入式（6-4），得

$$\left(\frac{C_{w+cl+h}}{C_{w+cl}}\right)^{\frac{1}{n}} = \frac{\phi_w + V_{cl}}{\phi + V_{cl}} \tag{6-5}$$

三、添加导电骨架颗粒

设导电骨架颗粒的电导率和去极化因子分别为 C_{mac}、L_{mac}，混合水、分散黏土颗粒、油珠和导电骨架颗粒的混合物电导率为 $C_{w+cl+h+mac}$，混合水、分散黏土颗粒、油珠和导电骨架颗粒的混合物中混合水的体积分数为 $V_{w+cl+h+mac}^w$。在混合水、分散黏土颗粒和油珠的混合物中添加导电骨架颗粒，并在上一步的基础上，对导电骨架颗粒进行积分，则有

$$\int_{C_{w+cl+h}}^{C_{w+cl+h+mac}} \left(\frac{1}{C - C_{mac}} - \frac{L_{mac}}{C}\right)dC = \int_{V_{w+cl+h}^w}^{V_{w+cl+h+mac}^w} \frac{dV}{V} \tag{6-6}$$

令导电骨架颗粒的胶结指数 $m_{mac} = 1/(1 - L_{mac})$，并将 $V_{w+cl+h}^w = \phi_w/(\phi + V_{cl})$，$V_{w+cl+h+mac}^w = \phi_w/(\phi + V_{cl} + V_{mac})$ 代入式（6-6），得

$$\left(\frac{C_{w+cl+h+mac} - C_{mac}}{C_{w+cl+h} - C_{mac}}\right)\left(\frac{C_{w+cl+h+mac}}{C_{w+cl+h}}\right)^{\frac{1}{m_{manc}} - 1} = \frac{\phi + V_{cl}}{\phi + V_{cl} + V_{mac}} \tag{6-7}$$

四、添加不导电骨架颗粒

设不导电骨架颗粒的电导率和去极化因子分别为 C_{manc}、L_{manc}，混合水、分散黏土颗粒、油珠、导电骨架颗粒和不导电骨架颗粒的混合物电导率为 $C_{w+cl+h+mac+manc}$，混合水、分散黏土颗粒、油珠、导电骨架颗粒和不导电骨架颗粒的混合物中混合水的体积分数为 $V_{w+cl+h+mac+manc}^w$，C_{sa} 为分散泥质砂岩地层的电导率，$C_{sa} = C_{w+cl+h+mac+manc}$。在混合水、分散黏土颗粒、油珠和导电骨架颗粒的混合物中添加不导电骨架颗粒，并在上一步结果的基础上，对不导电骨架颗粒进行积分，则有

$$\int_{C_{w+cl+h+mac}}^{C_{w+cl+h+mac+manc}} \left(\frac{1}{C - C_{manc}} - \frac{L_{manc}}{C}\right)dC = \int_{V_{w+cl+h+mac}^w}^{V_{w+cl+h+mac+manc}^w} \frac{dV}{V} \tag{6-8}$$

令不导电骨架颗粒的胶结指数 $m_{\mathrm{manc}}=1/(1-L_{\mathrm{manc}})$，并将 $V_{\mathrm{w+cl+h+mac}}^{\mathrm{w}}=\phi_{\mathrm{w}}/(\phi+V_{\mathrm{cl}}+V_{\mathrm{mac}})$，$V_{\mathrm{w+cl+h+mac+manc}}^{\mathrm{w}}=\phi_{\mathrm{w}}/(1-V_{\mathrm{lam}})$ 代入式(6-8)，并考虑不导电骨架颗粒电导率 $C_{\mathrm{manc}}=0$，得

$$\left(\frac{C_{\mathrm{w+cl+h+mac+manc}}}{C_{\mathrm{w+cl+h+mac}}}\right)^{\frac{1}{m_{\mathrm{manc}}}}=\frac{\phi+V_{\mathrm{cl}}+V_{\mathrm{mac}}}{1-V_{\mathrm{lam}}} \tag{6-9}$$

$$\left(\frac{C_{\mathrm{sa}}}{C_{\mathrm{w+cl+h+mac}}}\right)^{\frac{1}{m_{\mathrm{manc}}}}=\frac{\phi+V_{\mathrm{cl}}+V_{\mathrm{mac}}}{1-V_{\mathrm{lam}}} \tag{6-10}$$

五、确定混合水电导率

把混合水看作由微孔隙水和可动水两部分组成，且认为微孔隙水和可动水电导率相同，而导电路径不同。按照并联导电理论，则有

$$\frac{1}{r_{\mathrm{w}}'}=\frac{1}{r_{\mathrm{wf}}}+\frac{1}{r_{\mathrm{wi}}} \tag{6-11}$$

式中，r_{w}' 为混合水的总电阻，Ω；r_{wf} 为可动水的电阻，Ω；r_{wi} 为微孔隙水的电阻，Ω。

考虑微孔隙水和可动水导电路径不同，假定只有一种流体导电时，另一流体看作不导电的岩石骨架。对于该种等效纯岩石，根据三水导电模型的推导原理，可得出混合水电阻率公式。

对于只有可动水导电的等效纯岩石，根据并联导电理论，可知

$$\frac{1}{r_{\mathrm{wfo}}}=\frac{1}{r_{\mathrm{wf}}} \tag{6-12}$$

式中，r_{wfo} 为只有可动水导电的等效纯岩石的等效电阻，Ω。

对于只有微孔隙水导电的等效纯岩石，根据并联导电理论，可知

$$\frac{1}{r_{\mathrm{wio}}}=\frac{1}{r_{\mathrm{wi}}} \tag{6-13}$$

式中，r_{wio} 为只有微孔隙水导电的等效纯岩石的等效电阻，Ω。

将式(6-12)、式(6-13)代入式(6-11)，得

$$\frac{1}{r_{\mathrm{w}}'}=\frac{1}{r_{\mathrm{wfo}}}+\frac{1}{r_{\mathrm{wio}}} \tag{6-14}$$

$$\frac{1}{r_{\mathrm{w}}'}=\frac{1}{R_{\mathrm{w}}'\frac{L}{A}},\ \frac{1}{r_{\mathrm{wfo}}}=\frac{1}{R_{\mathrm{wfo}}\frac{L}{A}},\ \frac{1}{r_{\mathrm{wio}}}=\frac{1}{R_{\mathrm{wio}}\frac{L}{A}} \tag{6-15}$$

式中，R_{w}' 为混合水的电阻率，$\Omega\cdot\mathrm{m}$；R_{wfo} 为只有可动水导电的等效纯岩石的等效电阻率，$\Omega\cdot\mathrm{m}$；R_{wio} 为只有微孔隙水导电的等效纯岩石的等效电阻率，$\Omega\cdot\mathrm{m}$。

将式(6-15)代入式(6-14)，得

$$\frac{1}{R_{\mathrm{w}}'}=\frac{1}{R_{\mathrm{wfo}}}+\frac{1}{R_{\mathrm{wio}}} \tag{6-16}$$

由阿尔奇公式得

$$F_{\mathrm{wfo}}=\frac{R_{\mathrm{wfo}}}{R_{\mathrm{w}}}=\frac{1}{(\phi_{\mathrm{wf}}^{\mathrm{t}})^{m_{\mathrm{wf}}}},\ F_{\mathrm{wio}}=\frac{R_{\mathrm{wio}}}{R_{\mathrm{w}}}=\frac{1}{(\phi_{\mathrm{wi}}^{\mathrm{t}})^{m_{\mathrm{wi}}}} \tag{6-17}$$

$$\phi_{\mathrm{wf}}^{\mathrm{t}}=\frac{\phi_{\mathrm{wf}}}{\phi_{\mathrm{wi}}+\phi_{\mathrm{wf}}},\ \phi_{\mathrm{wi}}^{\mathrm{t}}=\frac{\phi_{\mathrm{wi}}}{\phi_{\mathrm{wi}}+\phi_{\mathrm{wf}}} \tag{6-18}$$

式中，R_{w} 为微孔隙水和可动水的电阻率，$\Omega\cdot\mathrm{m}$；m_{wi}、m_{wf} 为微孔隙水和可动水的胶结指数。

将式(6-17)、式(6-18)代入式(6-16)，整理得

$$\frac{1}{R'_{w}} = \left(\frac{\phi_{wc}}{\phi_{wi}+\phi_{wf}}\right)^{m_{wi}}\frac{1}{R_{w}} + \left(\frac{\phi_{wf}}{\phi_{wi}+\phi_{wf}}\right)^{m_{wf}}\frac{1}{R_{w}} \tag{6-19}$$

将式(6-19)转化为电导率方程,有

$$C'_{w} = \left(\frac{\phi_{wi}}{\phi_{wi}+\phi_{wf}}\right)^{m_{wi}}C_{w} + \left(\frac{\phi_{wf}}{\phi_{wi}+\phi_{wf}}\right)^{m_{wf}}C_{w} \tag{6-20}$$

式中,C'_{w} 为混合水的电导率,S/m;C_{w} 为微孔隙水和可动水的电导率,S/m。

六、确定混合泥质砂岩电导率

设层状泥质的电导率为 C_{sh},整个混合泥质砂岩的总电导率为 C_{t},按照并联导电理论,有

$$\frac{1}{R_{t}} = \frac{1-V_{lam}}{R_{sa}} + \frac{V_{lam}}{R_{sh}}$$

即

$$C_{t} = (1-V_{lam})C_{sa} + V_{lam}C_{sh} \tag{6-21}$$

七、骨架导电低阻油层孔隙结合电阻率模型

骨架导电低阻油层孔隙结合电阻率模型有以下方程:

$$C'_{w} = \left(\frac{\phi_{wi}}{\phi_{wi}+\phi_{wf}}\right)^{m_{wi}}C_{w} + \left(\frac{\phi_{wf}}{\phi_{wi}+\phi_{wf}}\right)^{m_{wf}}C_{w} \tag{6-22}$$

$$\left(\frac{C_{w+cl}-C_{cl}}{C'_{w}-C_{cl}}\right)\left(\frac{C_{w+cl}}{C'_{w}}\right)^{\frac{1}{m_{cl}}-1} = \frac{\phi_{w}}{\phi_{w}+V_{cl}} \tag{6-23}$$

$$C_{w+cl+h} = \left(\frac{\phi_{w}+V_{cl}}{\phi+V_{cl}}\right)^{n}C_{w+cl} \tag{6-24}$$

$$\left(\frac{C_{w+cl+h+mac}-C_{mac}}{C_{w+cl+h}-C_{mac}}\right)\left(\frac{C_{w+cl+h+mac}}{C_{w+cl+h}}\right)^{\frac{1}{m_{mac}}-1} = \frac{\phi+V_{cl}}{\phi+V_{cl}+V_{mac}} \tag{6-25}$$

$$C_{t} = C_{w+cl+h+mac}(1-V_{lam})\left(\frac{\phi+V_{cl}+V_{mac}}{1-V_{lam}}\right)^{m_{manc}} + C_{sh}V_{lam} \tag{6-26}$$

第二节　骨架导电低阻油层孔隙结合电阻率模型的理论验证

一、边界条件

(1)当 $\phi=1$ 时,即岩石完全由孔隙组成,不含有任何颗粒成分,即 $V_{lam}=0$、$V_{manc}=0$、$V_{mac}=0$、$V_{cl}=0$。当孔隙完全含水时,有 $\phi_{wf}=\phi=1$、$\phi_{wi}=0$。将其代入式(6-22)至式(6-26),得

$$C_{o} = C_{w} \tag{6-27}$$

即地层因素 $F=1$,这与按照 F 定义在 $\phi=1$ 情况下 $F==1$ 相符。

(2)当 $S_{w}=1$ 时,即岩石孔隙完全被水饱和。将 $\phi=\phi_{w}$ 代入式(6-23)和式(6-24),并结合式(6-22)、式(6-25)和式(6-26),可得

$$C_o = C_t \tag{6-28}$$

由电阻增大系数的定义,可得:$I = C_o / C_t = 1$,与按照 I 定义在 $S_w = 1$ 情况下 $I = = 1.0$ 相符。

(3)当 $\phi = 0$、$V_{lam} = 0$ 时,即岩石由分散黏土、不导电颗粒和导电颗粒组成,不含有孔隙,则有 $\phi_w = \phi_{wf} = \phi_{wi} = 0$。

当 $V_{mac} = 1.0$ 时,即岩石完全由导电颗粒组成,且不含有孔隙,则将 $V_{lam} = 0$、$V_{manc} = 0$、$V_{cl} = 0$、$V_{mac} = 1.0$ 代入式(6-25)、式(6-26)可得:$C_t = C_{mac}$,这与实际相符。

当 $V_{manc} = 1.0$ 时,即岩石完全由不导电颗粒组成,且不含有孔隙,则将 $V_{lam} = 0$、$V_{mac} = 0$、$V_{cl} = 0$、$V_{manc} = 1.0$ 代入式(6-26)可得:$C_t = 0$,这与实际相符。

当 $V_{cl} = 1.0$ 时,即岩石完全由黏土颗粒组成,且不含有孔隙,则将 $V_{lam} = 0$、$V_{mac} = 0$、$V_{manc} = 0$、$V_{cl} = 1.0$ 代入式(6-23)、式(6-24)、式(6-25)、式(6-26)可得:$C_t = C_{cl}$,这与实际相符。

(4)当 $C'_w = C_{mac} = C_{cl}$、$V_{manc} = 0$、$V_{lam} = 0$、$\phi_w = \phi$ 时,即岩石由导电颗粒、黏土颗粒和孔隙组成,且孔隙完全含水,则将 $V_{manc} = 0$、$\phi_w = \phi$、$V_{lam} = 0$ 和 $C'_w = C_{mac} = C_{cl}$ 代入式(6-23)、式(6-24)、式(6-25)、式(6-26)可得:$C_t = C'_w$,这与实际相符。

二、理论分析

模型中各个因素变化都会对模型产生一定的影响,这里主要讨论 V_{mac}、V_{cl}、V_{lam}、R_{mac}、R_{cl}、R_{sh}、m_{wf}、m_{wi}、m_{mac}、m_{manc}、m_{cl}、n 等值的变化对骨架导电低阻油层孔隙结合电阻率模型的影响。在分析各个参数的敏感性过程中,假设各参数值如下:$R_w = 0.549\Omega \cdot m$,$R_{mac} = 5.0\Omega \cdot m$,$R_{cl} = 5.0\Omega \cdot m$,$R_{sh} = 1.11\Omega \cdot m$,$V_{mac} = 0.12$,$V_{lam} = 0.06$,$V_{cl} = 0.12$,$\phi = 0.2$,$S_{wi} = 0.3$,$m_{wf} = 1.5$,$m_{wi} = 1.5$,$m_{mac} = 2.0$,$m_{manc} = 1.5$,$m_{cl} = 2.5$,$n = 2.0$。在其他值不变的情况下,研究其中某一参数值的变化对骨架导电低阻油层孔隙结合电阻率模型的影响。

(一)导电骨架含量及电阻率变化对模型的影响

1. 导电骨架含量变化对模型的影响

图 6-2 和图 6-3 分别给出了 V_{mac} 为 0.1、0.2、0.3、0.4、0.5 时的 R_t 与 S_w 交会图和 I 与 S_w 交会图。从图中看出,V_{mac} 不同,R_t 与 S_w 关系曲线以及 I 与 S_w 关系曲线的曲率不同。V_{mac} 越大,R_t 和 I 值越小。

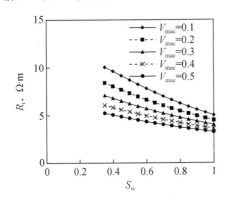

图 6-2 V_{mac} 变化对模型的影响($R_t - S_w$)

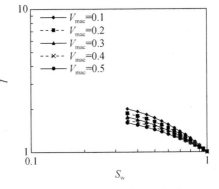

图 6-3 V_{mac} 变化对模型的影响($I - S_w$)

2.导电骨架电阻率变化对模型的影响

图 6-4 和图 6-5 分别给出了 R_{mac} 为 10.0Ω·m、15.0Ω·m、25.0Ω·m、50.0Ω·m、200.0Ω·m 时的 R_t 与 S_w 交会图和 I 与 S_w 交会图。从图中看出，R_{mac} 不同，R_t 与 S_w 关系曲线以及 I 与 S_w 关系曲线的曲率不同。R_{mac} 值越大，R_t 值越大，I 值越大。

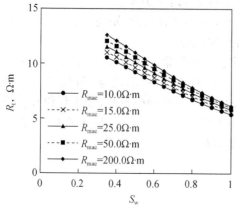

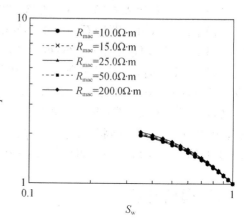

图 6-4　R_{mac} 变化对模型的影响（R_t－S_w）　　　图 6-5　R_{mac} 变化对模型的影响（I－S_w）

（二）泥质颗粒含量及电阻率变化对模型的影响

1.黏土含量变化对模型的影响

图 6-6 和图 6-7 分别给出了 V_{cl} 为 0.1、0.2、0.3、0.4、0.5 时 R_t 与 S_w 交会图和 I 与 S_w 交会图。从图中看出，V_{cl} 不同，R_t 与 S_w 以及 I 与 S_w 关系曲线曲率不同。当 R_{cl} 相同时，V_{cl} 越大，R_t 和 I 值越小。

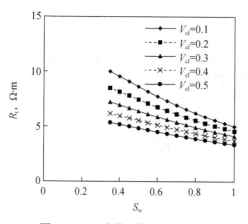

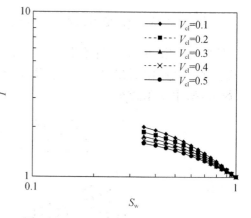

图 6-6　V_{cl} 变化对模型的影响（R_t－S_w）　　　图 6-7　V_{cl} 变化对模型的影响（I－S_w）

2.黏土颗粒电阻率变化对模型的影响

图 6-8 和图 6-9 分别给出了 R_{cl} 为 0.5Ω·m、1.0Ω·m、2.0Ω·m、4.0Ω·m、10.0Ω·m 时的 R_t 与 S_w 交会图和 I 与 S_w 交会图。从图中看出，R_{cl} 不同，R_t 与 S_w 以及 I 与 S_w 关系曲线曲率不同。R_{cl} 越大，R_t 值越大，I 值越大。

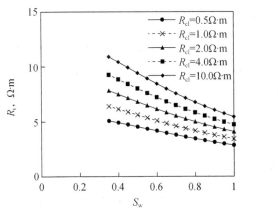

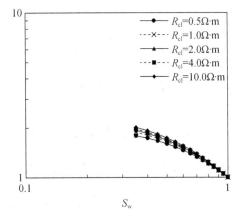

图 6-8　R_{cl} 变化对模型的影响(R_t－S_w)　　　　图 6-9　R_{cl} 变化对模型的影响(I－S_w)

3. 层状泥质含量变化对模型的影响

图 6-10 和图 6-11 分别给出了 V_{lam} 为 0.01、0.05、0.1、0.15、0.25 时 R_t 与 S_w 交会图和 I 与 S_w 交会图。从图中看出，V_{lam} 不同，R_t 与 S_w 以及 I 与 S_w 关系曲线曲率不同。V_{lam} 越大，R_t 和 I 值越小。

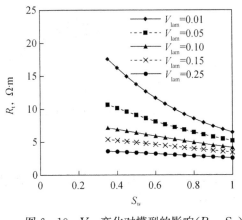

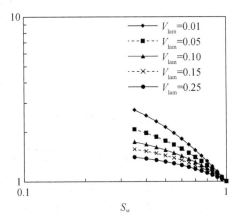

图 6-10　V_{lam} 变化对模型的影响(R_t－S_w)　　　图 6-11　V_{lam} 变化对模型的影响(I－S_w)

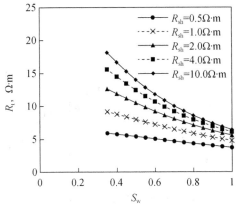

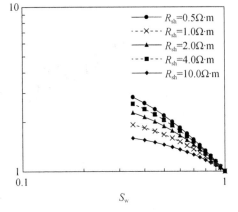

图 6-12　R_{sh} 变化对模型的影响(R_t－S_w)　　　图 6-13　R_{sh} 变化对模型的影响(I－S_w)

4.层状泥质电阻率变化对模型的影响

图6-12和图6-13分别给出了R_{sh}为0.5Ω·m、1.0Ω·m、2.0Ω·m、4.0Ω·m、10.0Ω·m时的R_t与S_w交会图和I与S_w交会图。从图中可以看出,R_{sh}不同,R_t与S_w以及I与S_w关系曲线曲率不同。R_{sh}越大,R_t值越大,I值越大。

(三)胶结指数变化对模型的影响

1.可动水胶结指数变化对模型的影响

图6-14和图6-15分别给出了m_{wf}为1.0、1.5、2.5、3.5、4.5时R_t与S_w交会图和I与S_w交会图。从图中看出,m_{wf}越大,R_t值越大,I值越小。

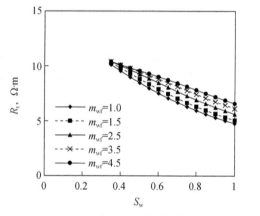

图6-14 m_{wf}变化对模型的影响(R_t-S_w)

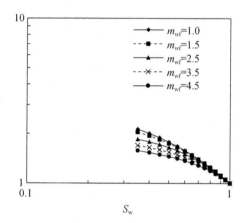

图6-15 m_{wf}变化对模型的影响($I-S_w$)

2.束缚水胶结指数变化对模型的影响

图6-16和图6-17分别给出了m_{wi}为0.1、0.5、1.0、1.5、3.0时的R_t与S_w交会图和I与S_w交会图。从图中看出,m_{wi}越大,R_t值越大,I值越小。

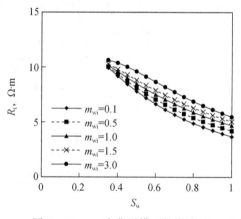

图6-16 m_{wi}变化对模型的影响(R_t-S_w)

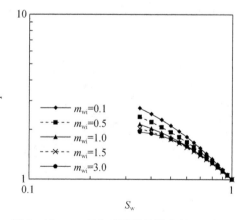

图6-17 m_{wi}变化对模型的影响($I-S_w$)

3. 导电骨架颗粒胶结指数变化对模型的影响

图 6-18 和图 6-19 分别给出了 m_{mac} 为 2.5、3.5、4.5、5.5、6.5 时的 R_t 与 S_w 交会图和 I 与 S_w 交会图。从图中看出，m_{mac} 不同时，R_t 与 S_w 关系曲线以及 I 与 S_w 关系曲线的曲率不同。m_{mac} 越大，R_t 和 I 值略有变化。

4. 不导电骨架颗粒胶结指数变化对模型的影响

图 6-20 和图 6-21 分别给出 m_{manc} 为 0.25、0.5、0.75、1.0、1.5 时的 R_t 与 S_w 交会图和 I 与 S_w 交会图。从图中看出，m_{manc} 越大，R_t 值越大，I 值越小。

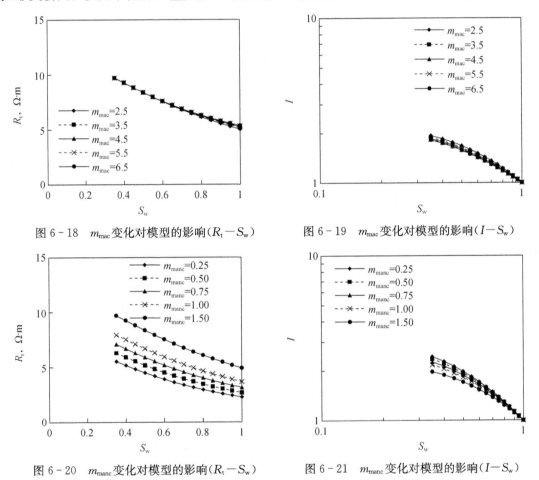

图 6-18　m_{mac} 变化对模型的影响（R_t-S_w）　　　图 6-19　m_{mac} 变化对模型的影响（$I-S_w$）

图 6-20　m_{manc} 变化对模型的影响（R_t-S_w）　　图 6-21　m_{manc} 变化对模型的影响（$I-S_w$）

5. 黏土颗粒胶结指数变化对模型的影响

图 6-22 和图 6-23 分别给出了 m_{cl} 为 0.1、0.5、1.0、1.5、2.0 时的 R_t 与 S_w 交会图和 I 与 S_w 交会图。从图中看出，m_{cl} 越大，R_t 值越大，I 值略有变化。

6. 饱和度指数变化对模型的影响

图 6-24 和图 6-25 分别给出了 n 为 1.0、1.5、2.5、3.5、4.5 时 R_t 与 S_w 交会图和 I 与 S_w 交会图。从图中看出，n 不同，R_t 与 S_w 关系曲线以及 I 与 S_w 关系曲线的曲率不同。n 越大，

R_t 值和 I 值增大。

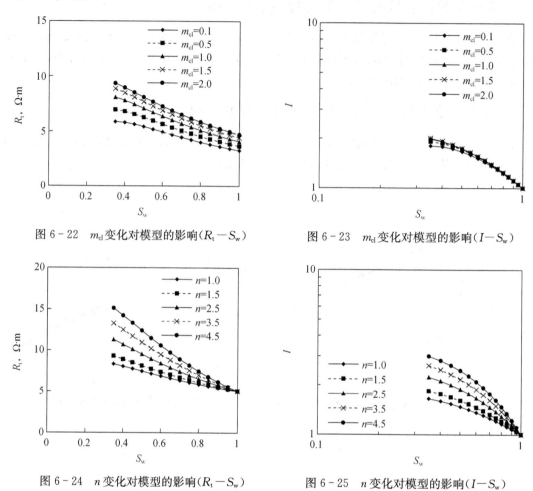

图 6-22 m_{cl} 变化对模型的影响（R_t-S_w）

图 6-23 m_{cl} 变化对模型的影响（$I-S_w$）

图 6-24 n 变化对模型的影响（R_t-S_w）

图 6-25 n 变化对模型的影响（$I-S_w$）

第三节 骨架导电低阻油层孔隙结合电阻率模型的实验验证

一、骨架导电纯岩样计算电导率与测量电导率的比较

（一）饱含水骨架导电纯岩样计算电导率与测量电导率的比较

使用人工压制的 7 块骨架导电纯岩样饱含水实验测量数据，该组岩样的孔隙度变化范围为 30.3%～33.1%，地层水电导率变化范围为 0.181～1.257S/m，A1 至 D1 等 4 块岩心的导电骨架电导率 $C_{mac}=0.0142$S/m，E1、F1、401 等 3 块岩心的导电骨架电导率 $C_{mac}=0.0067$S/m，采用最优化技术求解 C_o-C_w 的非相关函数，可优化得到模型中各未知参数值，见表 6-1。从表 6-1 中可以看出，对于该组饱含水骨架导电纯岩样，测量 C_o 与计算 C_{oc} 的平均相对误差为 2.1%。将优化的各参数值代入骨架导电纯岩石电阻率模型，图 6-26 给出了该组岩样的计算

电导率值与实验测量值对比图(其中符号点为岩心测量数据,曲线为方程计算结果),从图中可以看到曲线与符号点的一致性很好。说明本文建立的骨架导电低阻油层孔隙结合电阻率模型能够描述饱含水骨架导电纯岩石的导电规律。

表6-1 饱含水骨架导电纯岩样的电阻率模型优化参数和精度

岩样号	ϕ	m_{mac}	m_{wf}	m_{wi}	电导率平均相对误差,%
A1	0.308	1.94	0.60	0.60	2.9
B1	0.303	1.97	0.60	0.60	1.0
C1	0.311	1.97	0.60	0.60	2.8
D1	0.318	1.92	0.60	0.60	1.3
E1	0.306	1.89	0.64	0.73	2.4
F1	0.305	1.73	1.19	1.35	2.4
401	0.331	1.48	2.12	1.97	1.6

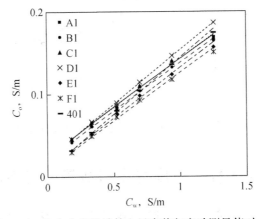

图6-26 饱含水岩样计算电导率值与实验测量值对比图

(二)含油气骨架导电纯岩样计算电导率与测量电导率的比较

使用人工压制的7块骨架导电纯岩样含油气实验测量数据,其含水饱和度变化范围为26%~100%,地层水电阻率为0.549Ω·m,$C_{mac}=0.0377S/m$,对于该组岩样,采用最优化技术求解C_t-S_w的非相关函数,可优化得到模型中各未知参数值,见表6-2。从表6-2可以看出,对于该组含油气骨架导电纯岩样,测量C_o与计算C_{tc}的平均相对误差为2.1%。将优化的各参数值代入骨架导电纯岩石电阻率模型,图6-27给出了该组岩样的计算电导率值与实验测量值对比图(其中符号点为岩心测量数据,曲线为方程计算结果),从图中可以看到曲线与符号点的一致性很好,说明本文建立的骨架导电低阻油层孔隙结合电阻率模型能够描述含油气骨架导电纯岩石的导电规律。

表6-2 含油气骨架导电纯岩样的电阻率模型优化参数与精度

岩样号	ϕ	m_{mac}	m_{wf}	m_{wi}	n	电导率平均相对误差,%
A1	0.308	1.67	1.67	3.00	0.98	1.6
B1	0.303	1.69	2.02	3.00	0.90	1.5

岩样号	ϕ	m_{mac}	m_{wf}	m_{wi}	n	电导率平均相对误差,%
C1	0.311	1.54	2.44	3.00	0.60	1.9
D1	0.318	1.63	2.01	3.00	0.75	1.4
E1	0.306	1.64	2.47	3.00	0.95	2.5
F1	0.305	1.65	2.46	3.00	1.08	3.0
401	0.331	1.69	1.54	3.00	0.87	2.2

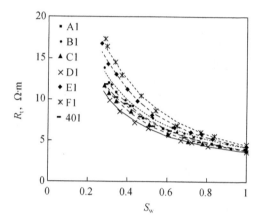

图 6-27　含油气岩样计算电导率值与实验测量值对比图

二、骨架导电泥质岩样计算电导率与测量电导率的比较

(一)混合泥质黄铁矿骨架岩样计算电导率与测量电导率的比较

1.饱含水混合泥质黄铁矿骨架岩样计算电导率与测量电导率的比较

对于401—404组、405—408组、409—412组、413—416组饱含水岩样,$C_{mac}=0.0067S/m$,$C_{cl}=0.0213S/m$,$V_{manc}=0$,c'和d'的值见表5-14,利用最优化技术求解C_o-C_w的非相关函数,可优化得到模型中各未知参数值,见表6-3。从表中可以看出,4组岩样测量C_o与计算C_{oc}的平均相对误差分别为1.8%、2.1%、2.2%、2.1%。将优化的各参数值代入骨架导电泥质岩石电阻率模型,图6-28至图6-31给出了4组岩样的计算电导率值与实验测量值对比图(其中符号点为岩心测量数据,曲线为方程计算结果),从图中可以看到曲线与符号点的一致性很好,说明本文建立的骨架导电低阻油层孔隙结合电阻率模型能描述饱含水混合泥质黄铁矿骨架岩石的导电规律。

表 6-3　饱含水混合泥质黄铁矿骨架岩样的电阻率模型优化参数与精度

组名	岩样号	ϕ	m_{mac}	m_{wf}	m_{wi}	m_{cl}	B'	电导率平均相对误差,%
401—404组	401	0.331	1.50	2.09	1.93	—	—	1.6
	403	0.181	1.39	1.74	1.77		1.12	2.0
	404	0.159	1.22	1.76	1.76	—	0.75	1.9

组名	岩样号	ϕ	m_{mac}	m_{wf}	m_{wi}	m_{cl}	B'	电导率平均相对误差,%
405—408组	405	0.217	1.55	0.67	0.66	3.00	—	4.1
	407	0.176	0.68	3.00	3.00	3.00	1.09	1.5
	408	0.163	1.31	1.66	1.69	1.70	1.00	1.1
409—412组	409	0.196	1.20	2.74	2.29	0.60	—	3.6
	411	0.182	3.00	0.63	0.71	0.61	0.80	1.2
	412	0.163	0.60	3.33	2.76	3.00	0.45	1.6
413—416组	413	0.214	1.44	1.74	1.66	1.34	—	4.3
	414	0.193	0.60	2.85	2.63	3.00	0.87	1.6
	415	0.180	0.60	2.85	2.01	3.00	0.61	1.6
	416	0.173	0.60	2.46	1.78	3.00	0.53	1.8

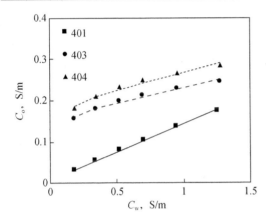

图 6-28　401—404 组饱含水岩样计算电导率值与
实验测量值对比图

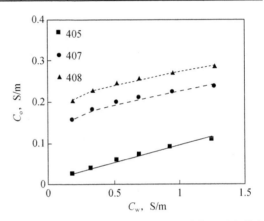

图 6-29　405—408 组饱含水岩样计算电导率值与
实验测量值对比图

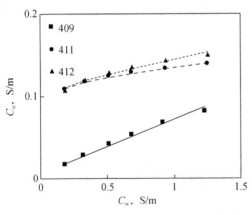

图 6-30　409—412 组饱含水岩样计算电导率值与
实验测量值对比图

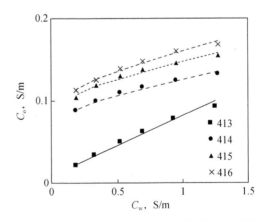

图 6-31　413—416 组饱含水岩样计算电导率值与
实验测量值对比图

2. 含油气混合泥质黄铁矿骨架岩样计算电导率与测量电导率的比较

对于 401—404 组、405—408 组、409—412 组、413—416 组含油气岩样，$C_{mac}=0.0377$S/m，$C_{cl}=0.036$S/m，$V_{manc}=0$，$C_{sh}=C'_{sh}S_w^{0.2}$，利用最优化技术求解 C_t-S_w 的非相关函数，可优化得

到模型中各未知参数值,见表 6-4。从表中可以看出,4 组岩样测量 C_t 与计算 C_{tc} 的平均相对误差分别为 1.3%、0.5%、0.5%、0.3%。将优化的各参数值代入骨架导电泥质岩石电阻率模型,图 6-32 至图 6-35 给出了 4 组岩样的计算电导率值与实验测量值对比图(其中符号点为岩心测量数据,曲线为方程计算结果),从图中可以看到曲线与符号点的一致性很好。说明本文建立的骨架导电低阻油层孔隙结合电阻率模型能够描述含油气混合泥质黄铁矿骨架岩石的导电规律。

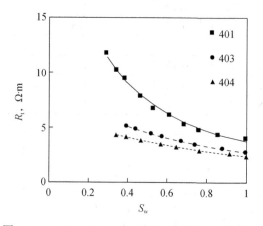

图 6-32 401—404 组含油气岩样计算电导率值与
实验测量值对比图

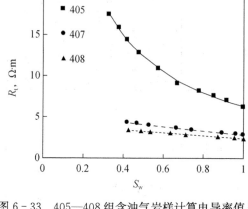

图 6-33 405—408 组含油气岩样计算电导率值与
实验测量值对比图

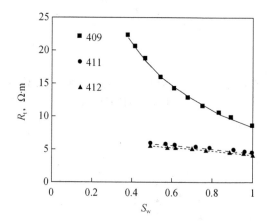

图 6-34 409—412 组含油气岩样计算电导率值与
实验测量值对比图

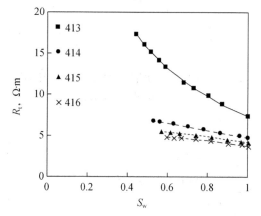

图 6-35 413—416 组含油气岩样计算电导率值与
实验测量值对比图

表 6-4 含油气混合泥质黄铁矿骨架岩样的电阻率模型优化参数与精度

组名	岩样号	ϕ	m_{mac}	m_{wf}	m_{wi}	m_{cl}	n	电导率平均相对误差,%
401—404 组	401	0.331	2.12	1.35	0.60	—	1.38	2.5
	403	0.181	1.29	0.60	1.64	—	1.37	0.7
	404	0.159	1.13	2.11	2.87	—	1.23	0.6
405—408 组	405	0.217	1.85	0.85	0.60	3.00	1.36	1.1
	407	0.176	1.54	3.00	0.79	1.10	2.29	0.3
	408	0.163	1.30	2.65	1.48	1.90	2.83	0.2

组名	岩样号	ϕ	m_{mac}	m_{wf}	m_{wi}	m_{cl}	n	电导率平均相对误差,%
	409	0.196	2.08	0.60	0.60	3.00	2.17	1.3
409—412组	411	0.182	1.38	3.00	1.25	1.24	1.27	0.5
	412	0.163	1.37	3.00	2.19	1.58	2.55	0.3
	413	0.214	1.94	0.89	1.08	2.45	2.01	0.4
413—416组	414	0.193	1.57	1.60	1.60	1.60	1.60	0.3
	415	0.180	1.07	2.64	2.00	1.75	2.44	0.2
	416	0.173	1.14	2.20	2.55	1.50	2.48	0.2

(二)骨架导电混合泥质砂岩岩样计算电导率与测量电导率的比较

1.饱含水混合泥质砂岩岩样计算电导率与测量电导率的比较

对于 101—104 组、105—108 组、109—112 组、113—116 组饱含水岩样,黄铁矿含量为 0%,C_{cl}=0.0213S/m,利用最优化技术求解 C_o-C_w 的非相关函数,可优化得到模型中各未知参数值,见表 6-5。从表中可以看出,4 组岩样测量 C_o 与计算 C_{oc} 的平均相对误差分别为 4.5%、1.3%、2.1%、0.8%。将优化的各参数值代入泥质岩石电阻率模型,图 6-36 至图 6-39 给出了 4 组岩样的计算电导率值与实验测量值对比图(其中符号点为岩心测量数据,曲线为方程计算结果),从图中可以看到,除岩样 102 外,其他岩样的拟合曲线与测量符号点的一致性很好,说明本文建立的骨架导电低阻油层孔隙结合电阻率模型能够描述饱含水混合泥质砂岩的导电规律。

表 6-5 饱含水混合泥质砂岩岩样的电阻率模型优化参数与精度

组名	岩样号	ϕ	m_{manc}	m_{wf}	m_{wi}	m_{cl}	电导率平均相对误差,%
	101	0.236	1.47	2.06	2.17	—	2.6
101—104组	102	0.207	1.37	2.02	2.16	—	8.5
	103	0.195	1.26	1.94	2.12		6.4
	104	0.179	1.45	2.06	2.17	—	0.7
	105	0.233	1.46	1.72	1.74	1.75	0.3
105—108组	106	0.214	0.75	3.00	3.00	3.00	1.6
	107	0.200	1.98	0.60	1.69	0.60	2.1
	108	0.198	0.78	3.00	3.00	3.00	1.4
	109	0.222	1.39	1.59	1.66	1.39	1.4
109—112组	111	0.183	0.60	2.29	1.68	3.00	4.3
	112	0.161	1.60	1.52	1.60	0.76	0.6
	113	0.211	1.41	1.54	1.61	1.29	1.1
113—116组	114	0.175	1.02	1.66	1.60	2.10	0.8
	115	0.166	1.37	1.48	1.53	1.13	0.5

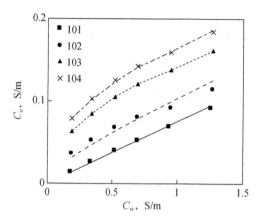

图 6-36　101—104 组饱含水岩样计算电导率值与
实验测量值对比图

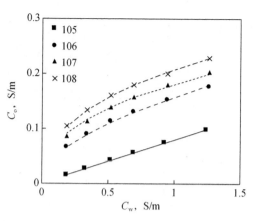

图 6-37　105—108 组饱含水岩样计算电导率值与
实验测量值对比图

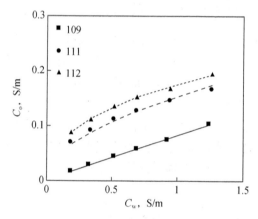

图 6-38　109—112 组饱含水岩样计算电导率值与
实验测量值对比图

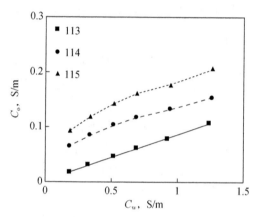

图 6-39　113—116 组饱含水岩样计算电导率值与
实验测量值对比图

对于 201—204 组、205—208 组、209—212 组、213—216 组饱含水岩样，黄铁矿含量平均为 5.7%，$C_{mac}=0.0142S/m$，$C_{cl}=0.0213S/m$，利用最优化技术求解 C_o-C_w 的非相关函数，可优化得到模型中各未知参数值，见表 6-6。从表中可以看出，4 组岩样测量 C_o 与计算 C_{oc} 的平均相对误差分别为 0.9%、2.9%、0.7%、1.8%。将优化的各参数值代入骨架导电泥质岩石电阻率模型，图 6-40 至图 6-43 给出了 4 组岩样的计算电导率值与实验测量值对比图（其中符号点为岩心测量数据，曲线为方程计算结果），从图中可以看到，除岩样 207 外，其他岩样的拟合曲线与测量符号点的一致性很好，说明本文建立的骨架导电低阻油层孔隙结合电阻率模型能够描述饱含水骨架导电混合泥质砂岩的导电规律。

表 6-6　饱含水骨架导电混合泥质砂岩岩样的电阻率模型优化参数与精度

组名	岩样号	ϕ	m_{mac}	m_{wf}	m_{wi}	m_{cl}	m_{manc}	电导率平均相对误差，%
201—204 组	201	0.244	2.16	1.74	1.80	—	1.42	1.3
	202	0.208	3.00	3.00	3.00	—	0.68	3.1
	203	0.201	0.60	2.01	1.63	—	1.65	0.8

组名	岩样号	ϕ	m_{mac}	m_{wf}	m_{wi}	m_{cl}	m_{manc}	电导率平均相对误差,%
205—208组	205	0.246	1.83	1.63	1.69	1.90	1.32	1.3
	207	0.195	4.00	1.22	0.91	4.00	0.50	7.0
	208	0.160	0.69	1.88	1.47	0.77	1.60	0.4
209—212组	209	0.242	1.58	1.62	1.63	1.53	1.36	1.2
	211	0.193	1.83	1.54	1.60	1.92	1.17	0.7
	212	0.187	1.28	1.71	1.62	1.23	1.40	0.4
213—216组	213	0.238	1.48	1.57	1.55	1.25	1.40	0.8
	214	0.208	3.00	0.96	0.94	3.00	0.60	3.2
	215	0.198	3.00	0.72	0.70	3.00	0.60	2.7
	216	0.181	0.60	0.73	1.44	0.60	2.26	0.6

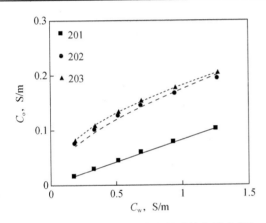

图 6-40　201—204组饱含水岩样计算电导率值与
实验测量值对比图

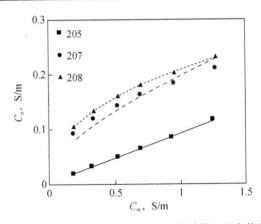

图 6-41　205—208组饱含水岩样计算电导率值与
实验测量值对比图

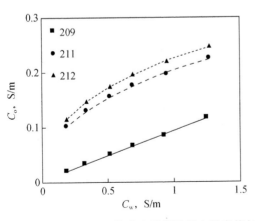

图 6-42　209—212组饱含水岩样计算电导率值与
实验测量值对比图

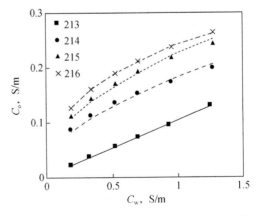

图 6-43　213—216组饱含水岩样计算电导率值与
实验测量值对比图

对于301—304组、305—308组、309—312组、313—316组饱含水岩样,黄铁矿含量平均为 11.2%,$C_{mac}=0.0142S/m$,$C_{cl}=0.0213S/m$,利用最优化技术求解 C_o-C_w 的非相关函数,可优化得到模型中各未知参数值,见表 6-7。从表中可以看出,4 组岩样测量 C_o 与计算 C_{oc} 的平均相对误差分别为 2.0%、2.6%、1.5%、1.5%。将优化的各参数值代入骨架导电泥质岩石电阻率模型,图 6-44 至图 6-47 给出了 4 组岩样的计算电导率值与实验测量值对比图(其中符号点为岩心测量数据,曲线为方程计算结果),从图中可以看到,除岩样 307 外,其他岩样的拟合曲线与测量符号点的一致性很好,说明本文建立的骨架导电低阻油层孔隙结合电阻率模型能够描述饱含水骨架导电混合泥质砂岩的导电规律。

表 6-7　饱含水骨架导电混合泥质砂岩岩样的电阻率模型优化参数和精度

组名	岩样号	ϕ	m_{mac}	m_{wf}	m_{wi}	m_{cl}	m_{manc}	电导率平均相对误差,%
301—304 组	301	0.258	1.68	1.73	1.76	—	1.52	0.9
	303	0.199	3.00	2.15	1.89	—	0.60	3.8
	304	0.183	0.60	0.60	1.66	—	2.16	1.2
305—308 组	305	0.250	1.63	1.65	1.67	1.73	1.41	1.5
	307	0.205	4.00	0.50	0.50	3.25	0.50	5.5
	308	0.181	0.60	0.61	1.18	0.60	2.33	0.7
309—312 组	309	0.235	1.39	1.56	1.56	1.40	1.48	0.8
	311	0.191	3.00	0.62	0.62	3.00	0.60	2.5
	312	0.172	0.60	0.60	0.60	0.60	2.84	1.1
313—316 组	313	0.260	1.31	1.55	1.54	1.22	1.46	0.7
	315	0.209	2.03	0.60	0.60	3.00	0.60	2.6
	316	0.196	0.60	0.69	0.66	0.60	3.00	1.1

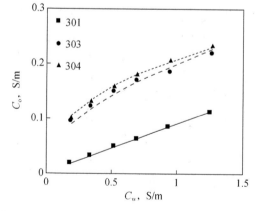

图 6-44　301—304 组饱含水岩样计算电导率值与实验测量值对比图

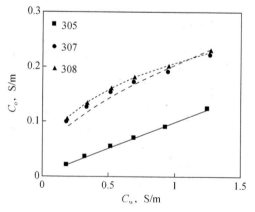

图 6-45　305—308 组饱含水岩样计算电导率值与实验测量值对比图

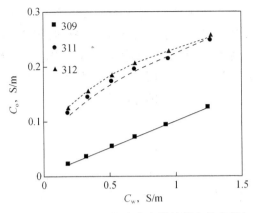

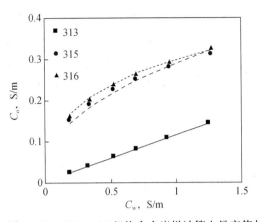

图6-46 309—312组饱含水岩样计算电导率值与   图6-47 313—316组饱含水岩样计算电导率值与
　　　　　实验测量值对比图　　　　　　　　　　　　　　　实验测量值对比图

对于501—701组饱含水岩样,其中三块岩样的黄铁矿含量分别为16.7%、21.0%、24.5%,$C_{mac}=0.0142S/m$,利用最优化技术求解C_o-C_w的非相关函数,可优化得到模型中各未知参数值,见表6-8。从表中可以看出,该组岩样测量C_o与计算C_{oc}的平均相对误差为1.4%。将优化的各参数值代入骨架导电岩石电阻率模型,图6-48给出了该组岩样的计算电导率值与实验测量值对比图(其中符号点为岩心测量数据,曲线为方程计算结果),从图中可以看到曲线与符号点的一致性很好。说明本文建立的骨架导电低阻油层孔隙结合电阻率模型能够描述饱含水骨架导电砂岩的导电规律。

表6-8 饱含水骨架导电砂岩岩样的电阻率模型优化参数和精度

岩样号	ϕ	m_{mac}	m_{wf}	m_{wi}	m_{manc}	电导率平均相对误差,%
501	0.263	1.55	1.72	1.74	1.50	1.6
601	0.280	1.61	1.72	1.76	1.56	1.4
701	0.274	1.54	1.73	1.76	1.53	1.0

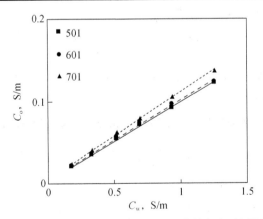

图6-48 501—701组饱含水岩样计算电导率值与实验测量值对比图

2. 含油气骨架导电混合泥质砂岩岩样计算电导率与测量电导率的比较

对于101—104组、105—108组、109—112组、113—116组含油气岩样,黄铁矿含量为0%,$C_{cl}=0.036S/m$,$C_{sh}=C'_{sh}S_w$,利用最优化技术求解C_t-S_w的非相关函数,可优化得到模

型中各未知参数值,见表 6-9。从表中可以看出,4 组岩样测量 C_t 与计算 C_{tc} 的平均相对误差分别为 1.4%、0.9%、1.1%、0.6%。将优化的各参数值代入泥质岩石电阻率模型,图 6-49 至图 6-52 给出了 4 组岩样的计算电导率值与实验测量值对比图(其中符号点为岩心测量数据,曲线为方程计算结果),从图中可以看到曲线与符号点的一致性很好,说明本文建立的骨架导电低阻油层孔隙结合电阻率模型能够描述含油气混合泥质砂岩的导电规律。

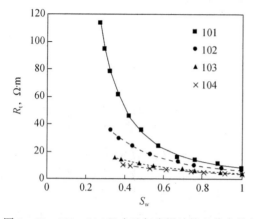

图 6-49　101—104 组含油气岩样计算电导率值与实验测量值对比图

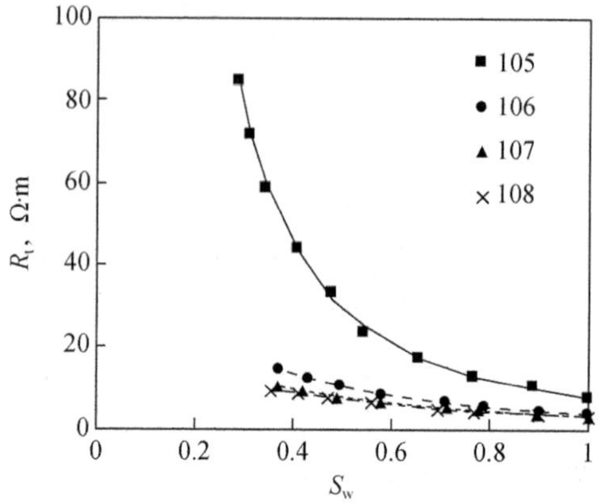

图 6-50　105—108 组含油气岩样计算电导率值与实验测量值对比图

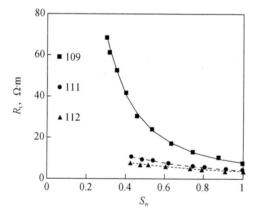

图 6-51　109—112 组含油气岩样计算电导率值与实验测量值对比图

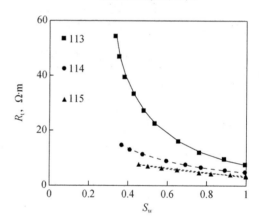

图 6-52　113—116 组含油气岩样计算电导率值与实验测量值对比图

表 6-9　含油气混合泥质砂岩岩样的电阻率模型优化参数与精度

组名	岩样号	ϕ	m_{wf}	m_{wi}	m_{cl}	n	m_{manc}	电导率平均相对误差,%
101—104 组	101	0.236	1.27	0.60	—	1.94	1.94	2.4
	102	0.207	1.25	2.83	—	1.65	1.57	1.3
	103	0.195	3.00	1.06	—	1.45	1.38	0.8
	104	0.179	3.00	1.79	—	0.83	1.42	1.1
105—108 组	105	0.233	1.01	0.97	2.28	1.84	1.81	2.5
	106	0.214	1.32	2.24	1.76	1.63	1.36	0.4
	107	0.200	2.70	1.40	1.54	1.62	1.45	0.4
	108	0.198	2.54	1.60	1.32	1.47	1.38	0.5

组名	岩样号	ϕ	m_{wf}	m_{wi}	m_{cl}	n	m_{manc}	电导率平均相对误差,%
109—112 组	109	0.222	1.12	0.60	2.27	1.56	1.70	2.0
	111	0.183	3.00	0.82	1.19	1.46	1.32	0.7
	112	0.161	3.00	1.26	1.05	1.03	1.40	0.6
113—116 组	113	0.211	0.63	1.43	1.78	2.21	1.63	0.8
	114	0.175	0.60	2.45	1.63	1.55	1.46	0.5
	115	0.166	3.00	1.02	1.16	1.45	1.32	0.6

对于 201—204 组、205—208 组、209—212 组、213—216 组含油气岩样,黄铁矿含量平均为 5.7%,$C_{mac}=0.0377S/m$,$C_{cl}=0.036S/m$,$C_{sh}=C'_{sh}S_w$,利用最优化技术求解 C_t-S_w 的非相关函数,可优化得到模型中各未知参数值,见表 6-10。从表中可以看出,4 组岩样测量 C_t 与计算 C_{tc} 的平均相对误差分别为 2.1%、1.3%、1.2%、1.0%。将优化的各参数值代入骨架导电泥质岩石电阻率模型,图 6-53 至图 6-56 给出了 4 组岩样的计算电导率值与实验测量值对比图(其中符号点为岩心测量数据,曲线为方程计算结果),从图中可以看到曲线与符号点的一致性很好,说明本文建立的骨架导电低阻油层孔隙结合电阻率模型能够描述含油气骨架导电混合泥质砂岩的导电规律。

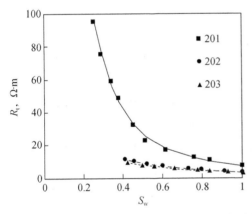

图 6-53 201—204 组含油气岩样计算电导率值与实验测量值对比图

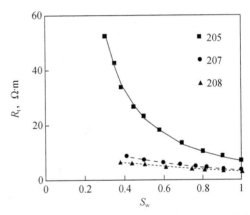

图 6-54 205—208 组含油气岩样计算电导率值与实验测量值对比图

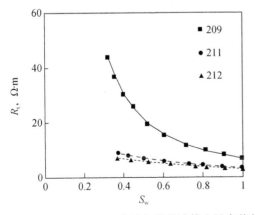

图 6-55 209—212 组含油气岩样计算电导率值与实验测量值对比图

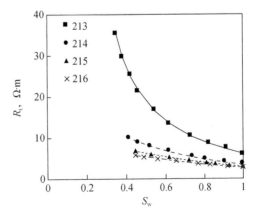

图 6-56 213—216 组含油气岩样计算电导率值与实验测量值对比图

表 6－10　含油气骨架导电混合泥质砂岩岩样的电阻率模型优化参数与精度

组名	岩样号	ϕ	m_{mac}	m_{wf}	m_{wi}	m_{cl}	n	m_{manc}	电导率平均相对误差，%
201—204 组	201	0.244	0.60	1.33	0.60	—	1.79	2.17	4.1
	202	0.208	2.80	3.00	1.69	—	1.75	0.97	0.6
	203	0.201	2.80	3.00	2.06	—	1.60	1.15	1.4
205—208 组	205	0.246	2.76	0.79	0.96	1.32	2.03	1.79	2.0
	207	0.195	3.00	3.00	1.08	1.09	1.48	0.80	1.0
	208	0.160	2.13	3.00	1.63	0.85	0.76	1.18	0.9
209—212 组	209	0.242	1.55	0.90	1.00	2.19	1.57	1.75	1.8
	211	0.193	1.50	3.00	1.42	1.33	1.71	1.19	0.7
	212	0.187	0.75	3.00	2.12	3.00	0.74	0.69	0.9
213—216 组	213	0.238	1.50	0.71	1.24	1.85	1.81	1.75	1.6
	214	0.208	2.33	2.82	0.87	1.31	2.10	1.11	0.7
	215	0.198	2.57	3.00	1.40	1.35	2.12	0.60	1.0
	216	0.181	0.99	3.00	2.01	1.13	1.79	1.02	0.8

对于 301—304 组、305—308 组、309—312 组、313—316 组含油气岩样，黄铁矿含量平均为 11.2%，$C_{mac}=0.0377$S/m，$C_{cl}=0.036$S/m，$C_{sh}=C'_{sh}S_w$，利用最优化技术求解 C_t-S_w 的非相关函数，可优化得到模型中各未知参数值，见表 6－11。从表中可以看出，4 组岩样测量 C_t 与计算 C_{tc} 的平均相对误差分别为 2.1%、1.1%、1.0%、0.9%。将优化的各参数值代入骨架导电泥质岩石电阻率模型，图 6－57 至图 6－60 给出了 4 组岩样的计算电导率值与实验测量值对比图（其中符号点为岩心测量数据，曲线为方程计算结果），从图中可以看到曲线与符号点的一致性很好，说明本文建立的骨架导电低阻油层孔隙结合电阻率模型能够描述含油气骨架导电混合泥质砂岩的导电规律。

表 6－11　含油气骨架导电混合泥质砂岩岩样的电阻率模型优化参数与精度

组名	岩样号	ϕ	m_{mac}	m_{wf}	m_{wi}	m_{cl}	n	m_{manc}	电导率平均相对误差，%
301—304 组	301	0.258	0.60	0.65	0.60	—	1.76	2.68	2.6
	303	0.199	2.54	3.00	1.83	—	1.00	0.84	1.5
	304	0.183	2.68	3.00	1.78		0.60	1.09	2.1
305—308 组	305	0.250	1.68	0.63	1.27	1.73	1.85	2.03	1.5
	307	0.205	1.31	3.00	1.15	1.10	1.38	1.07	1.0
	308	0.181	1.62	3.00	1.42	1.39	0.99	1.21	0.8
309—312 组	309	0.235	1.43	0.72	1.25	1.92	1.65	1.91	1.5
	311	0.191	1.13	2.73	1.34	1.17	1.41	1.08	0.8
	312	0.172	1.51	3.00	1.94	0.83	0.90	1.13	0.7

组名	岩样号	ϕ	m_{mac}	m_{wf}	m_{wi}	m_{cl}	n	m_{manc}	电导率平均相对误差,%
	313	0.260	1.40	0.72	1.40	1.93	1.56	1.78	1.3
313—316组	315	0.209	0.75	2.72	2.49	0.74	1.03	0.77	0.7
	316	0.196	1.11	2.92	2.73	0.71	0.75	1.04	0.7

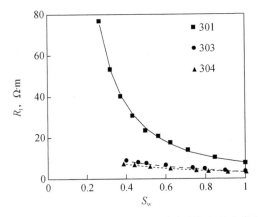

图 6-57　301—304 组含油气岩样计算电导率值与实验测量值对比图

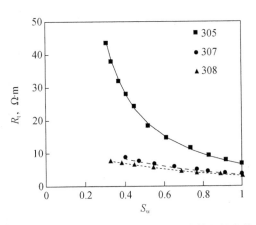

图 6-58　305—308 组含油气岩样计算电导率值与实验测量值对比图

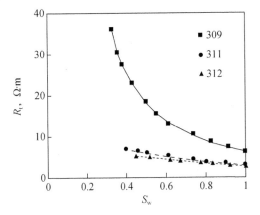

图 6-59　309—312 组含油气岩样计算电导率值与实验测量值对比图

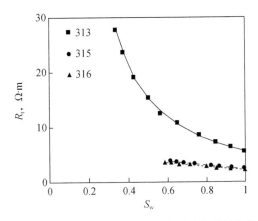

图 6-60　313—316 组含油气岩样计算电导率值与实验测量值对比图

对于 501—701 组含油气岩样,其中三块岩样的黄铁矿含量分别为 16.7%、21.0%、24.5%,$C_{mac}=0.0377S/m$,$C_{sh}=C'_{sh}S_w$,利用最优化技术求解 C_t-S_w 的非相关函数,可优化得到模型中各未知参数值,见表 6-12。从表中可以看出,该组岩样测量 C_t 与计算 C_{tc} 的平均相对误差为 1.9%。将优化的各参数值代入骨架导电岩石电阻率模型,图 6-61 给出了该组岩样的计算电导率值与实验测量值对比图(其中符号点为岩心测量数据,曲线为方程计算结果),从图中可以看到曲线与符号点的一致性很好,说明本文建立的骨架导电低阻油层孔隙结合电阻率模型能够描述含油气骨架导电砂岩的导电规律。

表 6-12   含油气骨架导电砂岩岩样的电阻率模型优化参数与精度

岩样号	ϕ	m_{mac}	m_{wf}	m_{wi}	n	m_{manc}	电导率平均相对误差,%
501	0.263	0.60	1.39	0.60	1.53	2.58	1.8
601	0.280	1.33	0.73	0.65	1.62	2.49	1.8
701	0.274	0.83	1.45	0.74	1.40	2.65	2.0

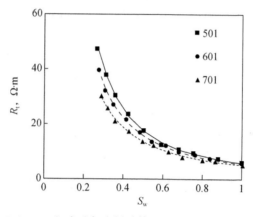

图 6-61   501—701 组含油气岩样计算电导率值与实验测量值对比图

第七章 基于差分方程和通用阿尔奇方程的骨架导电低阻油层电阻率模型

对于由导电骨架颗粒、不导电骨架颗粒、分散黏土、油气、混合水（微孔隙水和可动水）等5种组分组成的骨架导电分散泥质岩石，通过在混合水介质中顺序添加分散黏土、油珠、导电骨架颗粒、不导电骨架颗粒，应用电导率差分方程和通用阿尔奇方程结合，建立骨架导电分散泥质岩石电阻率模型，同时，采用三水导电理论计算微孔隙水与可动水组成的混合水电导率，采用并联导电理论计算分散泥质砂岩和层状泥质的电导率，从而建立骨架导电低阻油层差分方程和通用阿尔奇方程结合电阻率模型。对模型进行理论验证，并利用人工压制的骨架导电混合泥质岩石的岩电实验数据对模型进行实验验证。

第一节 基于差分方程和通用阿尔奇方程的电阻率模型的建立

骨架导电的混合泥质砂岩包括层状泥质、不导电骨架颗粒、导电骨架颗粒、油气、分散黏土颗粒、微孔隙水、可动水。按照小尺度包裹体先加入的原则，在混合水（微孔隙水和可动水）介质中顺序添加分散黏土颗粒、油珠、导电骨架颗粒、不导电骨架颗粒，其中混合水和分散黏土颗粒混合介质的导电规律以及混合水、分散黏土颗粒、油珠和导电骨架颗粒混合介质的导电规律用通用阿尔奇方程描述，而其他混合物的导电规律用电导率差分方程描述，建立骨架导电分散泥质岩石电阻率模型。同时，采用三水导电理论计算微孔隙水与可动水组成的混合水电导率，采用并联导电理论计算分散泥质砂岩和层状泥质的电导率，从而建立一种适用于骨架导电低阻油层的差

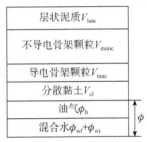

图7-1 基于差分方程和通用阿尔奇方程的骨架导电低阻油层电阻率模型的体积模型

分方程和通用阿尔奇方程结合的电阻率模型。图7-1给出了骨架导电泥质砂岩差分方程和通用阿尔奇方程结合电阻率模型的体积模型。其物质平衡方程为

$$\begin{cases} V_{lam} + V_{manc} + V_{mac} + V_{cl} + \phi = 1 \\ \phi = \phi_w + \phi_h \\ \phi_w = \phi_{wf} + \phi_{wi} \end{cases} \quad (7-1)$$

式中，V_{lam}、V_{manc}、V_{mac}、V_{cl}分别为骨架导电低阻油层的层状泥质、不导电骨架颗粒、导电骨架颗粒、分散黏土的体积分数；ϕ_{wi}、ϕ_{wf}分别为骨架导电低阻油层的微孔隙水孔隙度、可动水孔隙度；ϕ_w、ϕ_h分别为骨架导电低阻油层的含水孔隙度、含油气孔隙度；ϕ为骨架导电低阻油层的有效孔隙度。

2010年，Glover提出了一种用于描述N组分组成的岩石导电规律的通用阿尔奇方程，其形式如下：

$$\sigma = \sum_{i=1}^{N} \sigma_i \phi_i^{m_i} \quad (7-2)$$

$$\sum_{i=1}^{N} \phi_i = 1, \sum_{i=1}^{N} \phi_i^{m_i} = 1 \tag{7-3}$$

式中,σ 为岩石的电导率,S/m;σ_i 为岩石中第 i 种组分的电导率,S/m;ϕ_i 为岩石中第 i 种组分的体积分数;m_i 为岩石中第 i 种组分的指数。

一、添加分散黏土颗粒

设分散黏土颗粒的电导率和胶结指数分别为 C_{cl}、m_{cl},混合水的胶结指数为 m_1,混合水和分散黏土颗粒的混合物电导率为 C_{w+cl},混合水和分散黏土颗粒的混合物中混合水的体积分数为 V_{w+cl}^{w},混合水电导率为 C_w'。在混合水中添加分散黏土颗粒,利用通用阿尔奇方程描述混合水和分散黏土颗粒混合物的导电规律,则有

$$C_{w+cl} = C_w' \left(\frac{\phi_w}{\phi_w + V_{cl}} \right)^{m_1} + C_{cl} \left(\frac{V_{cl}}{\phi_w + V_{cl}} \right)^{m_{cl}} \tag{7-4}$$

二、添加油珠

设油珠的电导率和去极化因子分别为 C_h、L_h,混合水、分散黏土颗粒和油珠的混合物电导率为 C_{w+cl+h},混合水、分散黏土颗粒和油珠的混合物中混合水的体积分数为 V_{w+cl+h}^{w},在混合水和分散黏土颗粒的混合物中添加油珠,并在上一步结果的基础上,应用电导率差分方程对油珠进行积分,则有

$$\int_{C_{w+cl}}^{C_{w+cl+h}} \left(\frac{1}{C - C_h} - \frac{L_h}{C} \right) dC = \int_{V_{w+cl}^{w}}^{V_{w+cl+h}^{w}} \frac{dV}{V} \tag{7-5}$$

因为油珠的电导率 $C_h = 0$,令饱和度指数 $n = 1/(1 - L_h)$,并将 $V_{w+cl}^{w} = \phi_w/(\phi_w + V_{cl})$ 和 $V_{w+h+cl}^{w} = \phi_w/(\phi + V_{cl})$ 代入式(7-5),得

$$\left(\frac{C_{w+cl+h}}{C_{w+cl}} \right)^{\frac{1}{n}} = \frac{\phi_w + V_{cl}}{\phi + V_{cl}} \tag{7-6}$$

三、添加导电骨架颗粒

设导电骨架颗粒的电导率和胶结指数分别为 C_{mac}、m_{mac},混合水、分散黏土和油珠的混合物的胶结指数为 m_2,混合水、分散黏土颗粒、油珠和导电骨架颗粒的混合物电导率为 $C_{w+cl+h+mac}$,混合水、分散黏土颗粒、油珠和导电骨架颗粒的混合物中混合水的体积分数为 $V_{w+cl+h+mac}^{w}$。在混合水、分散黏土颗粒和油珠的混合物中添加导电骨架颗粒,利用通用阿尔奇方程描述混合水、分散黏土颗粒、油珠和导电骨架颗粒混合物的导电规律,则有

$$C_{w+cl+h+mac} = C_{w+cl+h} \left(\frac{\phi + V_{cl}}{\phi + V_{cl} + V_{mac}} \right)^{m_2} + C_{mac} \left(\frac{V_{mac}}{\phi + V_{cl} + V_{mac}} \right)^{m_{mac}} \tag{7-7}$$

四、添加不导电骨架颗粒

设不导电骨架颗粒的电导率和去极化因子分别为 C_{manc}、L_{manc},混合水、分散黏土颗粒、油珠、导电骨架颗粒和不导电骨架颗粒的混合物电导率为 $C_{w+cl+h+mac+manc}$,混合水、分散黏土颗

粒、油珠、导电骨架颗粒和不导电骨架颗粒的混合物中混合水的体积分数为 $V_{\mathrm{w+cl+h+mac+manc}}^{\mathrm{w}}$，$C_{\mathrm{sa}}$ 为分散泥质砂岩地层的电导率，$C_{\mathrm{sa}}=C_{\mathrm{w+cl+h+mac+manc}}$。在混合水、分散黏土颗粒、油珠和导电骨架颗粒的混合物中添加不导电骨架颗粒，并在上一步结果的基础上，应用电导率差分方程对不导电骨架颗粒进行积分，则有

$$\int_{C_{\mathrm{w+cl+h+mac}}}^{C_{\mathrm{w+cl+h+mac+manc}}}\left(\frac{1}{C-C_{\mathrm{manc}}}-\frac{L_{\mathrm{manc}}}{C}\right)\mathrm{d}C=\int_{V_{\mathrm{w+cl+h+mac}}^{\mathrm{w}}}^{V_{\mathrm{w+cl+h+mac+manc}}^{\mathrm{w}}}\frac{\mathrm{d}V}{V} \tag{7-8}$$

令不导电骨架胶结指数 $m_{\mathrm{manc}}=1/(1-L_{\mathrm{manc}})$，并将 $V_{\mathrm{w+cl+h+mac}}^{\mathrm{w}}=\phi_{\mathrm{w}}/(\phi+V_{\mathrm{cl}}+V_{\mathrm{mac}})$，$V_{\mathrm{w+cl+h+mac+manc}}^{\mathrm{w}}=\phi_{\mathrm{w}}/(1-V_{\mathrm{lam}})$ 代入式(7-8)，并考虑不导电骨架颗粒电导率 $C_{\mathrm{manc}}=0$，得

$$\left(\frac{C_{\mathrm{w+cl+h+mac+manc}}}{C_{\mathrm{w+cl+h+mac}}}\right)^{\frac{1}{m_{\mathrm{manc}}}}=\frac{\phi+V_{\mathrm{cl}}+V_{\mathrm{mac}}}{1-V_{\mathrm{lam}}} \tag{7-9}$$

$$\left(\frac{C_{\mathrm{sa}}}{C_{\mathrm{w+cl+h+mac}}}\right)^{\frac{1}{m_{\mathrm{manc}}}}=\frac{\phi+V_{\mathrm{cl}}+V_{\mathrm{mac}}}{1-V_{\mathrm{lam}}} \tag{7-10}$$

五、确定混合水电导率

把混合水看作由微孔隙水和可动水两部分组成，且认为微孔隙水和可动水电导率相同，而导电路径不同。根据三水导电模型的推导原理，可得出混合水电导率公式为

$$C_{\mathrm{w}}'=\left(\frac{\phi_{\mathrm{wi}}}{\phi_{\mathrm{wi}}+\phi_{\mathrm{wf}}}\right)^{m_{\mathrm{wi}}}C_{\mathrm{w}}+\left(\frac{\phi_{\mathrm{wf}}}{\phi_{\mathrm{wi}}+\phi_{\mathrm{wf}}}\right)^{m_{\mathrm{wf}}}C_{\mathrm{w}} \tag{7-11}$$

式中，C_{w}' 为混合水电导率，S/m；C_{w} 为微孔隙水和可动水电导率，S/m；m_{wi}、m_{wf} 为微孔隙水和可动水的胶结指数。

六、确定混合泥质砂岩电导率

设层状泥质的电导率为 C_{sh}，整个混合泥质砂岩的总电导率为 C_{t}，按照并联导电的观点有

$$\frac{1}{R_{\mathrm{t}}}=\frac{1-V_{\mathrm{lam}}}{R_{\mathrm{sa}}}+\frac{V_{\mathrm{lam}}}{R_{\mathrm{sh}}}$$

即

$$C_{\mathrm{t}}=C_{\mathrm{sa}}(1-V_{\mathrm{lam}})+V_{\mathrm{lam}}C_{\mathrm{sh}} \tag{7-12}$$

七、骨架导电低阻油层差分方程和通用阿尔奇方程结合电阻率模型

将式(7-11)代入式(7-4)得 $C_{\mathrm{w+cl}}$，将 $C_{\mathrm{w+cl}}$ 代入式(7-6)得 $C_{\mathrm{w+cl+h}}$，将 $C_{\mathrm{w+cl+h}}$ 代入式(7-7)得 $C_{\mathrm{w+cl+h+mac}}$，将 $C_{\mathrm{w+cl+h+mac}}$ 代入式(7-10)得 C_{sa}，并将 C_{sa} 代入式(7-12)得

$$\begin{aligned}
C_{\mathrm{t}}=&\left\{\left[\left(C_{\mathrm{w}}\left(\frac{\phi_{\mathrm{wf}}}{\phi_{\mathrm{wf}}+\phi_{\mathrm{wi}}}\right)^{m_{\mathrm{wf}}}+C_{\mathrm{w}}\left(\frac{\phi_{\mathrm{wi}}}{\phi_{\mathrm{wf}}+\phi_{\mathrm{wi}}}\right)^{m_{\mathrm{wi}}}\right)\left(\frac{\phi_{\mathrm{w}}}{\phi_{\mathrm{w}}+V_{\mathrm{cl}}}\right)^{m_{1}}+C_{\mathrm{cl}}\left(\frac{V_{\mathrm{cl}}}{\phi_{\mathrm{w}}+V_{\mathrm{cl}}}\right)^{m_{\mathrm{cl}}}\right] \right.\\
&\times\left(\frac{\phi_{\mathrm{w}}+V_{\mathrm{cl}}}{\phi+V_{\mathrm{cl}}}\right)^{n}\left(\frac{\phi+V_{\mathrm{cl}}}{\phi+V_{\mathrm{cl}}+V_{\mathrm{mac}}}\right)^{m_{2}}+C_{\mathrm{mac}}\left(\frac{V_{\mathrm{mac}}}{\phi+V_{\mathrm{cl}}+V_{\mathrm{mac}}}\right)^{m_{\mathrm{mac}}}\right\}\\
&\times\left(\frac{\phi+V_{\mathrm{cl}}+V_{\mathrm{mac}}}{1-V_{\mathrm{lam}}}\right)^{m_{\mathrm{manc}}}(1-V_{\mathrm{lam}})+C_{\mathrm{sh}}V_{\mathrm{lam}}
\end{aligned} \tag{7-13}$$

方程(7-13)为骨架导电低阻油层差分方程和通用阿尔奇方程结合电阻率模型。

第二节 基于差分方程和通用阿尔奇方程的骨架导电低阻油层电阻率模型的理论验证

一、边界条件

(1)当 $\phi=1$ 时,即岩石完全由孔隙组成,不含有任何颗粒成分,即 $V_{lam}=0$、$V_{manc}=0$、$V_{mac}=0$、$V_{cl}=0$。当孔隙完全含水时,$\phi_{wf}=\phi_w=\phi=1$,$\phi_{wi}=0$。将其代入式(7-13),得

$$C_o=C_w \tag{7-14}$$

即地层因素 $F=1$,这与按照 F 定义在 $\phi=1$ 情况下 $F\equiv1$ 相符。

(2)当 $S_w=1$ 时,即岩石孔隙完全被水饱和。将 $\phi=\phi_w$ 代入式(7-13),可得

$$C_o=C_t \tag{7-15}$$

由电阻增大系数的定义,可得:$I=C_o/C_t=1$,这与按照 I 定义在 $S_w=1$ 情况下 $I=1.0$ 相符。

(3)当 $\phi=0$ 时,即岩石由分散黏土、不导电颗粒和导电颗粒组成,不含有孔隙,则有 $\phi_w=\phi_{wf}=\phi_{wi}=0$。

当 $V_{mac}=1.0$ 时,即岩石完全由导电颗粒组成,且不含有孔隙,则将 $V_{lam}=0$、$V_{manc}=0$、$V_{cl}=0$、$V_{mac}=1.0$ 代入式(7-13)可得 $C_t=C_{mac}$,这与实际相符。

当 $V_{manc}=1.0$ 时,即岩石完全由不导电颗粒组成,且不含有孔隙,则将 $V_{lam}=0$、$V_{mac}=0$、$V_{cl}=0$、$V_{manc}=1.0$ 代入式(7-13)可得 $C_t=0$,这与实际相符。

当 $V_{cl}=1$ 时,即岩石完全由黏土颗粒组成,且不含有孔隙,则将 $V_{lam}=0$、$V_{mac}=0$、$V_{manc}=0$、$V_{cl}=1.0$ 代入式(7-13)可得 $C_t=C_{cl}$,这与实际相符。

(4)当 $C'_w=C_{mac}=C_{cl}$、$V_{manc}=0$、$V_{lam}=0$、$\phi=\phi_w$ 时,即岩石由导电颗粒、黏土颗粒和孔隙组成,且孔隙完全含水,则将 $V_{manc}=0$、$V_{lam}=0$、$\phi=\phi_w$ 和 $C'_w=C_{mac}=C_{cl}$ 代入式(7-13)可得 $C_t=C'_w$,这与实际相符。

二、理论分析

模型中各个因素变化都会对模型产生一定的影响,这里主要讨论 V_{mac}、V_{cl}、V_{lam}、R_{mac}、R_{cl}、R_{sh}、m_{wf}、m_{wi}、m_{mac}、m_{manc}、m_{cl}、n、m_1、m_2 等值的变化对骨架导电低阻油层电阻率模型的影响。在分析各个参数的敏感性过程中,假设各参数值如下:$R_w=0.549\Omega \cdot m$,$R_{mac}=5.0\Omega \cdot m$,$R_{cl}=5.0\Omega \cdot m$,$R_{sh}=1.11\Omega \cdot m$,$V_{mac}=0.12$,$V_{lam}=0.06$,$V_{cl}=0.12$,$\phi=0.2$,$S_{wi}=0.3$,$m_{wf}=0.5$,$m_{wi}=0.5$,$m_{mac}=2.0$,$m_{manc}=1.5$,$m_{cl}=2.5$,$n=3.5$,$m_1=1.5$,$m_2=1.5$。在其他值不变的情况下,研究其中某一参数值的变化对基于差分方程和通用阿尔奇方程的骨架导电低阻油层电阻率模型的影响。

(一)导电骨架含量及电阻率变化对模型的影响

1. 导电骨架含量变化对模型的影响

图7-2和图7-3分别给出了 V_{mac} 为 0.1、0.2、0.3、0.4、0.5 时的 R_t 与 S_w 交会图和 I 与

S_w 交会图。从图中看出，V_{mac} 不同，R_t 与 S_w 关系曲线以及 I 与 S_w 关系曲线的曲率不同。V_{mac} 越大，R_t 和 I 值越小。

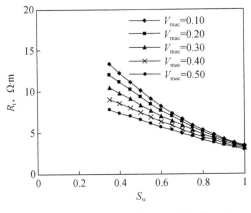
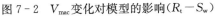

图 7-2 V_{mac} 变化对模型的影响（R_t-S_w）

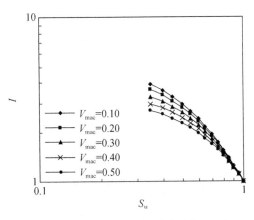

图 7-3 V_{mac} 变化对模型的影响（$I-S_w$）

2. 导电骨架电阻率变化对模型的影响

图 7-4 和图 7-5 分别给出了 R_{mac} 为 $0.5\Omega \cdot m$、$1.0\Omega \cdot m$、$2.0\Omega \cdot m$、$4.0\Omega \cdot m$、$10.0\Omega \cdot m$ 时的 R_t 与 S_w 交会图和 I 与 S_w 交会图。从图中看出，R_{mac} 不同，R_t 与 S_w 关系曲线以及 I 与 S_w 关系曲线的曲率不同。R_{mac} 值越大，R_t 值越大，I 值越大。

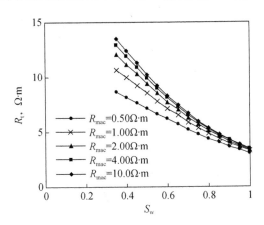

图 7-4 R_{mac} 变化对模型的影响（R_t-S_w）

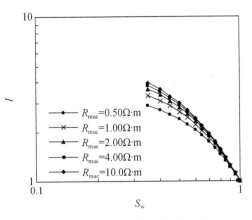

图 7-5 R_{mac} 变化对模型的影响（$I-S_w$）

（二）泥质颗粒含量及电阻率变化对模型的影响

1. 黏土含量变化对模型的影响

图 7-6 和图 7-7 分别给出了 V_{cl} 为 0.1、0.2、0.3、0.4、0.5 时 R_t 与 S_w 交会图和 I 与 S_w 交会图。从图中看出，V_{cl} 不同，R_t 与 S_w 以及 I 与 S_w 关系曲线的曲率不同。当 R_{cl} 相同时，V_{cl} 越大，R_t 和 I 值越小。

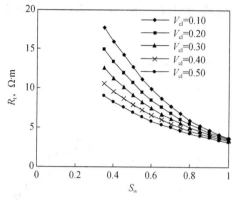

图 7-6 V_{cl} 变化对模型的影响($R_t - S_w$)

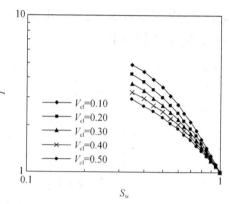

图 7-7 V_{cl} 变化对模型的影响($I - S_w$)

2. 黏土颗粒电阻率变化对模型的影响

图 7-8 和图 7-9 分别给出了 R_{cl} 为 $0.5\Omega \cdot m, 1.0\Omega \cdot m, 2.0\Omega \cdot m, 4.0\Omega \cdot m, 10.0\Omega \cdot m$ 时的 R_t 与 S_w 交会图和 I 与 S_w 交会图。从图中看出,R_{cl} 不同,R_t 与 S_w 以及 I 与 S_w 关系曲线曲率不同。R_{cl} 越大,R_t 和 I 值越大。

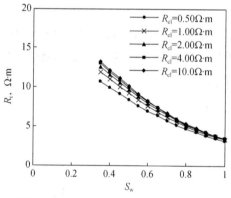

图 7-8 R_{cl} 变化对模型的影响($R_t - S_w$)

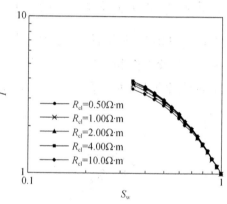

图 7-9 R_{cl} 变化对模型的影响($I - S_w$)

3. 层状泥质含量变化对模型的影响

图 7-10 和图 7-11 分别给出了 V_{lam} 为 0.05、0.08、0.1、0.15、0.20 时 R_t 与 S_w 交会图和 I 与 S_w 交会图。从图中看出,V_{lam} 不同,R_t 与 S_w 以及 I 与 S_w 关系曲线曲率不同。V_{lam} 越大,R_t 和 I 值越小。

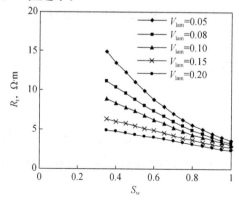

图 7-10 V_{lam} 变化对模型的影响($R_t - S_w$)

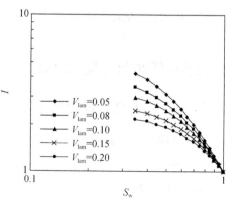

图 7-11 V_{lam} 变化对模型的影响($I - S_w$)

4.层状泥质电阻率变化对模型的影响

图 7-12 和图 7-13 分别给出了 R_{sh} 为 $1.0\Omega \cdot m$、$1.5\Omega \cdot m$、$2.0\Omega \cdot m$、$4.0\Omega \cdot m$、$10\Omega \cdot m$ 时的 R_t 与 S_w 交会图和 I 与 S_w 交会图。从图中可以看出,R_{sh} 不同,R_t 与 S_w 以及 I 与 S_w 关系曲线曲率不同。R_{sh} 越大,R_t 值越大,I 值越大。

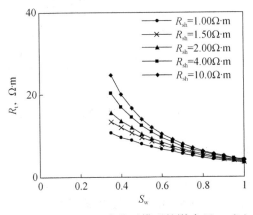
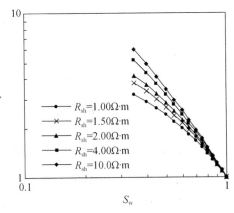

图 7-12　R_{sh} 变化对模型的影响(R_t－S_w)　　　图 7-13　R_{sh} 变化对模型的影响(I－S_w)

(三)胶结指数变化对模型的影响

1.可动水胶结指数变化对模型的影响

图 7-14 和图 7-15 分别给出了 m_{wf} 为 0.1、0.5、1.0、2.0、3.0 时 R_t 与 S_w 交会图和 I 与 S_w 交会图。从图中看出,m_{wf} 越大,R_t 值越大,I 值越小。

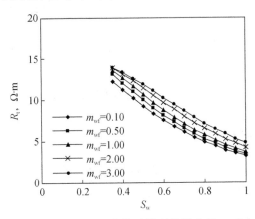
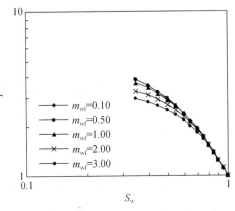

图 7-14　m_{wf} 变化对模型的影响(R_t－S_w)　　　图 7-15　m_{wf} 变化对模型的影响(I－S_w)

2.束缚水胶结指数变化对模型的影响

图 7-16 和图 7-17 分别给出了 m_{wi} 为 0.1、0.5、1.0、1.5、3.0 时的 R_t 与 S_w 交会图和 I 与 S_w 交会图。从图中看出,m_{wi} 越大,R_t 值越大,I 值越小。

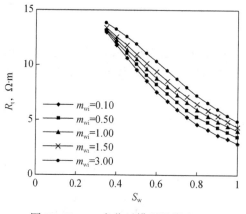

图 7-16　m_{wi} 变化对模型的影响($R_t - S_w$)

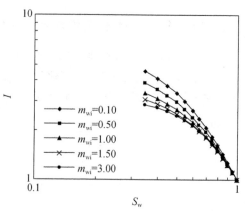

图 7-17　m_{wi} 变化对模型的影响($I - S_w$)

3. 导电骨架颗粒胶结指数变化对模型的影响

图 7-18 和图 7-19 分别给出了 m_{mac} 为 0.1、0.3、0.6、1.0、2.0 时的 R_t 与 S_w 交会图和 I 与 S_w 交会图。从图中看出，m_{mac} 不同时，R_t 与 S_w 关系曲线以及 I 与 S_w 关系曲线的曲率不同。m_{mac} 越大，R_t 和 I 值越大。

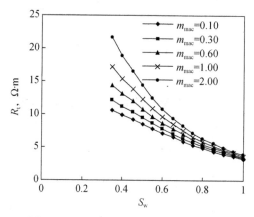

图 7-18　m_{mac} 变化对模型的影响($R_t - S_w$)

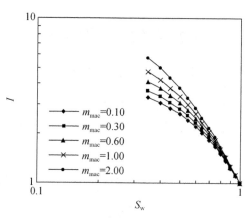

图 7-19　m_{mac} 变化对模型的影响($I - S_w$)

4. 不导电骨架颗粒胶结指数变化对模型的影响

图 7-20 和图 7-21 分别给出 m_{manc} 为 0.1、0.5、1.0、1.5、2.0 时的 R_t 与 S_w 交会图和 I 与 S_w 交会图。从图中看出，m_{manc} 越大，R_t 值越大，I 值越小。

5. 黏土颗粒胶结指数变化对模型的影响

图 7-22 和图 7-23 分别给出了 m_{cl} 为 0.1、0.5、1.0、3.0、5.0 时的 R_t 与 S_w 交会图和 I 与 S_w 交会图。从图中看出，m_{cl} 越大，R_t 值越大，I 值略有变化。

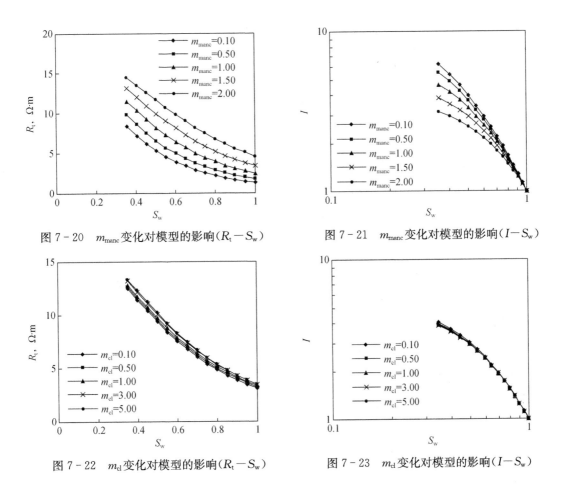

图 7-20 m_{manc} 变化对模型的影响($R_t - S_w$)

图 7-21 m_{manc} 变化对模型的影响($I - S_w$)

图 7-22 m_{cl} 变化对模型的影响($R_t - S_w$)

图 7-23 m_{cl} 变化对模型的影响($I - S_w$)

6. 饱和度指数变化对模型的影响

图 7-24 和图 7-25 分别给出了 n 为 1.0、1.5、2.0、2.5、3.0 时的 R_t 与 S_w 交会图和 I 与 S_w 交会图。从图中看出，n 不同，R_t 与 S_w 关系曲线以及 I 与 S_w 关系曲线的曲率不同。n 越大，R_t 值和 I 值越大。

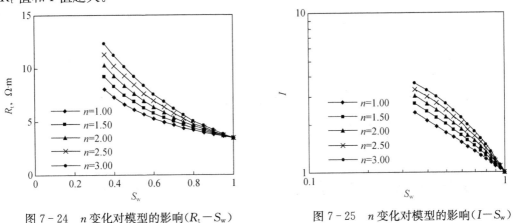

图 7-24 n 变化对模型的影响($R_t - S_w$)

图 7-25 n 变化对模型的影响($I - S_w$)

7. 混合水胶结指数变化对模型的影响

图 7-26 和图 7-27 分别给出了 m_1 为 1.0、1.5、2.0、2.5、3.0 时的 R_t 与 S_w 交会图和 I

与S_w交会图。从图中看出，m_1不同，R_t与S_w关系曲线以及I与S_w关系曲线的曲率不同。m_1越大，R_t值越大，I值越小。

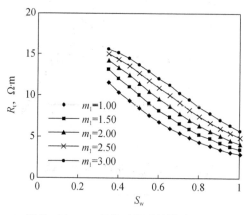

图7-26 m_1变化对模型的影响（R_t-S_w）

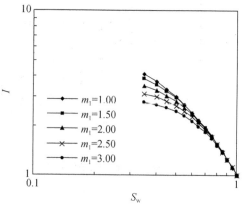

图7-27 m_1变化对模型的影响（I-S_w）

8. 混合水、分散黏土和油气的混合物胶结指数变化对模型的影响

图7-28和图7-29分别给出了m_2为0.5、1.5、2.5、3.5、4.5时的R_t与S_w交会图和I与S_w交会图。从图中看出，m_2不同，R_t与S_w关系曲线以及I与S_w关系曲线的曲率不同。m_2越大，R_t值越大，I值越小。

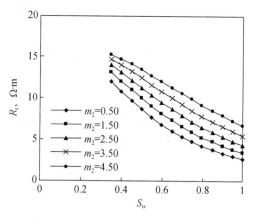

图7-28 m_2变化对模型的影响（R_t-S_w）

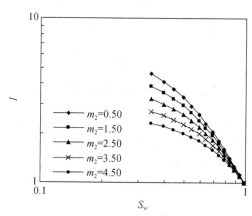

图7-29 m_2变化对模型的影响（I-S_w）

第三节　基于差分方程和通用阿尔奇方程的骨架导电低阻油层电阻率模型的实验验证

一、骨架导电纯岩样计算电导率与测量电导率的比较

（一）饱含水骨架导电纯岩样计算电导率与测量电导率的比较

使用人工压制的7块骨架导电纯岩样饱含水实验测量数据，该组岩样的孔隙度变化范围

为 30.3%~33.1%,地层水电导率变化范围为 0.181~1.257S/m,A1—D1 等 4 块岩心的导电骨架电导率 $C_{mac}=0.0142$S/m,E1、F1、401 等 3 块岩心的导电骨架电导率 $C_{mac}=0.0067$S/m,采用最优化技术求解 C_o-C_w 的非相关函数,可优化得到模型中各未知参数值,见表 7-1。从表中可以看出,对于该组骨架完全由导电颗粒组成的岩样,测量 C_o 与计算 C_{oc} 的平均相对误差为 3.0%。将优化的各参数值代入骨架导电纯岩石电阻率模型,图 7-30 给出了该组岩样的计算电导率值与实验测量值对比图(其中符号点为岩心测量数据,曲线为方程计算结果),从图中可以看到曲线与符号点的一致性很好,说明建立的基于差分方程和通用阿尔奇方程的骨架导电低阻油层电阻率模型能够描述饱含水骨架导电纯岩石的导电规律。

表 7-1 饱含水骨架导电纯岩样的电阻率模型优化参数与精度

岩样号	ϕ	m_{mac}	m_{wf}	m_{wi}	电导率平均相对误差,%
A1	0.308	0.60	3.50	2.56	3.4
B1	0.303	0.60	3.94	2.16	1.3
C1	0.311	0.60	3.34	2.68	3.1
D1	0.318	0.60	3.86	2.00	1.8
E1	0.306	0.60	3.08	1.97	4.9
F1	0.305	0.60	3.24	2.02	4.3
401	0.331	0.60	2.36	2.24	2.4

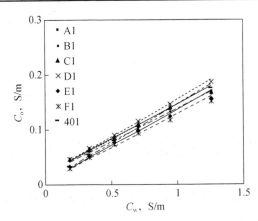

图 7-30 饱含水岩样计算电导率值与实验测量值对比图

(二)含油气骨架导电纯岩样计算电导率与测量电导率的比较

使用人工压制的 7 块骨架导电纯岩样含油气实验测量数据,其含水饱和度变化范围为 26%~100%,地层水电阻率为 0.549Ω·m,$C_{mac}=0.0377$S/m,对于该组岩样,采用最优化技术求解 C_t-S_w 的非相关函数,可优化得到模型中各未知参数值,见表 7-2。从表中可以看出,对于该组含油气骨架导电纯岩样,测量 C_o 与计算 C_{tc} 的平均相对误差为 1.9%。将优化的各参数值代入骨架导电纯岩石电阻率模型,图 7-31 给出了该组岩样的计算电导率值与实验测量值对比图(其中符号点为岩心测量数据,曲线为方程计算结果),从图中可以看到曲线与符号点的一致性很好,说明建立的基于差分方程和通用阿尔奇方程的骨架导电低阻油层电阻率模型能够描述含油气骨架导电纯岩石的导电规律。

表 7-2　含油气骨架导电纯岩样的电阻率模型优化参数与精度

岩样号	ϕ	m_{mac}	m_{wf}	m_{wi}	n	电导率平均相对误差,%
A1	0.308	0.43	1.25	3.00	0.94	1.6
B1	0.303	0.41	1.60	3.00	0.84	1.4
C1	0.311	0.54	2.68	2.88	0.45	1.8
D1	0.318	0.45	1.59	3.00	0.73	1.4
E1	0.306	0.45	2.26	3.00	0.82	2.2
F1	0.305	0.44	2.31	3.00	0.90	2.6
401	0.331	0.45	1.45	3.00	0.76	2.0

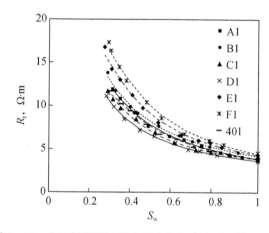

图 7-31　含油气岩样计算电导率值与实验测量值对比图

二、骨架导电泥质岩样计算电导率与测量电导率的比较

(一)混合泥质黄铁矿骨架岩样计算电导率与测量电导率的比较

1.饱含水混合泥质黄铁矿骨架岩样计算电导率与测量电导率的比较

对于 401—404 组、405—408 组、409—412 组、413—416 组饱含水岩样,$C_{mac}=0.0067$S/m,$C_{cl}=0.0213(1-0.4e^{-2.0C_w})$S/m,$V_{manc}=0$,$c'$ 和 d' 的值见表 5-14,利用最优化技术求解 C_o—C_w 的非相关函数,可优化得到模型中各未知参数值,见表 7-3。从表中可以看出,4 组岩样测量 C_o 与计算 C_{oc} 的平均相对误差分别约为 2.1%、3.0%、4.4%、2.6%。将优化的各参数值代入骨架导电泥质岩石电阻率模型,图 7-32 至图 7-35 给出了 4 组岩样的计算电导率值与实验测量值对比图(其中符号点为岩心测量数据,曲线为方程计算结果),从图中可看到曲线与符号点的一致性很好。这说明本文建立的基于差分方程和通用阿尔奇方程的骨架导电低阻油层电阻率模型能描述饱含水混合泥质黄铁矿骨架岩石的导电规律。

表 7-3　饱含水混合泥质黄铁矿骨架岩样的电阻率模型优化参数与精度

组名	岩样号	ϕ	m_{mac}	m_{wf}	m_{wi}	B'	m_{cl}	m_1	电导率平均相对误差,%
401—404组	401	0.331	0.60	2.29	2.59	—			2.4
	403	0.181	0.67	2.79	2.49	1.13			2.0
	404	0.159	0.82	2.46	2.17	0.75			1.9
405—408组	405	0.217	0.60	0.85	2.04	—	0.60	1.73	6.4
	407	0.176	1.00	2.37	2.23	1.10	0.60	2.26	1.7
	408	0.163	1.02	2.37	2.22	1.01	0.60	2.24	1.1
409—412组	409	0.196	3.00	2.91	2.80	—	0.71	2.86	3.3
	411	0.182	1.06	3.00	3.00	0.85	0.60	3.00	1.4
	412	0.163	4.00	3.79	3.81	0.47	0.60	2.83	1.9
413—416组	413	0.214	3.00	2.79	2.72	—	0.60	2.24	4.1
	414	0.193	3.00	3.00	3.00	0.95	0.60	3.00	2.1
	415	0.180	3.00	2.80	2.87	0.65	0.60	2.82	2.0
	416	0.173	3.00	2.73	2.70	0.60	3.00	2.59	2.2

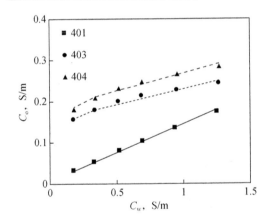

图 7-32　401—404组饱含水岩样计算电导率值与
实验测量值对比图

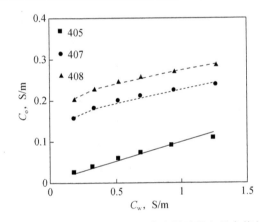

图 7-33　405—408组饱含水岩样计算电导率值与
实验测量值对比图

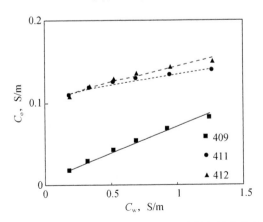

图 7-34　409—412组饱含水岩样计算电导率值与
实验测量值对比图

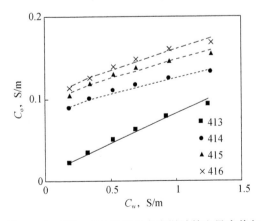

图 7-35　413—416组饱含水岩样计算电导率值与
实验测量值对比图

2. 含油气混合泥质黄铁矿骨架岩样计算电导率与测量电导率的比较

对于401—404组、405—408组、409—412组、413—416组含油气岩样，$C_{mac}=0.0377S/m$，$C_{cl}=0.036S/m$，$V_{manc}=0$，$C_{sh}=C_{sh0}\cdot S_w^{0.2}$，利用最优化技术求解$C_t-S_w$的非相关函数，可优化得到模型中各未知参数值，见表7-4。从表中可以看出，4组岩样测量C_t与计算C_{tc}的平均相对误差分别约为1.0%、1.1%、1.2%、0.3%。将优化的各参数值代入骨架导电泥质岩石电阻率模型，图7-36至图7-39给出了4组岩样的计算电导率值与实验测量值对比图（其中符号点为岩心测量数据，曲线为方程计算结果），从图中可以看到曲线与符号点的一致性很好，说明建立的基于差分方程和通用阿尔奇方程的骨架导电低阻油层电阻率模型能够描述含油气混合泥质黄铁矿骨架岩石的导电规律。

表7-4 含油气混合泥质黄铁矿骨架岩样的电阻率模型优化参数与精度

组名	岩样号	ϕ	m_{mac}	m_{wf}	m_{wi}	m_{cl}	n	m_1	电导率平均相对误差，%
401—404组	401	0.331	0.50	2.00	3.64	—	0.50	—	1.7
	403	0.181	0.92	2.79	1.35	—	0.98	—	0.8
	404	0.159	0.83	2.25	2.78	—	1.16	—	0.6
405—408组	405	0.217	0.60	3.00	0.63	3.00	1.10	3.00	2.9
	407	0.176	0.77	3.00	1.05	0.60	1.67	2.42	0.3
	408	0.163	0.80	2.58	1.57	1.83	2.34	2.48	0.2
409—412组	409	0.196	0.68	3.00	0.60	3.00	1.25	3.00	3.0
	411	0.182	0.91	3.00	1.34	0.61	0.81	1.94	0.5
	412	0.163	0.97	3.00	2.09	1.31	1.78	2.35	0.3
413—416组	413	0.214	0.93	3.00	0.60	3.00	0.79	3.00	0.6
	414	0.193	1.08	2.51	1.25	1.51	0.99	2.31	0.3
	415	0.180	1.46	3.00	1.89	1.83	2.19	2.10	0.2
	416	0.173	1.52	2.29	2.40	1.83	1.77	2.18	0.2

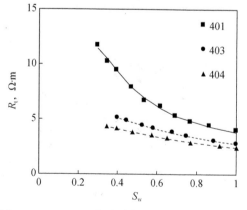

图7-36　401—404组含油气岩样计算电导率值与实验测量值对比图

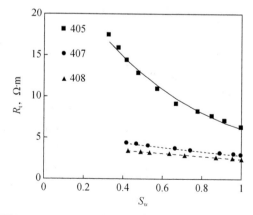

图7-37　405—408组含油气岩样计算电导率值与实验测量值对比图

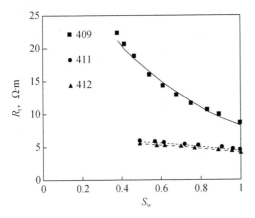

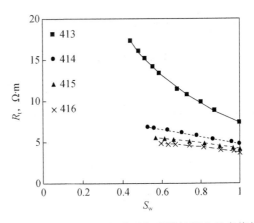

图 7-38 409—412 组含油气岩样计算电导率值与
实验测量值对比图

图 7-39 413—416 组含油气岩样计算电导率值与
实验测量值对比图

(二)骨架导电混合泥质砂岩岩样计算电导率与测量电导率的比较

1. 饱含水混合泥质砂岩岩样计算电导率与测量电导率的比较

对于 101—104 组、105—108 组、109—112 组、113—116 组饱含水岩样,黄铁矿含量为
0%,$C_{cl}=0.0213(1-0.4e^{-2.0C_w})$S/m,利用最优化技术求解 C_o-C_w 的非相关函数,可优化得
到模型中各未知参数值,见表 7-5。从表中可以看出,4 组岩样测量 C_o 与计算 C_{oc} 的平均相对
误差分别约为 4.5%、2.0%、3.2%、0.9%。将优化的各参数值代入泥质岩石电阻率模型,图 7-
40 至图 7-43 给出了 4 组岩样的计算电导率值与实验测量值对比图(其中符号点为岩心测量
数据,曲线为方程计算结果),从图中可以看到除岩样 102、111 外,其他岩样的曲线与符号点的
一致性很好,说明建立的基于差分方程和通用阿尔奇方程的骨架导电低阻油层电阻率模型能
够描述饱含水混合泥质砂岩的导电规律。

表 7-5 饱含水混合泥质砂岩岩样的电阻率模型优化参数与精度

组名	岩样号	ϕ	m_{wi}	m_{wi}	m_{cl}	m_{manc}	m_1	电导率平均相对误差,$\%$
101—104 组	101	0.236	2.03	2.17	—	1.47		2.6
	102	0.207	1.97	2.13	—	1.38	—	8.5
	103	0.195	1.92	2.12	—	1.27		6.4
	104	0.179	2.05	2.17	—	1.45		0.7
105—108 组	105	0.233	2.77	2.54	0.63	0.99	2.74	0.2
	106	0.214	3.00	3.00	0.60	0.68	3.00	3.2
	107	0.200	1.73	1.75	3.00	1.56	1.76	2.1
	108	0.198	3.00	3.00	0.60	0.72	3.00	2.4
109—112 组	109	0.222	2.67	2.64	0.81	0.85	1.81	1.3
	111	0.183	2.08	2.34	0.50	0.50	2.68	7.7
	112	0.161	1.75	2.06	1.51	1.19	1.66	0.6

组名	岩样号	ϕ	m_{wf}	m_{wi}	m_{cl}	m_{manc}	m_1	电导率平均相对误差，%
113—116组	113	0.211	2.37	1.89	0.83	0.84	1.83	0.9
	114	0.175	2.29	2.24	0.50	0.50	2.40	1.4
	115	0.166	1.75	2.00	0.85	1.01	1.50	0.5

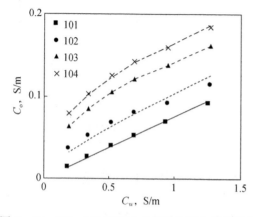

图7-40　101—104组饱含水岩样计算电导率值与
实验测量值对比图

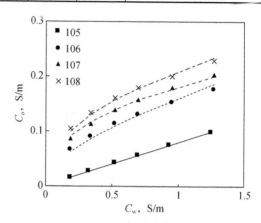

图7-41　105—108组饱含水岩样计算电导率值与
实验测量值对比图

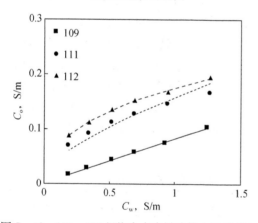

图7-42　109—112组饱含水岩样计算电导率值与
实验测量值对比图

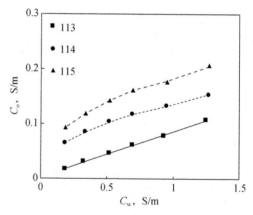

图7-43　113—115组饱含水岩样计算电导率值与
实验测量值对比图

对于201—204组、205—208组、209—212组、213—216组饱含水岩样，黄铁矿含量平均为5.7%，$C_{mac}=0.0142$S/m，$C_{cl}=0.0213(1-0.4e^{-2.0C_w})$S/m，利用最优化技术求解$C_o-C_w$的非相关函数，可优化得到模型中各未知参数值，见表7-6。从表中可以看出，4组岩样测量C_o与计算C_{oc}的平均相对误差分别约为1.2%、4.4%、0.7%、3.8%。将优化的各参数值代入骨架导电泥质岩石电阻率模型，图7-44至图7-47给出了4组岩样的计算电导率值与实验测量值对比图（其中符号点为岩心测量数据，曲线为方程计算结果），从图中可以看到除岩样207、214、215外，其他岩样的曲线与符号点的一致性很好，说明建立的基于差分方程和通用阿尔奇方程的骨架导电低阻油层电阻率模型能够描述饱含水骨架导电混合泥质砂岩的导电规律。

表 7-6　饱含水骨架导电混合泥质砂岩岩样的电阻率模型优化参数与精度

组名	岩样号	ϕ	m_{mac}	m_{wf}	m_{wi}	m_{manc}	m_{cl}	m_1	电导率平均相对误差,%
201—204 组	201	0.244	0.60	3.00	3.00	1.06	—	—	1.3
	202	0.208	0.10	1.37	2.60	0.10	—	—	1.7
	203	0.201	3.00	2.04	1.80	1.73	—	—	0.7
205—208 组	205	0.246	0.70	2.68	2.68	0.75	0.67	2.74	1.3
	207	0.195	0.60	1.29	2.12	0.60	0.60	2.55	11.6
	208	0.160	1.83	1.72	1.73	1.52	1.35	1.76	0.4
209—212 组	209	0.242	1.06	2.58	2.10	0.80	0.61	2.39	1.1
	211	0.193	0.60	2.04	1.90	0.60	0.60	2.68	0.6
	212	0.187	0.77	1.28	1.62	1.19	0.71	2.13	0.3
213—216 组	213	0.238	0.98	1.66	1.96	0.85	0.75	2.20	0.7
	214	0.208	0.60	1.02	1.69	0.60	0.60	2.23	7.7
	215	0.198	0.60	1.16	1.38	0.60	0.60	2.01	6.2
	216	0.181	3.00	1.70	1.65	1.44	3.00	1.55	0.6

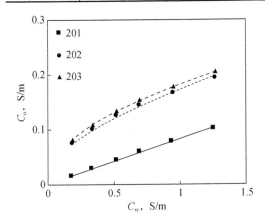

图 7-44　201—204 组饱含水岩样计算电导率值与
实验测量值对比图

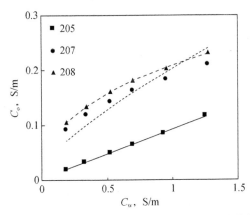

图 7-45　205—208 组饱含水岩样计算电导率值与
实验测量值对比图

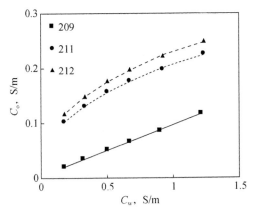

图 7-46　209—212 组饱含水岩样计算电导率值与
实验测量值对比图

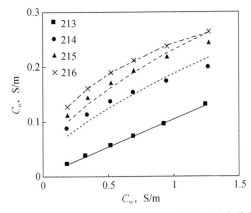

图 7-47　213—216 组饱含水岩样计算电导率值与
实验测量值对比图

对于301—304组、305—308组、309—312组、313—316组饱含水岩样,黄铁矿含量平均为11.2%,$C_{mac}=0.0142S/m$,$C_{cl}=0.0213(1-0.4e^{-2.0C_w})S/m$,利用最优化技术求解$C_o-C_w$的非相关函数,可优化得到模型中各未知参数值,见表7-7。从表中可以看出,4组岩样测量C_o与计算C_{oc}的平均相对误差分别约为2.1%、4.2%、2.4%、2.2%。将优化的各参数值代入骨架导电泥质岩石电阻率模型,图7-48至图7-51给出了4组岩样的计算电导率值与实验测量值对比图(其中符号点为岩心测量数据,曲线为方程计算结果),从图中可以看到除岩样307、311、315外,其他岩样的曲线与符号点的一致性很好,说明建立的基于差分方程和通用阿尔奇方程的骨架导电低阻油层电阻率模型能够描述饱含水骨架导电混合泥质砂岩的导电规律。

表7-7 饱含水骨架导电混合泥质砂岩岩样的电阻率模型优化参数和精度

组名	岩样号	ϕ	m_{mac}	m_{wf}	m_{wi}	m_{manc}	m_{cl}	m_1	电导率平均相对误差,%
301—304组	301	0.258	0.62	2.86	2.85	1.15	—	—	1.0
	303	0.199	0.10	0.34	0.93	0.10	—	—	4.0
	304	0.183	3.00	2.10	1.75	2.05			1.2
305—308组	305	0.250	0.72	2.53	2.40	0.83	0.73	2.60	1.5
	307	0.205	0.60	1.53	1.55	0.60	0.60	2.34	10.3
	308	0.181	3.00	1.96	1.78	1.77	3.00	1.69	0.7
309—312组	309	0.235	0.88	2.17	1.99	0.88	0.81	2.17	0.8
	311	0.191	0.60	1.19	1.32	0.60	0.60	2.35	5.5
	312	0.172	3.00	1.86	1.62	1.93	3.00	1.29	1.0
313—316组	313	0.260	0.92	1.59	1.82	0.91	0.79	2.11	0.6
	315	0.209	0.60	0.90	1.19	0.60	0.60	1.98	5.0
	316	0.196	3.00	0.88	2.26	2.42	3.00	0.82	1.1

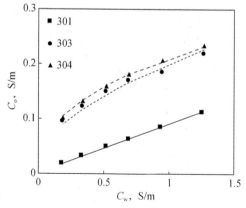

图7-48 301—304组饱含水岩样计算电导率值与实验测量值对比图

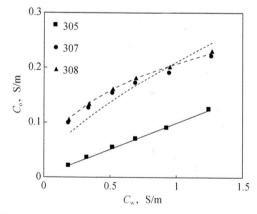

图7-49 305—308组饱含水岩样计算电导率值与实验测量值对比图

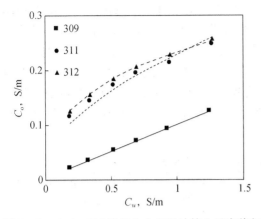

图 7-50　309—312 组饱含水岩样计算电导率值与
实验测量值对比图

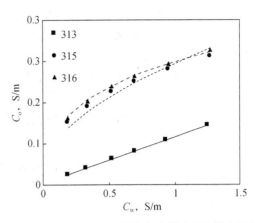

图 7-51　313—316 组饱含水岩样计算电导率值与
实验测量值对比图

对于 501—701 组饱含水岩样,其中三块岩样的黄铁矿含量分别为 16.7%、21.0%、24.5%,$C_{mac}=0.0142S/m$,利用最优化技术求解 C_o-C_w 的非相关函数,可优化得到模型中各未知参数值,见表 7-8。从表中可以看出,该组岩样的测量 C_o 与计算 C_{oc} 的平均相对误差约为 1.4%。将优化的各参数值代入骨架导电岩石电阻率模型,图 7-52 给出了该组岩样的计算电导率值与实验测量值对比图(其中符号点为岩心测量数据,曲线为方程计算结果),从图中可以看到曲线与符号点的一致性很好,说明本文建立的基于差分方程和通用阿尔奇方程的骨架导电低阻油层电阻率模型能够描述饱含水骨架导电砂岩的导电规律。

表 7-8　饱含水骨架导电砂岩岩样的电阻率模型优化参数和精度

岩样号	ϕ	m_{mac}	m_{wf}	m_{wi}	m_{manc}	电导率平均相对误差,%
501	0.263	0.65	2.75	2.46	1.13	1.7
601	0.280	0.62	2.91	2.74	1.08	1.5
701	0.274	0.60	3.00	2.87	1.08	1.1

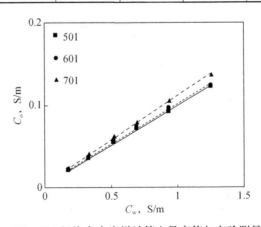

图 7-52　501—701 组饱含水岩样计算电导率值与实验测量值对比图

2.含油气骨架导电混合泥质砂岩岩样计算电导率与测量电导率的比较

对于 101—104 组、105—108 组、109—112 组、113—116 组含油气岩样,黄铁矿含量为

0%，$C_{cl}=0.036S/m$，$C_{sh}=C'_{sh}S_w$，利用最优化技术求解 C_t-S_w 的非相关函数，可优化得到模型中各未知参数值，见表 7-9。从表中可以看出，4 组岩样测量 C_t 与计算 C_{tc} 的平均相对误差分别约为 1.4%、0.9%、1.1%、0.6%。将优化的各参数值代入骨架导电泥质岩石电阻率模型，图 7-53 至图 7-56 给出了 4 组岩样的计算电导率值与实验测量值对比图（其中符号点为岩心测量数据，曲线为方程计算结果），从图中可以看到曲线与符号点的一致性很好，说明建立的基于差分方程和通用阿尔奇方程的骨架导电低阻油层电阻率模型能够描述含油气混合泥质砂岩的导电规律。

表 7-9　含油气混合泥质砂岩岩样的电阻率模型优化参数与精度

组名	岩样号	ϕ	m_{wf}	m_{wi}	m_{cl}	n	m_{manc}	m_1	电导率平均相对误差，%
101—104 组	101	0.236	1.29	0.60	—	1.94	1.94	—	2.4
	102	0.207	1.27	2.83	—	1.65	1.57	—	1.3
	103	0.195	3.00	1.07	—	1.45	1.38	—	0.8
	104	0.179	3.00	1.79	—	0.83	1.42	—	1.1
105—108 组	105	0.233	1.00	1.05	1.93	1.82	1.78	2.26	2.5
	106	0.214	1.38	2.15	1.80	1.59	1.33	1.82	0.4
	107	0.200	2.71	1.37	1.57	1.62	1.45	1.48	0.4
	108	0.198	2.63	1.55	1.77	1.47	1.36	1.34	0.5
109—112 组	109	0.222	1.16	0.76	2.64	1.48	1.60	2.24	2.0
	111	0.183	3.00	0.77	0.64	1.55	1.40	0.99	0.7
	112	0.161	3.00	1.24	1.09	1.07	1.42	0.98	0.6
113—116 组	113	0.211	0.65	1.56	2.13	1.99	1.50	1.90	0.8
	114	0.175	0.60	2.37	2.52	1.60	1.50	1.48	0.5
	115	0.166	3.00	0.98	1.08	1.48	1.36	1.08	0.6

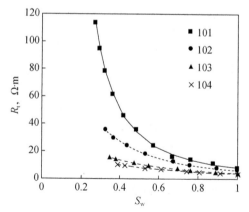

图 7-53　101—104 组含油气岩样计算电导率值与实验测量值对比图

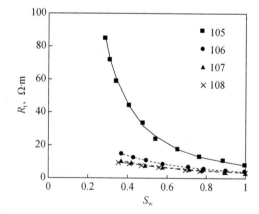

图 7-54　105—108 组含油气岩样计算电导率值与实验测量值对比图

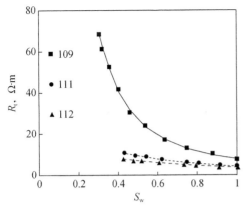
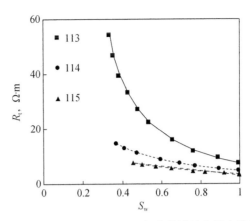

图 7-55 109—112 组含油气岩样计算电导率值与
实验测量值对比图

图 7-56 113—116 组含油气岩样计算电导率值与
实验测量值对比图

对于 201—204 组、205—208 组、209—212 组、213—216 组含油气岩样,黄铁矿含量平均为 5.7%,$C_{mac}=0.0377S/m$,$C_{cl}=0.036S/m$,$C_{sh}=C'_{sh}S_w$,利用最优化技术求解 C_t-S_w 的非相关函数,可优化得到模型中各未知参数值,见表 7-10。从表中可以看出,4 组岩样测量 C_t 与计算 C_{tc} 的平均相对误差分别约为 2.1%、1.3%、1.2%、1.0%。将优化的各参数值代入骨架导电泥质岩石电阻率模型,图 7-57 至图 7-60 给出了 4 组岩样的计算电导率值与实验测量值对比图(其中符号点为岩心测量数据,曲线为方程计算结果),从图中可以看到曲线与符号点的一致性很好,说明建立的基于差分方程和通用阿尔奇方程的骨架导电低阻油层电阻率模型能够描述含油气骨架导电混合泥质砂岩的导电规律。

表 7-10 含油气骨架导电混合泥质砂岩岩样的电阻率模型优化参数与精度

组名	岩样号	ϕ	m_{mac}	m_{wf}	m_{wi}	m_{cl}	n	m_{manc}	m_1	电导率平均相对误差,%
201—204 组	201	0.244	3.00	1.36	0.60	—	1.78	2.27	—	4.1
	202	0.208	0.60	3.00	1.65	—	1.59	1.06	—	0.7
	203	0.201	0.60	3.00	2.06	—	1.42	1.23	—	1.5
205—208 组	205	0.246	1.68	0.81	1.08	1.05	2.02	2.25	0.68	2.0
	207	0.195	1.30	3.00	1.08	0.62	1.26	1.17	1.27	1.1
	208	0.160	1.42	3.00	1.56	1.00	0.74	1.49	0.81	0.9
209—212 组	209	0.242	1.81	0.92	1.16	1.92	1.52	1.93	2.02	1.8
	211	0.193	1.62	3.00	1.41	0.79	1.59	1.37	1.39	0.7
	212	0.187	0.79	3.00	1.64	0.94	1.24	1.03	1.50	1.0
213—216 组	213	0.238	1.50	0.74	1.41	0.80	1.62	1.81	1.95	1.6
	214	0.208	2.15	2.98	0.88	2.37	1.89	1.39	1.36	0.6
	215	0.198	2.04	3.00	1.35	0.82	1.83	0.99	1.37	1.0
	216	0.181	1.82	3.00	1.97	1.88	1.66	1.09	1.24	0.8

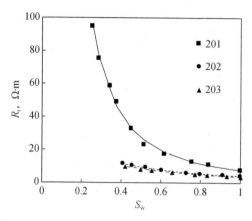

图 7-57　201—204 组含油气岩样计算电导率值与
实验测量值对比图

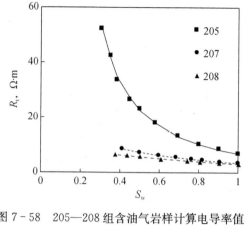

图 7-58　205—208 组含油气岩样计算电导率值与
实验测量值对比图

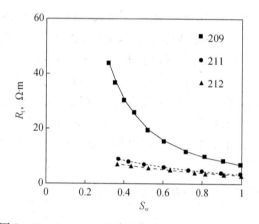

图 7-59　209—212 组含油气岩样计算电导率值与
实验测量值对比图

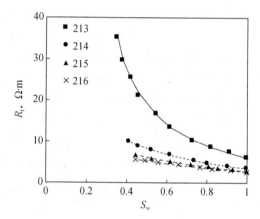

图 7-60　213—216 组含油气岩样计算电导率值与
实验测量值对比图

对于 301—304 组、305—308 组、309—312 组、313—316 组含油气岩样,黄铁矿含量平均为 11.2%,$C_{mac}=0.0377$S/m,$C_{cl}=0.036$S/m,$C_{sh}=C'_{sh}S_w$,利用最优化技术求解 C_t-S_w 的非相关函数,可优化得到模型中各未知参数值,见表 7-11。从表中可以看出,4 组岩样测量 C_t 与计算 C_{tc} 的平均相对误差分别约为 2.3%、1.1%、1.0%、0.9%。将优化的各参数值代入骨架导电泥质岩石电阻率模型,图 7-61 至图 7-64 给出了 4 组岩样的计算电导率值与实验测量值对比图(其中符号点为岩心测量数据,曲线为方程计算结果),从图中可看到曲线与符号点的一致性很好,说明建立的基于差分方程和通用阿尔奇方程的骨架导电低阻油层电阻率模型能描述含油气骨架导电混合泥质砂岩的导电规律。

表 7-11　含油气骨架导电混合泥质砂岩岩样的电阻率模型优化参数与精度

组名	岩样号	ϕ	m_{mac}	m_{wf}	m_{wi}	m_{cl}	n	m_{manc}	m_1	电导率平均相对误差,%
	301	0.258	3.00	0.63	0.60	—	1.75	2.88	—	2.5
301—304 组	303	0.199	1.42	3.00	1.81	—	0.75	1.51	—	1.6
	304	0.183	1.35	0.60	2.01	—	0.74	2.27	—	2.9

组名	岩样号	ϕ	m_{mac}	m_{wf}	m_{wi}	m_{cl}	n	m_{manc}	m_1	电导率平均相对误差,%
305—308组	305	0.250	1.31	0.66	1.47	1.39	1.74	2.34	1.71	1.5
	307	0.205	1.95	3.00	1.18	0.60	1.25	1.40	1.41	1.1
	308	0.181	1.73	3.00	1.35	0.88	0.91	1.70	1.37	0.8
309—312组	309	0.235	1.09	0.76	1.00	1.70	1.96	2.56	0.85	1.5
	311	0.191	1.70	2.79	1.33	0.97	1.33	1.33	1.25	0.8
	312	0.172	1.61	3.00	1.86	1.70	0.84	1.54	0.87	0.7
313—316组	313	0.260	1.28	0.77	1.45	0.89	1.50	2.08	1.78	1.4
	315	0.209	1.76	2.80	2.37	1.74	1.04	0.86	0.88	0.7
	316	0.196	1.62	2.92	2.68	2.00	0.71	1.29	0.76	0.7

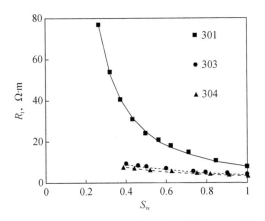

图 7 - 61 301—304 组含油气岩样计算电导率值与
实验测量值对比图

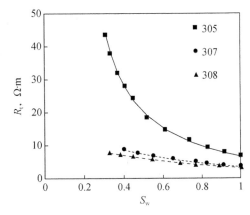

图 7 - 62 305—308 组含油气岩样计算电导率值与
实验测量值对比图

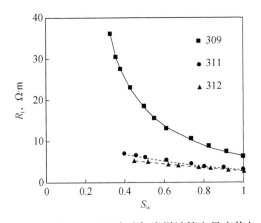

图 7 - 63 309—312 组含油气岩样计算电导率值与
实验测量值对比图

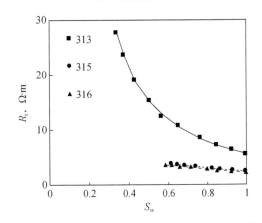

图 7 - 64 313—316 组含油气岩样计算电导率值与
实验测量值对比图

对于 501—701 组含油气岩样,其中三块岩样的黄铁矿含量分别为 16.7%、21.0%、24.5%,$C_{mac}=0.0377S/m$,$C_{sh}=C'_{sh}S_w$,利用最优化技术求解 C_t-S_w 的非相关函数,可优化得到模型中各未知参数值,见表 7-12。从表中可以看出,该组岩样测量 C_t 与计算 C_{tc} 的平均相对误差约为 1.9%。将优化的各参数值代入骨架导电岩石电阻率模型,图 7-65 给出了该组岩样的计算电导率值与实验测量值对比图(其中符号点为岩心测量数据,曲线为方程计算结果),从图中可以看到曲线与符号点的一致性很好,说明建立的基于差分方程和通用阿尔奇方程的骨架导电低阻油层电阻率模型能够描述含油气骨架导电砂岩的导电规律。

表 7-12 含油气骨架导电砂岩岩样的电阻率模型优化参数与精度

岩样号	ϕ	m_{mac}	m_{wf}	m_{wi}	n	m_{manc}	电导率平均相对误差,%
501	0.263	2.74	1.45	0.60	1.52	2.82	1.8
601	0.280	1.14	0.80	0.87	1.59	2.70	1.9
701	0.274	2.01	0.84	3.00	1.24	2.81	2.0

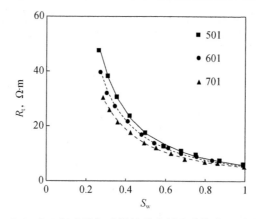

图 7-65 501—701 组含油气岩样计算电导率值与实验测量值对比图

第八章　基于连通导电方程和 HB 方程的骨架导电低阻油层电阻率模型

对于由导电骨架颗粒、不导电骨架颗粒、分散黏土、油气、微孔隙水、可动水等六组分组成的骨架导电分散泥质岩石,利用连通导电方程和 HB 方程结合,建立骨架导电分散泥质岩石电阻率方程,再利用并联导电理论计算分散泥质砂岩和层状泥质的电导率,从而建立骨架导电混合泥质砂岩低阻油层电阻率模型。对模型进行理论验证,同时,利用人工压制的骨架导电混合泥质岩石的岩电实验数据对模型进行实验验证。

第一节　基于连通导电方程和 HB 方程的骨架导电低阻油层电阻率模型的建立

一、连通导电方程和 HB 方程简介

Montaron(2009)提出了含油气纯岩石连通导电方程,该方程引入了两个新参数——导电指数和水连通校正系数,而这两个参数均与孔隙的几何形状和水在介质中的分布状态有关,而且水连通校正系数可以解释水在孔隙中的连通作用,当岩石孔隙度一定时,水相连通越好,水连通校正系数越小。因此,连通导电方程可以更好地描述岩石的孔隙结构和水的连通性对岩石导电性的影响。对于骨架不导电的含油气纯岩石,其连通导电方程为

$$C_t = C_w' (\phi_w - X_w)^\mu \tag{8-1}$$

$$C_w' = C_w / (1 - X_w)^\mu \tag{8-2}$$

式中,C_t 为岩石电导率,S/m;C_w 为地层水电导率,S/m;ϕ_w 为含水孔隙度;X_w 为水连通性校正系数;μ 为导电指数。

当 X_w 很小时,$1-X_w$ 近似为 1.0,则式(8-1)可简化为

$$C_t \approx C_w (\phi_w - X_w)^\mu \tag{8-3}$$

Hanai(1960)最初提出了用于描述胶体悬浮物电导率的 HB 方程,这种悬浮物可看作连续相和分散相的混合物。在证明 HB 方程的实验中,Hanai 分别以水为连续相而油珠为分散相和油为连续相而水为分散相做了两项实验,实验发现,当分散相含量接近 100% 时,HB 方程也是正确的,同时,油珠为分散相而水为连续相的实验可模拟分布在水中的岩石骨架颗粒。1983年,Bussian 证明 HB 方程可用于描述岩石导电规律,尤其可描述饱和水的泥质砂岩电导率与地层水电导率之间弯曲关系,因此,可用于泥质砂岩解释,其在低频情况下 HB 方程的形式为

$$1 - V_p = \left(\frac{C - C_p}{C_c - C_p} \right) \left(\frac{C_c}{C} \right)^{L_p} \tag{8-4}$$

令 $m_p = 1/(1 - L_p)$,整理式(8-4),得

$$1-V_p = \left(\frac{C-C_p}{C_c-C_p}\right)\left(\frac{C_c}{C}\right)^{1-\frac{1}{m_p}} \qquad (8-5)$$

式中,C 为混合物的电导率,S/m;C_p 为分散相的电导率,S/m;C_c 为连续相的电导率,S/m;V_p 为分散相的体积分数;L_p 为分散相的去极化因子;m_p 为分散相的胶结指数。

二、基于连通导电方程和 HB 方程的骨架导电低阻油层电阻率模型的推导

对于骨架部分由导电矿物组成的混合泥质低阻油层,其组分为层状泥质、不导电骨架颗粒、导电骨架颗粒、不导电油气、水、黏土颗粒。根据连通导电方程特点,将骨架导电低阻油层中的分散泥质砂岩部分划分为不导电骨架相、导电骨架相、黏土相和自由流体相。其中,不导电骨架相由不导电骨架颗粒和相应的束缚水组成,导电骨架相由导电的骨架颗粒和相应的束缚水组成,黏土相由黏土颗粒和相应的束缚水组成,自由流体相由可动水和油气组成。图 8-1 给出了基于连通导电方程和 HB 方程的骨架导电低阻油层电阻率模型的体积模型,其物质平衡方程为

$$\begin{cases} V_{lam}+V_{manc}+V_{mac}+\phi_{wi}+\phi_f+V_{cl}=1 \\ V_{cl}=\phi_{wb}+V_{dc} \\ \phi_e=\phi_{wi}+\phi_f \\ \phi_{wi}=\phi_{winc}+\phi_{wic} \\ \phi_f=\phi_w-\phi_{wi}+\phi_h \\ \phi_t=\phi_{wb}+\phi_e \end{cases} \qquad (8-6)$$

式中,V_{lam}、V_{manc}、V_{mac}、V_{cl}、V_{dc} 分别为骨架导电低阻油层的层状泥质、不导电骨架颗粒、导电骨架颗粒、黏土、干黏土的体积分数;ϕ_{wi}、ϕ_f 分别为骨架导电低阻油层的束缚水孔隙度、自由流体孔隙度;ϕ_{winc}、ϕ_{wic}、ϕ_{wb} 分别为骨架导电低阻油层的不导电骨架相、导电骨架相和黏土相相应的束缚水孔隙度;ϕ_w、ϕ_h 分别为骨架导电低阻油层的含水孔隙度、含油气孔隙度;ϕ_e、ϕ_t 分别为骨架导电低阻油层的有效孔隙度和总孔隙度。

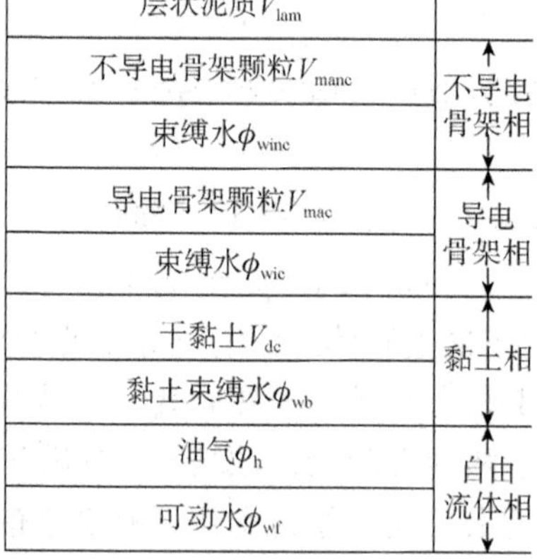

层状泥质 V_{lam}	
不导电骨架颗粒 V_{manc}	不导电骨架相
束缚水 ϕ_{winc}	
导电骨架颗粒 V_{mac}	导电骨架相
束缚水 ϕ_{wic}	
干黏土 V_{dc}	黏土相
黏土束缚水 ϕ_{wb}	
油气 ϕ_h	自由流体相
可动水 ϕ_{wf}	

图 8-1 基于连通导电方程和 HB 方程的骨架导电低阻油层电阻率模型的体积模型

设层状泥质的电导率为 C_{sh},分散泥质砂岩的电导率为 C_{sa},整个泥质砂岩的电导率为 C_t,按照并联导电的观点有

$$\frac{1}{R_t} = \frac{1-V_{lam}}{R_{sa}}+\frac{V_{lam}}{R_{sh}} \text{ 即 } C_{sa} = \frac{C_t-V_{lam}C_{sh}}{1-V_{lam}} \qquad (8-7)$$

对于分散泥质砂岩，假定不导电骨架颗粒与导电骨架颗粒大小相近，则 ϕ_{winc} 和 ϕ_{wic} 计算公式为

$$\phi_{\text{winc}} = \phi_{\text{wi}}\frac{V_{\text{manc}}}{V_{\text{manc}} + V_{\text{mac}}}, \phi_{\text{wic}} = \phi_{\text{wi}}\frac{V_{\text{mac}}}{V_{\text{manc}} + V_{\text{mac}}} \tag{8-8}$$

对于泥质砂岩，水分子吸附在黏土颗粒表面不动，水的连通性非常好。所以泥质砂岩颗粒表面是水润湿的，可以认为模型的不导电骨架相、自由流体相和黏土相中的水都是完全连通的，即三个导电相的水连通校正系数为零。考虑到三个导电相中的束缚水、自由水和黏土水的导电路径不同，认为各导电相有不同的导电指数。同时，由于宏孔隙与微孔隙相互连通，从而使自由水和束缚水相互连通，可进行离子交换，所以可认为自由水与束缚水有相同的电导率，均为地层水电导率。然而不同于地层水的离子导电，黏土相中黏土水的导电机理为阳离子交换导电，所以黏土水电导率不同于地层水电导率。

由于连通导电方程适用于描述只有一个导电相存在的两相混合介质的导电规律，而HB方程可以描述两相均导电或不导电的混合介质的导电规律，因此，不导电骨架相、自由流体相以及黏土相的导电规律可用连通导电方程描述，而导电骨架相的导电规律必须用HB方程描述。对不导电骨架相、自由流体相和黏土相分别应用连通导电方程，可得各相电导率为

$$C_{\text{mancp}} = C_{\text{w}}(\phi'_{\text{winc}})^{\mu_{\text{s}}}, C_{\text{f}} = C_{\text{w}}(\phi'_{\text{wf}})^{\mu_{\text{f}}}, C_{\text{cl}} = C_{\text{wb}}(\phi'_{\text{wb}})^{\mu_{\text{b}}} \tag{8-9}$$

式中，C_{mancp}、C_{f}、C_{cl} 分别为不导电骨架相、自由流体相和黏土相的电导率，S/m；C_{w} 为地层水电导率，S/m；C_{wb} 为黏土水电导率，S/m；ϕ'_{winc}、ϕ'_{wf}、ϕ'_{wb} 分别为不导电骨架相、自由流体相和黏土相的相对含水体积分数；μ_{s}、μ_{f}、μ_{b} 分别为不导电骨架相、自由流体相和黏土相的导电指数。

考虑到黏土附加导电，结合黏土水中平衡离子当量电导特性，可知 C_{wb} 随 C_{w} 变化，因此有

$$C_{\text{wb}} = B_0(1.0 - ce^{-dC_{\text{w}}}) \tag{8-10}$$

式中，B_0、c、d 为系数。

根据地层体积模型和各导电相相对含水体积分数的定义，可得

$$\phi'_{\text{winc}} = \frac{\phi_{\text{winc}}}{\phi_{\text{winc}} + V_{\text{manc}}}, \phi'_{\text{wf}} = \frac{S_{\text{wt}}\phi_{\text{t}} - \phi_{\text{wi}} - \phi_{\text{wb}}}{\phi_{\text{f}}}, \phi'_{\text{wb}} = \frac{\phi_{\text{wb}}}{V_{\text{cl}}} \tag{8-11}$$

式中，S_{wt} 为总含水饱和度。

将式(8-11)代入式(8-9)，可得

$$\begin{cases} C_{\text{mancp}} = C_{\text{w}}\left[\phi_{\text{winc}}/(\phi_{\text{winc}} + V_{\text{manc}})\right]^{\mu_{\text{s}}} \\ C_{\text{f}} = C_{\text{w}}\left[(S_{\text{wt}}\phi_{\text{t}} - \phi_{\text{wi}} - \phi_{\text{wb}})/\phi_{\text{f}}\right]^{\mu_{\text{f}}} \\ C_{\text{cl}} = B_0(1.0 - ce^{-dC_{\text{w}}})(\phi_{\text{wb}}/V_{\text{cl}})^{\mu_{\text{b}}} \end{cases} \tag{8-12}$$

对于导电骨架相，应用HB方程得出导电骨架相电导率的表达式为

$$\left(\frac{C_{\text{macp}} - C_{\text{mac}}}{C_{\text{w}} - C_{\text{mac}}}\right)\left(\frac{C_{\text{macp}}}{C_{\text{w}}}\right)^{1/m_{\text{mac}}-1} = \frac{\phi_{\text{wic}}}{\phi_{\text{wic}} + V_{\text{mac}}} \tag{8-13}$$

式中，C_{mac} 为导电骨架颗粒的电导率，S/m；C_{macp} 为导电骨架相电导率，S/m；m_{mac} 为导电骨架颗粒的胶结指数。

对上式采用迭代方法求解，则可求出 C_{macp} 值为

$$C_{\text{macp}} = f(C_{\text{mac}}, C_{\text{w}}, \phi_{\text{wic}}, V_{\text{mac}}, m_{\text{mac}}) \tag{8-14}$$

由于四种导电相之间的导电关系比较复杂,用简单的并联导电理论、串联导电理论都不能很好地描述这种复杂的导电关系,而混合导电理论可以很好地描述多种组分组成的混合介质的导电规律,所以,本书使用混合导电理论描述四个导电相的电导率与地层总电导率之间的关系。

混合导电定律假设整个岩石是由 k 个组分组成,每一组分有各自的体积分数$(X_1,\cdots,X_k)$和各自的电导率$(C_1,\cdots,C_k)$,整个岩石电导率的计算式如下:

$$C^{1/\mu} = X_1 C_1^{1/\mu} + X_2 C_2^{1/\mu} + \cdots + X_k C_k^{1/\mu} \tag{8-15}$$

其中指数 μ 通常接近为 2。

假设 C_{sa} 为分散泥质砂岩的电导率,X_{mancp}、X_{macp}、X_f、X_{cl} 分别为不导电骨架相、导电骨架相、自由流体相和黏土相的体积分数,根据混合导电定律,得出

$$C_{sa}^{1/\mu} = X_{mancp} C_{mancp}^{1/\mu} + X_{macp} C_{macp}^{1/\mu} + X_f C_f^{1/\mu} + X_{cl} C_{cl}^{1/\mu} \tag{8-16}$$

其中各相的体积分数为

$$X_{mancp} = \frac{\phi_{winc} + V_{manc}}{1 - V_{lam}}, \quad X_{macp} = \frac{\phi_{wic} + V_{mac}}{1 - V_{lam}}, \quad X_f = \frac{\phi_f}{1 - V_{lam}}, \quad X_{cl} = \frac{V_{cl}}{1 - V_{lam}} \tag{8-17}$$

将式(8-12)、式(8-14)和式(8-17)代入式(8-16),得

$$C_{sa}^{1/\mu} = \frac{V_{manc} + \phi_{winc}}{1 - V_{lam}} C_w^{1/\mu} \left(\frac{\phi_{winc}}{V_{manc} + \phi_{winc}} \right)^{\mu_s/\mu} + \frac{V_{cl}}{1 - V_{lam}} \left[B_0 (1.0 - ce^{-dC_w}) \right]^{1/\mu} \left(\frac{\phi_{wb}}{V_{cl}} \right)^{\mu_b/\mu}$$
$$+ C_{macp}^{1/\mu} \left(\frac{V_{mac} + \phi_{wic}}{1 - V_{lam}} \right) + \frac{\phi_f}{1 - V_{lam}} C_w^{1/\mu} \left(\frac{S_{wt} \phi_t - \phi_{wi} - \phi_{wb}}{\phi_f} \right)^{\mu_f/\mu} \tag{8-18}$$

$$(1 - V_{lam}) C_{sa}^{1/\mu} = (V_{manc} + \phi_{winc}) C_w^{1/\mu} \left(\frac{\phi_{winc}}{V_{manc} + \phi V_{uinc}} \right)^{\mu_s/\mu} + V_{cl} \left[B_0 (1.0 - ce^{-dC_w}) \right]^{\frac{1}{\mu}} \left(\frac{\phi_{wb}}{V_{cl}} \right)^{\mu_b/\mu}$$
$$+ C_{macp}^{1/\mu} (V_{mac} + \phi_{wic}) + \phi_f C_w^{1/\mu} \left(\frac{S_{wt} \phi_t - \phi_{wi} - \phi_{wb}}{\phi_f} \right)^{\mu_f/\mu} \tag{8-19}$$

将式(8-19)代入式(8-7),可得

$$C_t = \left\{ (V_{manc} + \phi_{winc}) C_w^{1/\mu} \left(\frac{\phi_{winc}}{V_{manc} + \phi_{winc}} \right)^{\mu_s/\mu} + V_{cl} \left[B_0 (1.0 - c \cdot e^{-d \cdot C_w}) \right]^{\frac{1}{\mu}} \left(\frac{\phi_{wb}}{V_{cl}} \right)^{\mu_b/\mu} \right.$$
$$\left. + C_{macp}^{1/\mu} (V_{mac} + \phi_{wic}) + \phi_f C_w^{1/\mu} \left(\frac{S_{wt} \phi_t - \phi_{wi} - \phi_{wb}}{\phi_f} \right)^{\mu_f/\mu} \right\}^{\mu} / (1 - V_{lam})^{\mu-1} + C_{sh} V_{lam} \tag{8-20}$$

方程(8-20)即为基于连通导电方程和 HB 方程的骨架导电低阻油层电阻率模型。

第二节　基于连通导电方程和 HB 方程的骨架导电低阻油层电阻率模型的理论验证

一、边界条件

(1)当 $\phi_e = 1$ 时,即岩石完全由孔隙组成,不含有任何颗粒成分,则有 $V_{lam} = 0$,$V_{manc} = 0$,

$V_{mac}=0$，$V_{cl}=0$。将 $V_{mac}=0$ 代入式(8 - 13)可得 $C_{macp}=C_w$。当岩石孔隙完全含水时，将 $C_{macp}=C_w$，$V_{manc}=0$，$V_{mac}=0$，$V_{cl}=0$，$\phi_h=0$ 代入式(8 - 20)，则有

$$C_o^{1/\mu}=C_w^{1/\mu}(\phi_{winc}+\phi_{wic}+\phi_f) \tag{8 - 21}$$

$$C_o=C_w \tag{8 - 22}$$

即地层因素 $F=1$，这与按照 F 定义在 $\phi=1$ 情况下 $F\equiv1.0$ 相符。

(2)当 $S_w=1$ 时，即岩石孔隙完全被水饱和。将 $\phi_h=0$ 代入式(8 - 20)，可得出电阻增大系数 $I=1$，这与按照 I 定义在 $S_w=1$ 情况下 $I\equiv1.0$ 相符。

(3)当 $\phi_e=0$，$V_{lam}=0$ 时，即岩石完全由不导电颗粒、导电颗粒和分散黏土组成，不含有孔隙，则有 $\phi_{winc}=0$，$\phi_{wic}=0$，$\phi_f=0$。将 $\phi_{wic}=0$ 代入式(8 - 13)可得 $C_{macp}=C_{mac}$。将上述结果代入式(8 - 20)可得

$$C_t=\{C_{mac}^{1/\mu}V_{mac}+V_{cl}[B_0(1.0-ce^{-dC_w})]^{1/\mu}(\phi_{wb}/V_{cl})^{\mu_b/\mu}\}^\mu \tag{8 - 23}$$

当 $V_{mac}=1.0$，$V_{cl}=0$，$V_{manc}=0$ 时，即岩石完全由导电颗粒组成，且不含有孔隙，则由式(8 - 23)可得 $C_t=C_{mac}$，这与实际相符。

当 $V_{manc}=1.0$，$V_{cl}=0$，$V_{mac}=0$ 时，即岩石完全由不导电颗粒组成，且不含有孔隙，则由式(8 - 23)可得 $C_t=0$，这与实际相符。

当 $V_{cl}=1.0$，$V_{manc}=0$，$V_{mac}=0$ 时，即岩石完全由黏土颗粒组成，且不含有孔隙，则由式(8 - 23)可得 $C_t=C_{cl}$，这与实际相符。

(4)当 $C_w=C_{mac}=C_{cl}$，$V_{manc}=0$，$V_{lam}=0$，$\phi_f=\phi_w-\phi_{wi}$ 时，即岩石由导电颗粒和孔隙组成，且孔隙完全含水，则有 $\phi_{winc}=0$，$\phi_{wic}=\phi_{wi}$。将 $C_w=C_{mac}$ 代入式(8 - 13)，可得 $C_{macp}=C_{mac}$。将 $\phi_{winc}=0$，$\phi_{wic}=\phi_{wi}$，$C_{macp}=C_{mac}$，$C_w=C_{mac}=C_{cl}$ 代入式(8 - 20)，可得 $C_t=C_w$，这与实际相符。

二、理论分析

模型中各个参数的变化都会对模型产生一定的影响，这里主要讨论 V_{lam}、V_{cl}、V_{mac}、R_{mac}、R_{wb}、R_{sh}、m_{mac}、μ_s、μ_b、μ 的变化对基于连通导电方程和 HB 方程的骨架导电低阻油层电阻率模型的影响。在分析各个参数的敏感性过程中，假设各参数值如下：$\phi_e=0.2$，$S_{wi}=0.3$，$R_w=0.549\Omega\cdot m$，$R_{sh}=1.11\Omega\cdot m$，$R_{mac}=5.0\Omega\cdot m$，$V_{mac}=0.12$，$V_{cl}=0.12$，$V_{lam}=0.06$，$\phi_{tcl}=0.17$，$m_{mac}=2.0$，$\mu_s=1.5$，$\mu_b=1.5$，$\mu=2.0$。在其他值不变的情况下，研究其中某一参数值的变化对骨架导电低阻油层电阻率模型的影响。

(一)导电骨架含量及电阻率变化对模型的影响

1.导电骨架含量变化对模型的影响

图 8 - 2 和图 8 - 3 分别给出了导电骨架含量 V_{mac} 为 0.05、0.10、0.15、0.20、0.25 时 R_t 与 S_w 交会图以及 I 与 S_w 交会图。从图中看出，导电骨架含量 V_{mac} 不同，R_t-S_w 和 $I-S_w$ 关系曲线的曲率不同。导电骨架含量 V_{mac} 越大，R_t 值越小，I 值越小。

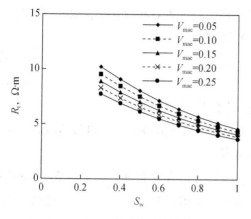

图 8-2 V_{mac}变化对模型的影响($R_t - S_w$)

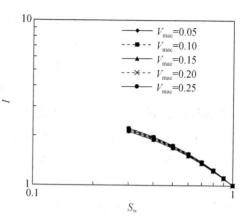

图 8-3 V_{mac}变化对模型的影响($I - S_w$)

2. 导电骨架电阻率变化对模型的影响

图 8-4 和图 8-5 分别给出了导电骨架颗粒电导率R_{mac}为 0.5Ω·m、1.0Ω·m、3.0Ω·m、5.0Ω·m、12.0Ω·m 时R_t与S_w交会图以及I与S_w交会图。从图中看出,导电骨架颗粒电阻率R_{mac}不同,$R_t - S_w$和$I - S_w$关系曲线的曲率不同。导电骨架颗粒电阻率R_{mac}越大,R_t值越大,I值越大。

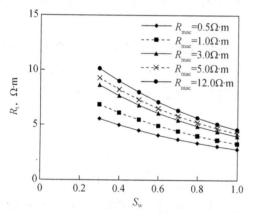

图 8-4 R_{mac}变化对模型影响($R_t - S_w$)

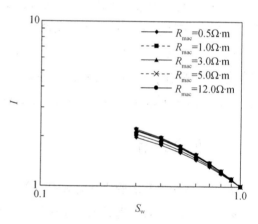

图 8-5 R_{mac}变化对模型影响($I - S_w$)

(二)泥质颗粒含量及电阻率变化对模型的影响

1. 黏土含量变化对模型的影响

图 8-6 和图 8-7 分别给出了黏土含量V_{cl}为 0.02、0.05、0.10、0.15、0.20 时R_t与S_w交会图以及I与S_w交会图。从图中看出,黏土含量V_{cl}不同,$R_t - S_w$和$I - S_w$关系曲线的曲率不同。黏土含量V_{cl}越大,R_t值越小,I值变化较小。

2. 黏土束缚水电阻率变化对模型的影响

图 8-8 和图 8-9 分别给出了黏土束缚水电阻率R_{wb}为 0.5Ω·m、1.0Ω·m、2.0Ω·m、5.0Ω·m、10.0Ω·m 时R_t与S_w交会图以及I与S_w交会图。从图中看出,黏土束缚水电阻

率 R_{wb} 值越大，R_t 值越大，I 值变化较小。

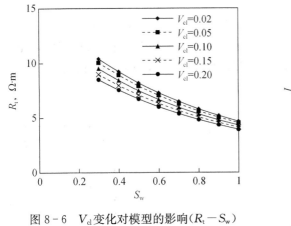

图 8-6　V_{cl} 变化对模型的影响（$R_t - S_w$）

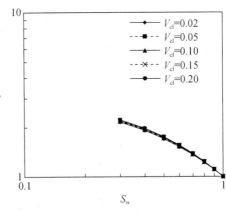

图 8-7　V_{cl} 变化对模型的影响（$I - S_w$）

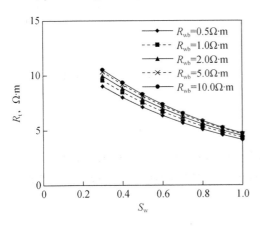

图 8-8　R_{wb} 变化对模型的影响（$R_t - S_w$）

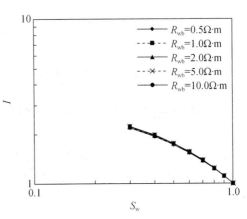

图 8-9　R_{wb} 变化对模型的影响（$I - S_w$）

3. 层状泥质含量变化对模型的影响

图 8-10 和图 8-11 分别给出了层状泥质含量 V_{lam} 为 0.02、0.05、0.10、0.15、0.20 时 R_t 与 S_w 交会图以及 I 与 S_w 交会图。从图中看出，层状泥质含量 V_{lam} 不同，$R_t - S_w$ 和 $I - S_w$ 关系曲线的曲率不同。层状泥质含量 V_{lam} 越大，R_t 值越小，I 值越小。

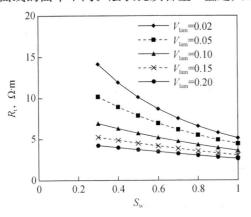

图 8-10　V_{lam} 变化对模型的影响（$R_t - S_w$）

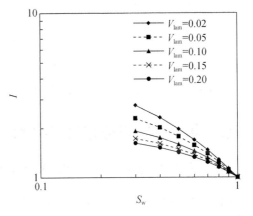

图 8-11　V_{lam} 变化对模型的影响（$I - S_w$）

4.层状泥质电阻率变化对模型的影响

图 8-12 和图 8-13 分别给出了层状泥质电阻率 R_{sh} 为 0.5Ω·m、1.0Ω·m、3.0Ω·m、5.0Ω·m、10.0Ω·m 时 R_t 与 S_w 交会图以及 I 与 S_w 交会图。从图中看出,层状泥质电阻率 R_{sh} 不同,$R_t - S_w$ 和 $I - S_w$ 关系曲线的曲率不同。层状泥质电阻率 R_{sh} 越大,R_t 值越大,I 值越大。

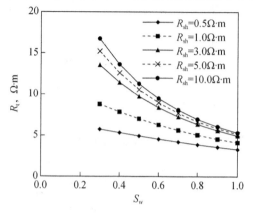

图 8-12 R_{sh} 变化对模型的影响($R_t - S_w$)

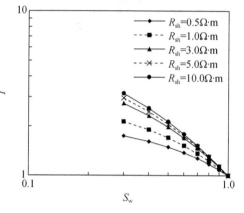

图 8-13 R_{sh} 变化对模型的影响($I - S_w$)

(三)导电骨架胶结指数变化对模型的影响

图 8-14 和图 8-15 分别给出了导电骨架胶结指数 m_{mac} 为 0.5、1.0、1.5、2.0、3.0 时 R_t 与 S_w 交会图以及 I 与 S_w 交会图。从图中看出,导电骨架胶结指数 m_{mac} 值越大,R_t 值越大,I 值略有变化。

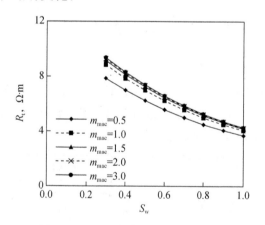

图 8-14 m_{mac} 变化对模型的影响($R_t - S_w$)

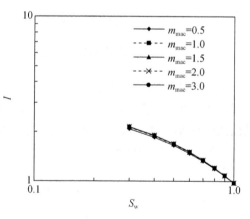

图 8-15 m_{mac} 变化对模型的影响($I - S_w$)

(四)导电指数变化对模型的影响

1.不导电骨架相导电指数变化对模型的影响

图 8-16 和图 8-17 分别给出了不导电骨架相导电指数 μ_s 为 0.5、1.0、1.5、2.0、3.0 时 R_t 与 S_w 交会图以及 I 与 S_w 交会图。

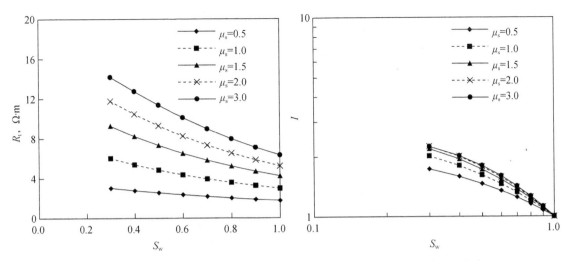

图 8-16　μ_s 变化对模型的影响(R_t-S_w)　　　图 8-17　μ_s 变化对模型的影响(I-S_w)

从图中看出,不导电骨架相导电指数 μ_s 不同,R_t-S_w 和 I-S_w 关系曲线的曲率不同。不导电骨架相导电指数 μ_s 越大,R_t 值越大,I 值越大。

2. 黏土相导电指数变化对模型的影响

图 8-18 和图 8-19 分别给出了黏土相导电指数 μ_b 为 0.5、1.0、1.5、2.0、3.0 时 R_t 与 S_w 交会图以及 I 与 S_w 交会图。从图中看出,导电指数 μ_b 不同,R_t-S_w 和 I-S_w 关系曲线的曲率不同。导电指数 μ_b 越大,R_t 值越大,I 值略有变化。

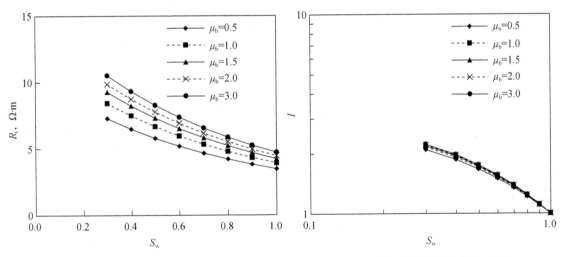

图 8-18　μ_b 变化对模型的影响(R_t-S_w)　　　图 8-19　μ_b 变化对模型的影响(I-S_w)

3. 岩石导电指数变化对模型的影响

图 8-20 和图 8-21 分别给出了自由流体相导电指数 μ 为 1.0、1.2、1.5、2.0、2.5 时 R_t 与 S_w 交会图以及 I 与 S_w 交会图。从图中看出,自由流体相导电指数 μ 越大,R_t 值越大,I 值越小。

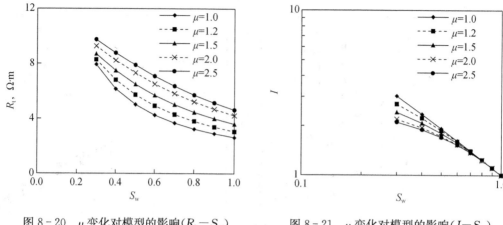

图 8-20　μ变化对模型的影响(R_t-S_w)　　图 8-21　μ变化对模型的影响($I-S_w$)

第三节　基于连通导电方程和 HB 方程的骨架导电低阻油层电阻率模型的实验验证

一、骨架导电纯岩样计算电导率与测量电导率的比较

(一)饱含水骨架导电纯岩样计算电导率与测量电导率的比较

使用人工压制的 6 块骨架导电纯岩样饱含水实验测量数据,该组岩样的孔隙度变化范围为 30.3%～31.8%,地层水电导率变化范围为 0.181～1.257S/m,A1—D1 等 4 块岩心的导电骨架电导率 $C_{mac}=0.0142$S/m,E1、F1 等 2 块岩心的导电骨架电导率 $C_{mac}=0.0067$S/m,采用最优化技术求解 C_o-C_w 的非相关函数,可优化得到模型中各未知参数值,见表 8-1。从表中可以看出,对于该组骨架完全由导电颗粒组成的岩样,测量 C_o 与计算 C_{oc} 的平均相对误差约为 2.1%。将优化的各参数值代入骨架导电纯岩石电阻率模型,图 8-22 给出了该组岩样的计算电导率值与实验测量值对比图(其中符号点为岩心测量数据,曲线为方程计算结果),从图中可以看到曲线与符号点的一致性很好。说明建立的基于连通导电方程和 HB 方程的骨架导电低阻油层电阻率模型能够描述饱含水骨架导电纯岩石的导电规律。

表 8-1　饱含水骨架导电纯岩样的电阻率模型优化参数和精度

岩样号	ϕ	m_{mac}	μ	电导率平均相对误差,%
A1	0.308	1.96	2.01	1.8
B1	0.303	1.27	3.00	1.0
C1	0.311	1.84	2.09	2.6
D1	0.318	1.22	2.77	0.9
E1	0.306	1.51	2.20	2.9
F1	0.305	1.51	2.37	3.6

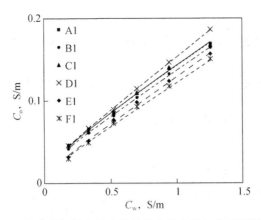

图 8 - 22　饱含水骨架导电纯岩样计算电导率值与实验测量值对比图

(二)含油气骨架导电纯岩样计算电导率与测量电导率的比较

使用人工压制的 6 块骨架导电纯岩样含油气实验测量数据,其含水饱和度变化范围为 $26\%\sim100\%$,地层水电阻率为 $0.549\Omega\cdot m$,$C_{mac}=0.0377S/m$,对于该组岩样,采用最优化技术求解 C_t-S_w 的非相关函数,可优化得到模型中各未知参数值,见表 8 - 2。将优化的各参数值代入骨架导电纯岩样电阻率模型,图 8 - 23 给出了该组岩样的计算电导率值与实验测量值对比图(其中符号点为岩心测量数据,曲线为方程计算结果),从图中可以看到曲线与符号点的一致性很好。说明建立的基于连通导电方程和 HB 方程的骨架导电低阻油层电阻率模型能够描述含油气骨架导电纯岩样的导电规律。

表 8 - 2　含油气骨架导电纯岩样的电阻率模型优化参数和精度

岩样号	ϕ	μ	μ_f	电导率平均相对误差,%
A1	0.308	2.63	1.61	1.7
B1	0.303	2.93	1.66	1.2
C1	0.311	2.59	1.44	2.2
D1	0.318	2.42	1.34	1.7
E1	0.306	2.95	1.99	2.8
F1	0.305	2.95	2.26	3.6

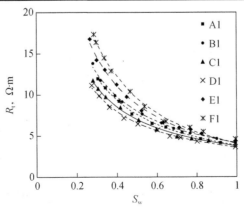

图 8 - 23　含油气骨架导电纯岩样计算电导率值与实验测量值对比图

二、骨架导电泥质岩样计算电导率与测量电导率的比较

(一)骨架导电混合泥质砂岩岩样计算电导率与测量电导率的比较

1. 饱含水骨架导电混合泥质砂岩岩样计算电导率与测量电导率的比较

式(8-10)中的系数 c、d 采用双水模型中黏土水补偿离子 Na^+ 的等效电导率参数值,即 $c=0.4$、$d=2.0$,B_0 通过对饱含水分散泥质砂岩岩样 105、109、113 的岩电实验数据回归得到。该组岩样不含层状泥质,其孔隙度变化范围为 $21.1\%\sim23.3\%$,地层水电导率变化范围为 $0.183\sim1.251S/m$,对于该组岩样,$V_{mac}=0$,利用最优化技术求解 C_o-C_w 的非相关函数,可优化得到模型中各未知参数值,见表 8-3。从表中可以看出,该组岩样测量 C_o 与计算 C_{oc} 的平均相对误差为 0.7%。从优化结果可知,B_0 的范围为 $0.64\sim1.07$,3块岩样的平均值为 0.81。

表 8-3 饱含水分散泥质砂岩岩样的电阻率模型优化参数和精度

岩样号	ϕ	μ	μ_b	μ_s	B_0	电导率平均相对误差,%
105	0.233	1.80	1.77	1.80	1.07	0.1
109	0.222	1.65	1.83	1.66	0.73	1.2
113	0.211	2.00	1.95	1.46	0.64	0.8

对于 101—104 组、105—108 组、109—112 组、113—116 组饱含水岩样,黄铁矿含量为 0%,$C_{mac}=0.0142S/m$,$c=0.4$,$d=2.0$,$B_0=0.81$,利用最优化技术求解 C_o-C_w 的非相关函数,可优化得到模型中各未知参数值,见表 8-4。从表中可以看出,4组岩样测量 C_o 与计算 C_{oc} 的平均相对误差分别约为 4.5%、1.3%、2.7%、0.5%。将优化的各参数值代入泥质岩石电阻率模型,图 8-24 至图 8-27 给出了 4组岩样的计算电导率值与实验测量值对比图(其中符号点为岩心测量数据,曲线为方程计算结果),从图中可以看到曲线与符号点的一致性很好。说明建立的基于连通导电方程和 HB 方程的骨架导电低阻油层电阻率模型能够描述饱含水混合泥质砂岩的导电规律。

表 8-4 饱含水混合泥质砂岩岩样的电阻率模型优化参数和精度

组名	岩样号	ϕ	μ	μ_s	μ_b	电导率平均相对误差,%
101—104 组	101	0.236	1.56	2.66	—	2.6
	102	0.207	1.45	2.66	—	8.5
	103	0.195	1.33	2.66	—	6.4
	104	0.179	1.53	2.67	—	0.7
105—108 组	105	0.233	1.78	1.81	1.61	0.1
	106	0.214	1.35	3.00	1.00	2.6
	107	0.200	1.55	3.00	3.00	2.2
	108	0.198	1.38	3.00	1.00	2.0

组名	岩样号	ϕ	μ	μ_s	μ_b	电导率平均相对误差,%
109—112组	109	0.222	2.12	1.42	1.96	1.2
	111	0.183	1.20	3.00	1.00	6.3
	112	0.161	1.63	1.60	2.98	0.6
113—116组	113	0.211	1.66	1.63	2.00	0.8
	114	0.175	2.29	1.53	1.00	0.4
	115	0.166	1.52	1.50	2.19	0.4

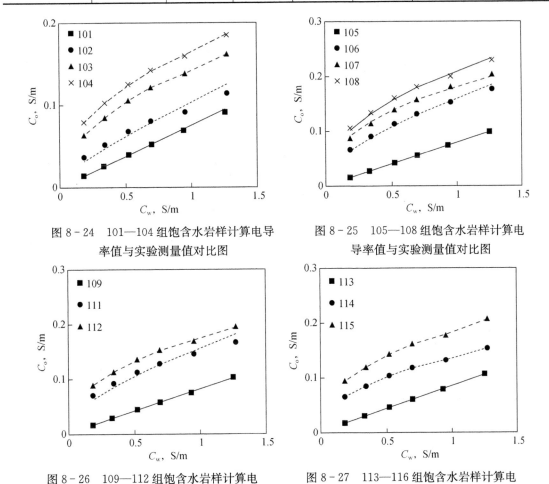

图 8-24　101—104组饱含水岩样计算电导
率值与实验测量值对比图

图 8-25　105—108组饱含水岩样计算电
导率值与实验测量值对比图

图 8-26　109—112组饱含水岩样计算电
导率值与实验测量值对比图

图 8-27　113—116组饱含水岩样计算电
导率值与实验测量值对比图

对于201—204组、205—208组、209—212组、213—216组饱含水岩样,黄铁矿含量平均为5.7%,$C_{mac}=0.0142S/m$,$c=0.4$,$d=2.0$,$B_0=0.81$,利用最优化技术求解 C_o—C_w 的非相关函数,可优化得到模型中各未知参数值,见表8-5。从表中可以看出,4组岩样测量 C_o 与计算 C_{oc} 的平均相对误差分别约为2.1%、3.9%、0.6%、2.7%。将优化的各参数值代入骨架导电泥质岩石电阻率模型,图8-28至图8-31给出了4组岩样的计算电导率值与实验测量值对比图(其中符号点为岩心测量数据,曲线为方程计算结果),从图中可以看到除岩样207外,其他岩样的拟合曲线与测量符号点的一致性很好。说明建立的基于连通导电方程和HB方程的骨架导电低阻油层电阻率模型能够描述饱含水骨架导电混合泥质砂岩的导电规律。

表 8-5　饱含水骨架导电混合泥质砂岩岩样的电阻率模型优化参数和精度

组名	岩样号	ϕ	μ	μ_s	μ_b	m_{mac}	电导率平均相对误差，%
201—204 组	201	0.244	3.00	1.33	—	3.00	0.9
	202	0.208	3.00	1.08	—	3.00	4.7
	203	0.201	1.83	1.98	—	0.50	0.8
205—208 组	205	0.246	1.75	1.82	1.10	1.24	1.3
	207	0.195	1.07	3.00	0.50	2.44	9.9
	208	0.160	1.68	1.93	3.00	0.51	0.4
209—212 组	209	0.242	1.74	1.72	1.85	1.84	0.9
	211	0.193	1.75	1.65	1.34	2.04	0.6
	212	0.187	1.64	1.66	2.37	1.40	0.3
213—216 组	213	0.238	1.60	1.71	2.14	1.67	0.6
	214	0.208	1.19	3.00	1.00	2.92	5.3
	215	0.198	3.00	1.12	1.00	3.00	4.3
	216	0.181	1.42	3.00	3.00	0.50	0.7

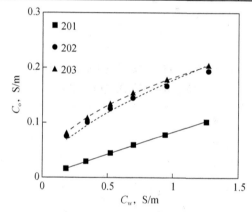

图 8-28　201—204 组饱含水岩样计算
电导率值与实验测量值对比图

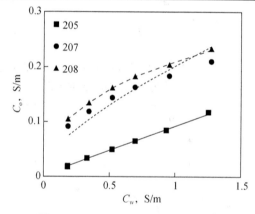

图 8-29　205—208 组饱含水岩样计算
电导率值与实验测量值对比图

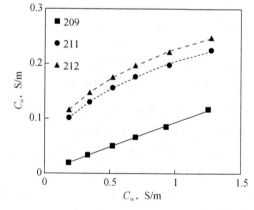

图 8-30　209—212 组饱含水岩样计算
电导率值与实验测量值对比图

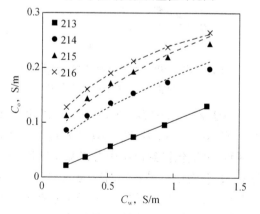

图 8-31　213—216 组饱含水岩样计算
电导率值与实验测量值对比图

对于 301—304 组、305—308 组、309—312 组、313—316 组饱含水岩样,黄铁矿含量平均为 11.2%,$C_{mac}=0.0142S/m$,$c=0.4$,$d=2.0$,$B_0=0.81$,利用最优化技术求解 C_o-C_w 的非相关函数,可优化得到模型中各未知参数值,见表 8-6。从表中可以看出,4 组岩样测量 C_o 与计算 C_{oc} 的平均相对误差分别约为 2.5%、3.6%、2.0%、1.6%。将优化的各参数值代入骨架导电泥质岩石电阻率模型,图 8-32 至图 8-35 给出了 4 组岩样的计算电导率值与实验测量值对比图(其中符号点为岩心测量数据,曲线为方程计算结果),从图中可以看到除岩样 307 外,其他岩样的拟合曲线与测量符号点的一致性很好,说明建立的基于连通导电方程和 HB 方程的骨架导电低阻油层电阻率模型能够描述饱含水骨架导电混合泥质砂岩的导电规律。

表 8-6 饱含水骨架导电混合泥质砂岩岩样的电阻率模型优化参数和精度

组名	岩样号	ϕ	μ	μ_s	μ_b	m_{mac}	电导率平均相对误差,%
301—304 组	301	0.258	1.84	1.84	—	1.44	0.7
	303	0.199	3.00	0.97	—	3.00	5.5
	304	0.183	3.00	1.52	—	0.50	1.3
305—308 组	305	0.250	1.82	1.81	1.94	1.80	1.3
	307	0.205	3.00	0.95	0.50	3.00	8.8
	308	0.181	1.88	2.20	3.00	0.50	0.8
309—312 组	309	0.235	1.71	1.80	2.26	1.46	0.8
	311	0.191	3.00	1.03	1.00	3.00	4.0
	312	0.172	1.73	3.00	3.00	0.50	1.2
313—316 组	313	0.260	1.57	1.85	2.28	1.37	0.5
	315	0.209	3.00	1.01	1.00	3.00	3.0
	316	0.196	1.67	3.00	3.00	0.50	1.3

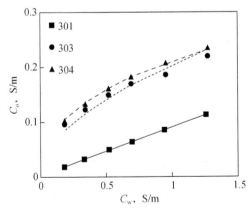

图 8-32 301—304 组饱含水岩样计算
电导率值与实验测量值对比图

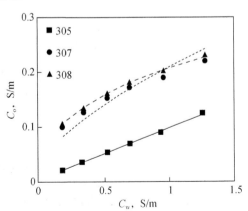

图 8-33 305—308 组饱含水岩样计算
电导率值与实验测量值对比图

对于 501—701 组饱含水岩样,其中 3 块岩样的黄铁矿含量分别为 16.7%、21.0%、24.5%,$C_{mac}=0.0142S/m$,利用最优化技术求解 C_o-C_w 的非相关函数,可优化得到模型中各未知参数值,见表 8-7。从表中可以看出,该组岩样测量 C_o 与计算 C_{oc} 的平均相对误差约为

1.2%。将优化的各参数值代入骨架导电岩石电阻率模型,图8-36给出了该组岩样的计算电导率值与实验测量值对比图(其中符号点为岩心测量数据,曲线为方程计算结果),从图中可以看到曲线与符号点的一致性很好。说明建立的基于连通导电方程和HB方程的骨架导电低阻油层电阻率模型能够描述饱含水骨架导电砂岩的导电规律。

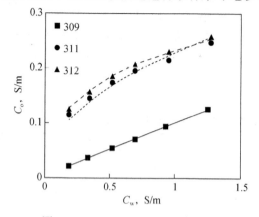

图8-34 309—312组饱含水岩样计算
电导率值与实验测量值对比图

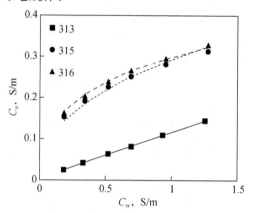

图8-35 313—316组饱含水岩样计算
电导率值与实验测量值对比图

表8-7 饱含水骨架导电砂岩岩样的电阻率模型优化参数和精度

岩样号	ϕ	μ	μ_s	m_{mac}	电导率平均相对误差,%
501	0.263	1.81	1.89	1.31	1.4
601	0.280	1.94	2.01	1.31	1.3
701	0.274	1.88	1.91	1.16	1.0

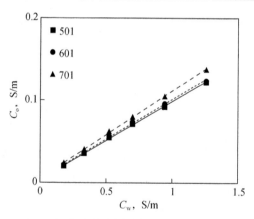

图8-36 501—701组饱含水岩样计算电导率值与实验测量值对比图

2.含油气骨架导电混合泥质砂岩岩样计算电导率与测量电导率的比较

式(8-10)中的系数c、d采用双水模型的值,即$c=0.4$、$d=2.0$,B_0通过对含油气岩样105、109、113回归得到。对于该组岩样,利用最优化技术求解$C_t - S_w$的非相关函数,可优化得到模型中各未知参数值,见表8-8。从表中可以看出,该组岩样测量C_t与计算C_{tc}的平均相对误差约为2.1%。从优化结果可知B_0的范围为1.49~1.53,3块岩样的平均值为1.5。

表8-8　含油气分散泥质砂岩岩样的电阻率模型优化参数和精度

岩样号	ϕ	μ	μ_b	μ_s	B_0	电导率平均相对误差,%
105	0.233	1.82	1.62	1.99	1.53	2.6
109	0.222	1.65	1.68	1.97	1.50	2.1
113	0.211	1.62	1.73	1.98	1.49	1.7

对于101—104组、105—108组、109—112组、113—116组含油气岩样,黄铁矿含量为0%,$C_{sh}=C'_{sh}S_w$,$c=0.4$,$d=2.0$,$B_0=1.5$,利用最优化技术求解C_t-S_w的非相关函数,可优化得到模型中各未知参数值,见表8-9。从表中可以看出,4组岩样测量C_t与计算C_{tc}的平均相对误差分别约为2.3%、1.8%、2.3%、1.2%。将优化的各参数值代入泥质岩石电阻率模型,图8-37至图8-40给出了4组岩样的计算电导率值与实验测量值对比图(其中符号点为岩心测量数据,曲线为方程计算结果),从图中可以看到曲线与符号点的一致性很好。说明建立的基于连通导电方程和HB方程的骨架导电低阻油层电阻率模型能够描述含油气混合泥质砂岩的导电规律。

表8-9　含油气混合泥质砂岩岩样的电阻率模型优化参数和精度

组名	岩样号	ϕ	μ	μ_s	μ_b	电导率平均相对误差,%
101—104组	101	0.236	1.80	1.98	—	2.9
	102	0.207	1.74	1.89	—	2.8
	103	0.195	1.85	1.50	—	1.4
	104	0.179	3.00	1.34	—	2.2
105—108组	105	0.233	1.82	1.99	1.61	2.6
	106	0.214	1.68	1.74	1.57	2.0
	107	0.200	3.20	1.57	0.73	1.1
	108	0.198	3.20	1.46	1.04	1.6
109—112组	109	0.222	1.65	1.97	1.65	2.2
	111	0.183	1.83	1.42	1.52	1.1
	112	0.161	3.06	1.37	1.21	3.5
113—116组	113	0.211	1.62	1.99	1.73	1.7
	114	0.175	1.85	1.65	1.56	1.0
	115	0.166	3.13	1.39	1.15	1.0

对于201—204组、205—208组、209—212组、213—216组含油气岩样,黄铁矿含量平均为5.7%,$C_{mac}=0.0377S/m$,$C_{sh}=C'_{sh}S_w$,$c=0.4$,$d=2.0$,$B_0=1.5$,利用最优化技术求解C_t-S_w的非相关函数,可优化得到模型中各未知参数值,见表8-10。从表中可以看出,4组岩样测量C_t与计算C_{tc}的平均相对误差分别约为2.9%、3.8%、3.2%、2.5%。将优化的各参数值代入骨架导电泥质岩石电阻率模型,图8-41至图8-44给出了4组岩样的计算电导率值与实验测量值对比图(其中符号点为岩心测量数据,曲线为方程计算结果),从图中可以看到曲线与符号点的一致性很好。说明建立的基于连通导电方程和HB方程的骨架导电低阻油层电阻率模型能够描述含油气骨架导电混合泥质砂岩的导电规律。

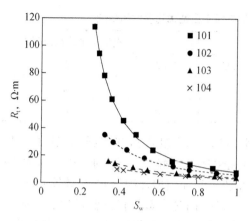

图 8－37　101—104 组含油气岩样计算
电导率值与实验测量值对比图

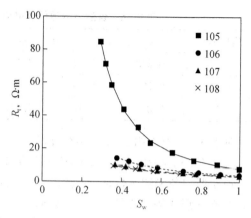

图 8－38　105—108 组含油气岩样计算
电导率值与实验测量值对比图

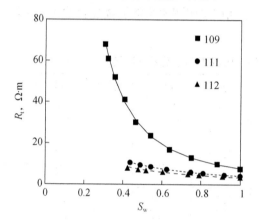

图 8－39　109—112 组含油气岩样计算
电导率值与实验测量值对比图

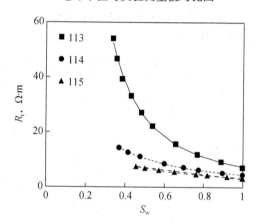

图 8－40　113—116 组含油气岩样计算
电导率值与实验测量值对比图

表 8－10　含油气骨架导电混合泥质砂岩岩样的电阻率模型优化参数和精度

组名	岩样号	ϕ	μ	μ_s	μ_b	m_{mac}	电导率平均相对误差，%
201—204 组	201	0.244	1.83	1.98	—	1.60	4.3
	202	0.208	1.69	1.71	—	1.57	2.1
	203	0.201	2.10	1.71	—	1.47	2.3
205—208 组	205	0.246	1.86	1.89	1.58	1.59	2.1
	207	0.195	3.38	1.09	1.48	1.43	1.4
	208	0.160	2.90	1.25	1.53	1.45	7.7
209—212 组	209	0.242	1.80	1.93	1.63	1.60	2.1
	211	0.193	3.21	1.43	1.42	1.43	2.6
	212	0.187	3.06	1.37	1.53	1.40	5.0
213—216 组	213	0.238	1.73	1.95	1.68	1.61	1.9
	214	0.208	1.86	1.55	1.57	1.56	1.8
	215	0.198	3.28	1.25	1.47	1.46	1.9
	216	0.181	2.95	1.46	1.53	1.42	4.4

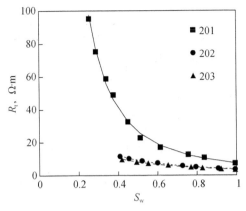

图 8-41 201—204 组含油气岩样计算
电导率值与实验测量值对比图

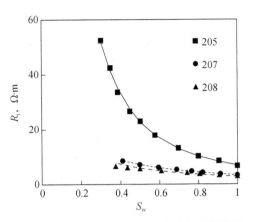

图 8-42 205—208 组含油气岩样计算
电导率值与实验测量值对比图

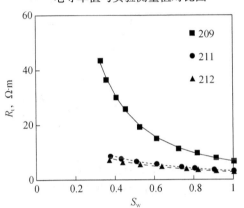

图 8-43 209—212 组含油气岩样计算
电导率值与实验测量值对比图

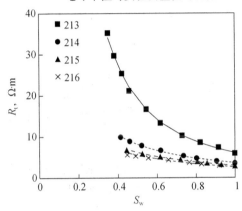

图 8-44 213—216 组含油气岩样计算
电导率值与实验测量值对比图

对于 301—304 组、305—308 组、309—312 组、313—316 组含油气岩样,黄铁矿含量平均为 11.2%,$C_{mac}=0.0377$S/m,$C_{sh}=C'_{sh}S_w$,$c=0.4$,$d=2.0$,$B_0=1.5$,利用最优化技术求解 $C_t—S_w$ 的非相关函数,可优化得到模型中各未知参数值,见表 8-11。从表中可以看出,4 组岩样测量 C_t 与计算 C_{tc} 的平均相对误差分别约为 3.5%、3.9%、3.8%、2.6%。将优化的各参数值代入骨架导电泥质岩石电阻率模型,图 8-45 至图 8-48 给出了 4 组岩样的计算电导率值与岩心测量值对比图(其中符号点为岩心测量数据,曲线为方程计算结果),从图中可以看到曲线与符号点的一致性很好。说明建立的基于连通导电方程和 HB 方程的骨架导电低阻油层电阻率模型能够描述含油气骨架导电混合泥质砂岩的导电规律。

表 8-11 含油气骨架导电混合泥质砂岩岩样的电阻率模型优化参数和精度

组名	岩样号	ϕ	μ	μ_s	μ_b	m_{mac}	电导率平均相对误差,%
301—304 组	301	0.258	1.98	1.98	—	1.63	3.6
	303	0.199	3.09	1.23	—	0.78	1.8
	304	0.183	3.10	1.24	—	1.25	5.1
305—308 组	305	0.250	2.08	1.90	1.58	1.62	2.1
	307	0.205	2.85	1.17	1.50	1.41	1.8
	308	0.181	2.94	1.27	1.54	1.49	7.7

组名	岩样号	ϕ	μ	μ_s	μ_b	m_{mac}	电导率平均相对误差,%
309—312组	309	0.235	1.90	1.91	1.63	1.63	2.6
	311	0.191	2.73	1.22	1.52	1.46	3.0
	312	0.172	2.84	1.37	1.53	1.48	5.9
313—316组	313	0.260	1.92	1.88	1.64	1.63	2.2
	315	0.209	2.37	1.27	1.49	1.46	2.0
	316	0.196	2.70	1.52	1.54	1.47	3.6

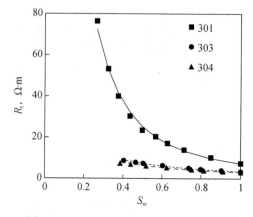

图 8-45　301—304组含油气岩样计算
电导率值与实验测量值对比图

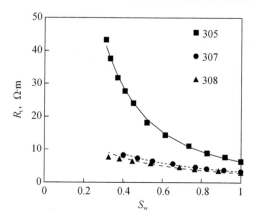

图 8-46　305—308组含油气岩样计算
电导率值与实验测量值对比图

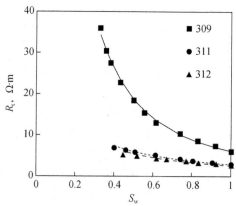

图 8-47　309—312组含油气岩样计算
电导率值与实验测量值对比图

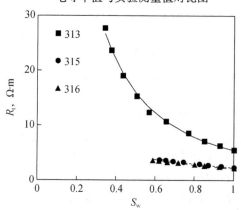

图 8-48　313—316组含油气岩样计算
电导率值与实验测量值对比图

对于 501—701 组含油气岩样,其中 3 块岩样的黄铁矿含量分别为 16.7%、21.0%、24.5%,$C_{mac}=0.0377S/m$,$C_{sh}=C'_{sh}S_w$,利用最优化技术求解 C_t-S_w 的非相关函数,可优化得到模型中各未知参数值,见表 8-12。从表中可以看出,该组岩样测量 C_t 与计算 C_{tc} 的平均相对误差约为 3.0%。将优化的各参数值代入骨架导电岩石电阻率模型,图 8-49 给出了该组岩样的计算电导率值与实验测量值对比图(其中符号点为岩心测量数据,曲线为方程计算结果),从图中可以看到曲线与符号点的一致性很好。说明建立的基于连通导电方程和 HB 方程的骨架导电低阻油层电阻率模型能够描述含油气骨架导电砂岩的导电规律。

表 8-12　含油气骨架导电砂岩岩样的电阻率模型优化参数和精度

岩样号	ϕ	μ	μ_s	m_{mac}	电导率平均相对误差,%
501	0.263	1.82	1.86	1.63	2.5
601	0.280	2.00	1.79	1.59	3.0
701	0.274	1.90	1.65	1.54	2.8

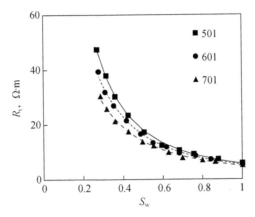

图 8-49　501—701 组含油气岩样计算电导率值与实验测量值对比图

(二)混合泥质黄铁矿骨架岩样计算电导率与测量电导率的比较

1. 饱含水混合泥质黄铁矿骨架岩样计算电导率与测量电导率的比较

对于 401—404 组、405—408 组、409—412 组、413—416 组饱含水岩样,$C_{mac} = 0.0067S/m$,$V_{manc} = 0$,$c = 0.4$,$d = 2.0$,$B_0 = 0.81$,c' 和 d' 的值见表 5-14,利用最优化技术求解 $C_o - C_w$ 的非相关函数,可优化得到模型中各未知参数值,见表 8-13。从表中可以看出,4 组岩样测量 C_o 与计算 C_{oc} 的平均相对误差分别约为 2.4%、2.0%、2.5%、2.1%。将优化的各参数值代入骨架导电泥质岩石电阻率模型,图 8-50 至图 8-53 给出了 4 组岩样的计算电导率值与实验测量值对比图(其中符号点为岩心测量数据,曲线为方程计算结果),从图中可看到曲线与符号点的一致性很好。说明建立的基于连通导电方程和 HB 方程的骨架导电低阻油层电阻率模型能够描述饱含水混合泥质黄铁矿骨架岩石的导电规律。

表 8-13　饱含水混合泥质黄铁矿骨架岩样的电阻率模型优化参数和精度

组名	岩样号	ϕ	μ	m_{mac}	μ_b	B'	电导率平均相对误差,%
401—404 组	401	0.331	3.00	1.39	—		3.5
	403	0.181	1.50	2.06	—	1.09	1.8
	404	0.159	1.30	1.91	—	0.74	1.8
405—408 组	405	0.217	1.38	2.28	1.85	—	3.5
	407	0.176	1.46	2.23	1.00	1.05	1.4
	408	0.163	1.43	2.28	1.00	0.98	1.0

组名	岩样号	ϕ	μ	m_{mac}	μ_b	B'	电导率平均相对误差,%
409—412组	409	0.196	3.00	1.46	3.00	—	5.2
	411	0.182	2.60	3.00	1.00	0.76	0.8
	412	0.163	1.86	2.71	1.00	0.43	1.5
413—416组	413	0.214	3.00	1.49	2.82	—	3.8
	414	0.193	2.02	2.94	1.00	0.80	1.4
	415	0.180	1.77	2.77	1.00	0.57	1.4
	416	0.173	1.59	2.61	1.00	0.51	1.6

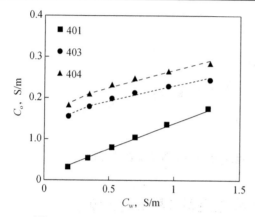

图 8-50 401—404 组饱含水岩样计算
电导率值与实验测量值对比图

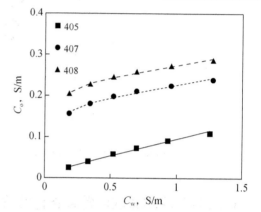

图 8-51 405—408 组饱含水岩样计算
电导率值与实验测量值对比图

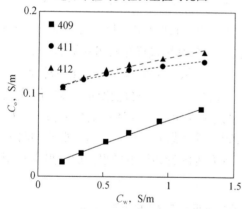

图 8-52 409—412 组饱含水岩样计算
电导率值与实验测量值对比图

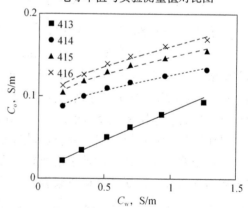

图 8-53 413—416 组饱含水岩样计算
电导率值与实验测量值对比图

2. 含油气混合泥质黄铁矿骨架岩样计算电导率与测量电导率的比较

对于 401—404 组、405—408 组、409—412 组、413—416 组含油气岩样,$C_{mac}=0.0067\text{S/m}$,$V_{manc}=0$,$C_{sh}=C'_{sh}S_w^{0.2}$,$c=0.4$,$d=2.0$,$B_0=1.5$,利用最优化技术求解 C_t-S_w 的非相关函数,可优化得到模型中各未知参数值,见表 8-14。从表中可以看出,4 组岩样测量 C_t 与计算 C_{tc} 的平均相对误差分别约为 1.8%、1.0%、1.9%、2.2%。将优化的各参数值代入骨架导电泥质岩样电阻率模型,图 8-54 至图 8-57 给出了 4 组岩样的计算电导率值与实验测量值对比图(其中符号点为岩心测量数据,曲线为方程计算结果),从图中可以看到曲线与符号点的一致性很好。说明建立的基于连通导电方程和 HB 方程的骨架导电低阻油层电阻率模型能够描述含油气混合泥质黄铁矿骨架岩石的导电规律。

表 8-14　含油气混合泥质黄铁矿骨架岩样的电阻率模型优化参数和精度

组名	岩样号	ϕ	μ	μ_f	μ_b	m_{mac}	电导率平均相对误差，%
401—404 组	401	0.331	2.95	1.72	—	—	3.9
	403	0.181	1.33	1.26	—	—	0.9
	404	0.159	1.46	1.94	—	—	0.6
405—408 组	405	0.217	2.95	2.43	1.51	1.65	2.0
	407	0.176	2.53	3.00	1.60	1.62	0.5
	408	0.163	2.10	3.00	2.02	2.25	0.4
409—412 组	409	0.196	3.22	2.62	2.05	2.15	1.7
	411	0.182	3.11	0.88	1.69	1.86	2.2
	412	0.163	3.30	1.49	2.90	2.90	1.8
413—416 组	413	0.214	3.02	2.79	1.92	2.08	3.4
	414	0.193	3.10	1.43	1.89	1.96	2.2
	415	0.180	3.22	1.85	2.14	2.11	1.7
	416	0.173	3.21	2.15	2.08	2.11	1.4

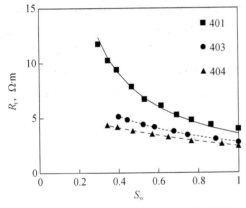

图 8-54　401—404 组含油气岩样计算电导率值与实验测量值对比图

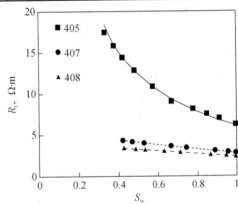

图 8-55　405—408 组含油气岩样计算电导率值与实验测量值对比图

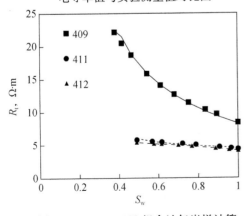

图 8-56　409—412 组含油气岩样计算电导率值与实验测量值对比图

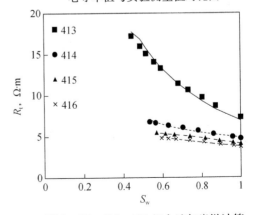

图 8-57　413—416 组含油气岩样计算电导率值与实验测量值对比图

第九章　基于连通导电方程和通用阿尔奇方程的骨架导电低阻油层电阻率模型

对于由导电骨架颗粒、不导电骨架颗粒、分散黏土、油气、微孔隙水、可动水等 6 组分组成的骨架导电分散泥质岩石,利用连通导电方程和通用阿尔奇方程结合,建立骨架导电分散泥质岩石电阻率方程,再利用并联导电理论计算分散泥质砂岩和层状泥质的电导率,从而建立骨架导电混合泥质砂岩低阻油层电阻率模型。对模型进行理论验证,同时,利用人工压制的骨架导电混合泥质岩石的岩电实验数据对模型进行实验验证。

第一节　基于连通导电方程和通用阿尔奇方程的骨架导电低阻油层电阻率模型的建立

对于骨架部分由导电矿物组成的混合泥质低阻油层,其组分为层状泥质、不导电骨架颗粒、导电骨架颗粒、不导电油气、水、黏土颗粒。根据连通导电方程特点,将骨架导电低阻油层中的分散泥质砂岩部分划分为不导电骨架相、导电骨架相、黏土相和自由流体相。其中,不导电骨架相由不导电骨架颗粒和其相应的束缚水组成,导电骨架相由导电的骨架颗粒和其相应的束缚水组成,黏土相由黏土颗粒和其相应的束缚水组成,自由流体相由可动水和油气组成。图 9-1 给出了基于连通导电方程和通用阿尔奇方程的骨架导电低阻油层电阻率模型的体积模型,其物质平衡方程为

$$
\begin{cases}
V_{\text{lam}} + V_{\text{manc}} + V_{\text{mac}} + \phi_{\text{wi}} + \phi_{\text{f}} + V_{\text{cl}} = 1 \\
V_{\text{cl}} = \phi_{\text{wb}} + V_{\text{dc}} \\
\phi_{\text{e}} = \phi_{\text{wi}} + \phi_{\text{f}} \\
\phi_{\text{wi}} = \phi_{\text{winc}} + \phi_{\text{wic}} \\
\phi_{\text{f}} = \phi_{\text{w}} - \phi_{\text{wi}} + \phi_{\text{h}} \\
\phi_{\text{t}} = \phi_{\text{wb}} + \phi_{\text{e}}
\end{cases}
\tag{9-1}
$$

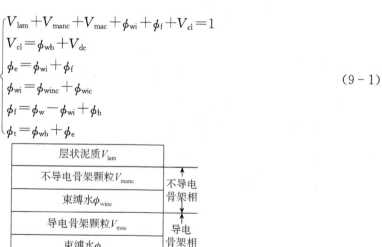

图 9-1　基于连通导电方程和通用阿尔奇方程的骨架导电低阻油层电阻率模型的体积模型

式中，V_{lam}、V_{manc}、V_{mac}、V_{cl}、V_{dc} 分别为骨架导电低阻油层的层状泥质、不导电骨架颗粒、导电骨架颗粒、黏土、干黏土的体积分数；ϕ_{wi}、ϕ_f 分别为骨架导电低阻油层的束缚水孔隙度、自由流体孔隙度；ϕ_{winc}、ϕ_{wic}、ϕ_{wb} 分别为骨架导电低阻油层的不导电骨架相、导电骨架相和黏土相相应的束缚水孔隙度；ϕ_w、ϕ_h 分别为骨架导电低阻油层的含水孔隙度、含油气孔隙度；ϕ_e、ϕ_t 分别为骨架导电低阻油层的有效孔隙度和总孔隙度。

设层状泥质的电导率为 C_{sh}，分散泥质砂岩的电导率为 C_{sa}，整个泥质砂岩的电导率为 C_t，按照并联导电的观点有

$$\frac{1}{R_t} = \frac{1 - V_{lam}}{R_{sa}} + \frac{V_{lam}}{R_{sh}}$$

即

$$C_{sa} = \frac{C_t - V_{lam} C_{sh}}{1 - V_{lam}} \tag{9-2}$$

对不导电骨架相、自由流体相和黏土相分别应用连通导电方程，得出各相电导率为

$$C_{mancp} = C_w \left(\frac{\phi_{winc}}{\phi_{winc} + V_{manc}} \right)^{\mu_s}, \quad C_f = \left(\frac{S_{wt} \phi_t - \phi_{wi} - \phi_{wb}}{\phi_f} \right)^{\mu_f}, \quad C_{cl} = C_{wb} \left(\frac{\phi_{wb}}{V_{cl}} \right)^{\mu_b} \tag{9-3}$$

式中，C_{mancp}、C_f、C_{cl} 分别为不导电骨架相、自由流体相和黏土相的电导率，S/m；C_w 为地层水电导率，S/m；C_{wb} 为黏土水电导率，S/m；S_{wt} 为总含水饱和度。μ_s、μ_f、μ_b 分别为不导电骨架相、自由流体相和黏土相的导电指数。

考虑到黏土附加导电，结合黏土水中平衡离子当量电导特性，可知 C_{wb} 随 C_w 变化，因此，有

$$C_{wb} = B_0 (1.0 - c e^{-d C_w}) \tag{9-4}$$

式中，B_0、c、d 为待定系数。

对于导电骨架相，应用通用阿尔奇方程得出导电骨架相电导率的表达式为

$$C_{macp} = C_{mac} \left(\frac{V_{mac}}{V_{mac} + \phi_{wic}} \right)^{m_{mac}} + C_w \left(\frac{\phi_{wic}}{V_{mac} + \phi_{wic}} \right)^{m_{wic}} \tag{9-5}$$

假设 C_{sa} 为分散泥质砂岩的电导率，X_{mancp}、X_{macp}、X_f、X_{cl} 分别为不导电骨架相、导电骨架相、自由流体相和黏土相的体积分数，根据混合导电定律，得出

$$C_{sa}^{1/\mu} = X_{mancp} C_{mancp}^{1/\mu} + X_{macp} C_{macp}^{1/\mu} + X_f C_f^{1/\mu} + X_{cl} C_{cl}^{1/\mu} \tag{9-6}$$

其中各相的体积分数为

$$X_{mancp} = \frac{\phi_{winc} + V_{manc}}{1 - V_{lam}}, \quad X_{macp} = \frac{\phi_{wic} + V_{mac}}{1 - V_{lam}}, \quad X_f = \frac{\phi_f}{1 - V_{lam}}, \quad X_{cl} = \frac{V_{cl}}{1 - V_{lam}} \tag{9-7}$$

将式（9-3）、式（9-5）和式（9-7）代入式（9-6），得

$$C_{sa}^{1/\mu} = \frac{V_{manc} + \phi_{winc}}{1 - V_{lam}} C_w^{1/\mu} \left(\frac{\phi_{winc}}{V_{manc} + \phi_{winc}} \right)^{\mu_s/\mu} + \frac{\phi_f}{1 - V_{lam}} C_w^{1/\mu} \left(\frac{S_{wt} \phi_t - \phi_{wi} - \phi_{wb}}{\phi_f} \right)^{\mu_f/\mu}$$

$$+ \left(\frac{V_{mac} + \phi_{wic}}{1 - V_{lam}} \right) \left[C_{mac} \left(\frac{V_{mac}}{V_{mac} + \phi_{wic}} \right)^{m_{mac}} + C_w \left(\frac{\phi_{wic}}{V_{mac} + \phi_{wic}} \right)^{m_{wic}} \right]^{1/\mu}$$

$$+ \frac{V_{cl}}{1 - V_{lam}} \left[B_0 (1.0 - c e^{-d C_w}) \right]^{1/\mu} \left(\frac{\phi_{wb}}{V_{cl}} \right)^{\mu_b/\mu} \tag{9-8}$$

将式（9-8）代入式（9-2），可得

$$C_t = \left\{ (V_{manc} + \phi_{winc}) C_w^{1/\mu} \left(\frac{\phi_{winc}}{V_{manc} + \phi_{winc}} \right)^{\mu_s/\mu} + \phi_f C_w^{1/\mu} \left(\frac{S_{wt}\phi_t - \phi_{wi} - \phi_{wb}}{\phi_f} \right)^{\mu_f/\mu} \right.$$

$$+ (V_{mac} + \phi_{wic}) \left[C_{mac} \left(\frac{V_{mac}}{V_{mac} + \phi_{wic}} \right)^{m_{mac}} + C_w \left(\frac{\phi_{wic}}{V_{mac} + \phi_{wic}} \right)^{m_{wic}} \right]^{1/\mu}$$

$$\left. + V_{cl} \left[B_0 (1.0 - c e^{-dC_w}) \right]^{1/\mu} \left(\frac{\phi_{wb}}{V_{cl}} \right)^{\mu_b/\mu} \right\}^{\mu} / (1 - V_{lam})^{\mu-1} + C_{sh} V_{lam} \qquad (9-9)$$

方程(9-9)即为基于连通导电方程和通用阿尔奇方程的骨架导电低阻油层电阻率模型。

第二节　基于连通导电方程和通用阿尔奇方程的骨架导电低阻油层电阻率模型的理论验证

一、边界条件

(1)当 $\phi_e = 1$ 时,即岩石完全由孔隙组成,不含有任何颗粒成分,则有 $V_{lam} = 0$,$V_{manc} = 0$,$V_{mac} = 0$,$V_{cl} = 0$。将 $V_{mac} = 0$ 代入式(9-5)可得 $C_{macp} = C_w$。当岩石孔隙完全含水时,将 $C_{macp} = C_w$,$V_{manc} = 0$,$V_{mac} = 0$,$V_{cl} = 0$,$\phi_h = 0$ 代入式(9-9),则有

$$C_o^{1/\mu} = C_w^{1/\mu} (\phi_{winc} + \phi_{wic} + \phi_f) \qquad (9-10)$$

$$C_o = C_w \qquad (9-11)$$

即地层因素 $F = 1$,这与按照 F 定义在 $\phi = 1$ 情况下 $F \equiv 1.0$ 相符。

(2)当 $S_w = 1$ 时,即岩石孔隙完全被水饱和。将 $\phi_h = 0$ 代入式(9-9),可得出电阻增大系数 $I = 1$,这与按照 I 定义在 $S_w = 1$ 情况下 $I \equiv 1.0$ 相符。

(3)当 $\phi_e = 0$,$V_{lam} = 0$ 时,即岩石完全由不导电颗粒、导电颗粒和分散黏土组成,不含有孔隙,则有 $\phi_{winc} = 0$,$\phi_{wic} = 0$,$\phi_f = 0$。将 $\phi_{wic} = 0$ 代入式(9-5)可得 $C_{macp} = C_{mac}$。将上述结果代入式(9-9),可得

$$C_t = \left\{ C_{mac}^{1/\mu} V_{mac} + V_{cl} \left[B_0 (1.0 - c e^{-dC_w}) \right]^{1/\mu} (\phi_{wb}/V_{cl})^{\mu_b/\mu} \right\}^{\mu} \qquad (9-12)$$

①当 $V_{mac} = 1.0$,$V_{cl} = 0$,$V_{manc} = 0$ 时,即岩石完全由导电颗粒组成,且不含有孔隙,则由式(9-12)可得 $C_t = C_{mac}$,这与实际相符。

②当 $V_{manc} = 1.0$,$V_{cl} = 0$,$V_{mac} = 0$ 时,即岩石完全由不导电颗粒组成,且不含有孔隙,则由式(9-12)可得 $C_t = 0$,这与实际相符。

③当 $V_{cl} = 1.0$,$V_{manc} = 0$,$V_{mac} = 0$ 时,即岩石完全由黏土颗粒组成,且不含有孔隙,则由式(9-12)可得 $C_t = C_{cl}$,这与实际相符。

(4)当 $C_w = C_{mac} = C_{cl}$,$V_{manc} = 0$,$V_{lam} = 0$,$\phi_f = \phi_w - \phi_{wi}$ 时,即岩石由导电颗粒和孔隙组成,且孔隙完全含水,则有 $\phi_{winc} = 0$,$\phi_{wic} = \phi_{wi}$。将 $C_w = C_{mac}$ 代入式(9-5),可得 $C_{macp} = C_{mac}$。将 $\phi_{winc} = 0$,$\phi_{wic} = \phi_{wi}$,$C_{macp} = C_{mac}$,$C_w = C_{mac} = C_{cl}$ 代入式(9-9),可得 $C_t = C_w$,这与实际相符。

二、理论分析

模型中各个参数变化都会对模型产生一定的影响,这里,主要讨论 V_{lam}、V_{cl}、V_{mac}、R_{mac}、R_{sh}、R_{wb}、μ_s、μ_b、μ、m_{mac}、m_{wic} 的变化对基于连通导电方程和通用阿尔奇方程的骨架导电低阻油层电阻率模型的影响。在分析各个参数的敏感性过程中,假设各参数值如下: $\phi_e = 0.2$,$S_{wi} = 0.3$,$R_w = 0.549\Omega \cdot m$,$R_{sh} = 1.11\Omega \cdot m$,$R_{mac} = 5.0\Omega \cdot m$,$V_{mac} = 0.12$,$V_{cl} = 0.12$,$V_{lam} = 0.06$,$\phi_{tcl} = 0.17$,$\mu_s = 1.5$,$\mu_b = 1.5$,$\mu = 2.0$,$m_{mac} = 2.0$,$m_{wic} = 2.0$。在其他值不变的情况下,研究其中某一参数值的变化对骨架导电低阻油层电阻率模型的影响。

(一)导电骨架含量及电阻率变化对模型的影响

1. 导电骨架含量变化对模型的影响

图 9-2 和图 9-3 分别给出了导电骨架含量 V_{mac} 为 0.02、0.05、0.10、0.15、0.20 时 R_t 与 S_w 交会图以及 I 与 S_w 交会图。从图中看出,导电骨架含量 V_{mac} 不同,$R_t - S_w$ 和 $I - S_w$ 关系曲线的曲率不同。导电骨架含量 V_{mac} 越大,R_t 值越小,I 值变化较小。

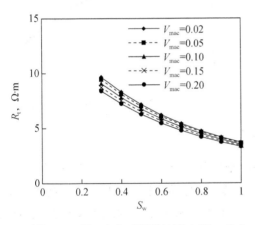

图 9-2 V_{mac} 变化对模型的影响($R_t - S_w$)

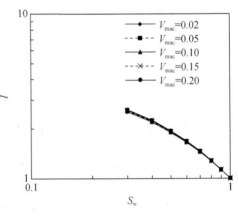

图 9-3 V_{mac} 变化对模型的影响($I - S_w$)

2. 导电骨架电阻率变化对模型的影响

图 9-4 和图 9-5 分别给出了 R_{mac} 为 0.5$\Omega \cdot m$、1.0$\Omega \cdot m$、5.0$\Omega \cdot m$、10.0$\Omega \cdot m$、20.0$\Omega \cdot m$ 时 R_t 与 S_w 交会图以及 I 与 S_w 交会图。从图中看出,R_{mac} 越大,R_t 值越大,I 值越大。

(二)泥质颗粒含量及电阻率变化对模型的影响

1. 黏土含量变化对模型的影响

图 9-6 和图 9-7 分别给出了黏土含量 V_{cl} 为 0.02、0.05、0.10、0.15、0.20 时 R_t 与 S_w 交会图以及 I 与 S_w 交会图。从图中看出,黏土含量 V_{cl} 不同,$R_t - S_w$ 和 $I - S_w$ 关系曲线的曲率不同。黏土含量 V_{cl} 越大,R_t 值越小,I 值变化较小。

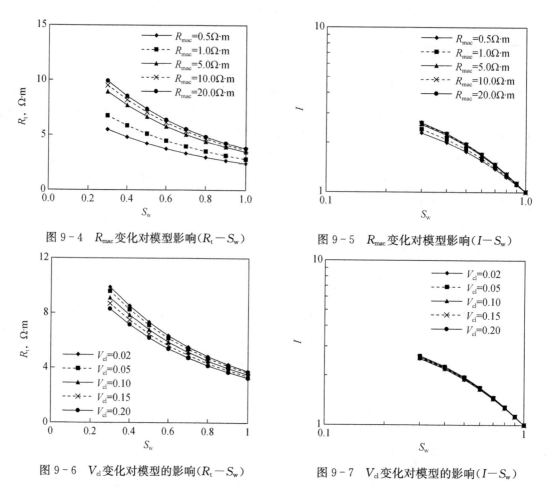

图 9-4　R_{mac}变化对模型影响（R_t-S_w）　　　　图 9-5　R_{mac}变化对模型影响（$I-S_w$）

图 9-6　V_{cl}变化对模型的影响（R_t-S_w）　　　　图 9-7　V_{cl}变化对模型的影响（$I-S_w$）

2.黏土束缚水电阻率变化对模型的影响

图 9-8 和图 9-9 给出了黏土束缚水电阻率 R_{wb} 取值分别为 0.2Ω·m、0.5Ω·m、1.5Ω·m、3.5Ω·m、12.5Ω·m 时 R_t 与 S_w 交会图以及 I 与 S_w 交会图。从图中看出,黏土束缚水电阻率 R_{wb} 不同,R_t-S_w 和 $I-S_w$ 关系曲线的曲率不同。黏土束缚水电阻率 R_{wb} 值越大,R_t 值越大, I 值越大。

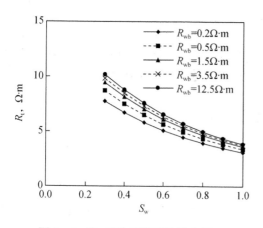

图 9-8　R_{wb}变化对模型的影响（R_t-S_w）

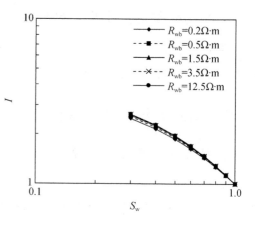

图 9-9　R_{wb}变化对模型的影响（$I-S_w$）

3.层状泥质含量变化对模型的影响

图 9-10 和图 9-11 分别给出了层状泥质含量 V_{lam} 为 0.02、0.05、0.10、0.15、0.20 时 R_t 与 S_w 交会图以及 I 与 S_w 交会图。从图中看出,层状泥质含量 V_{lam} 不同, R_t-S_w 和 $I-S_w$ 关系曲线的曲率不同。层状泥质含量 V_{lam} 越大, R_t 值越小, I 值越小。

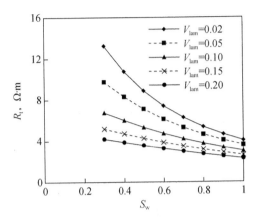

图 9-10　V_{lam} 变化对模型的影响(R_t-S_w)　　图 9-11　V_{lam} 变化对模型的影响($I-S_w$)

4.层状泥质电阻率变化对模型的影响

图 9-12 和图 9-13 分别给出了层状泥质电阻率 R_{sh} 为 0.5Ω·m、1.0Ω·m、2.0Ω·m、5.0Ω·m、10.0Ω·m 时 R_t 与 S_w 交会图以及 I 与 S_w 交会图。从图中看出,层状泥质电阻率 R_{sh} 不同, R_t-S_w 和 $I-S_w$ 关系曲线的曲率不同。层状泥质电阻率 R_{sh} 越大, R_t 值越大, I 值越大。

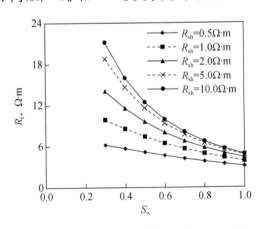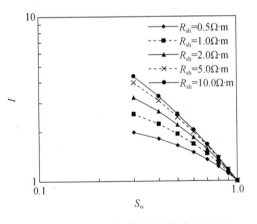

图 9-12　R_{sh} 变化对模型的影响(R_t-S_w)　　图 9-13　R_{sh} 变化对模型的影响($I-S_w$)

(三)导电骨架颗粒指数及其束缚水指数对模型的影响

1.导电骨架颗粒指数变化对模型的影响

图 9-14 和图 9-15 分别给出了导电骨架颗粒指数 m_{mac} 为 0.5、1.5、2.5、3.5、4.5 时 R_t 与 S_w 交会图以及 I 与 S_w 交会图。从图中看出,导电骨架颗粒指数 m_{mac} 越大, R_t 值越大, I 值略有变化。

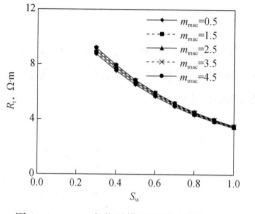

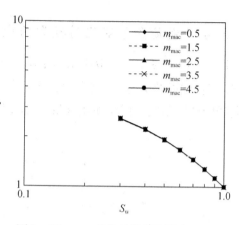

图 9-14　m_{mac} 变化对模型的影响 (R_t-S_w)　　　　图 9-15　m_{mac} 变化对模型的影响 $(I-S_w)$

2. 导电骨架颗粒束缚水指数变化对模型的影响

图 9-16 和图 9-17 分别给出了导电骨架颗粒束缚水指数 m_{wic} 为 0.1、0.5、1.0、1.5、2.0 时 R_t 与 S_w 交会图以及 I 与 S_w 交会图。从图中看出,导电骨架颗粒束缚水指数 m_{wic} 不同, R_t-S_w 和 $I-S_w$ 关系曲线的曲率不同。m_{wic} 越大,R_t 值和 I 值越大。

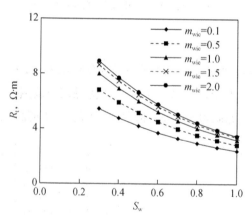

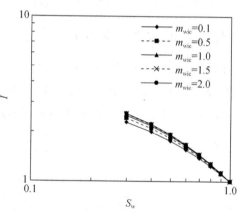

图 9-16　m_{wic} 变化对模型的影响 (R_t-S_w)　　　　图 9-17　m_{wic} 变化对模型的影响 $(I-S_w)$

(四)导电指数变化对模型的影响

1. 不导电骨架相导电指数变化对模型的影响

图 9-18 和图 9-19 分别给出了不导电骨架相导电指数 μ_s 为 0.2、0.5、1.0、2.0、3.0 时 R_t 与 S_w 交会图以及 I 与 S_w 交会图。从图中看出,不导电骨架相导电指数 μ_s 不同,R_t-S_w 和 $I-S_w$ 关系曲线的曲率不同。不导电骨架相导电指数 μ_s 越大,R_t 值越大,I 值越大。

2. 黏土相导电指数变化对模型的影响

图 9-20 和图 9-21 分别给出了黏土相导电指数 μ_b 为 0.1、0.5、1.0、2.0、3.0 时 R_t 与 S_w 交会图以及 I 与 S_w 交会图。从图中看出,黏土相导电指数 μ_b 不同,R_t-S_w 和 $I-S_w$ 关系曲线的曲率不同。黏土相导电指数 μ_b 越大,R_t 值越大,I 值越大。

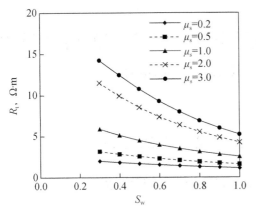

图 9-18 μ_s 变化对模型的影响($R_t - S_w$)

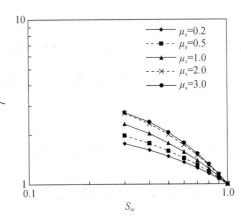

图 9-19 μ_s 变化对模型的影响($I - S_w$)

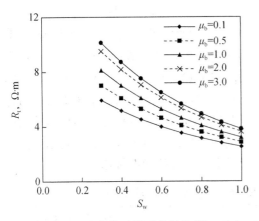

图 9-20 μ_b 变化对模型的影响($R_t - S_w$)

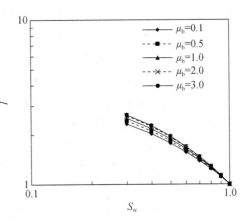

图 9-21 μ_b 变化对模型的影响($I - S_w$)

3. 岩石导电指数变化对模型的影响

图 9-22 和图 9-23 分别给出了自由流体相导电指数 μ 为 1.0、1.2、1.4、1.6、2.0 时 R_t 与 S_w 交会图以及 I 与 S_w 交会图。从图中看出,自由流体相导电指数 μ 不同,$R_t - S_w$ 和 $I - S_w$ 关系曲线的曲率不同。自由流体相导电指数 μ 越大,R_t 值越大,I 值越小。

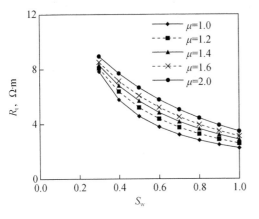

图 9-22 μ 变化对模型的影响($R_t - S_w$)

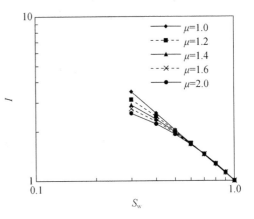

图 9-23 μ 变化对模型的影响($I - S_w$)

第三节　基于连通导电方程和通用阿尔奇方程的骨架导电低阻油层电阻率模型的实验验证

一、骨架导电纯岩样计算电导率与测量电导率的比较

(一)饱含水骨架导电纯岩样计算电导率与测量电导率的比较

使用人工压制的6块骨架导电纯岩样饱含水实验测量数据,该组岩样的孔隙度变化范围为30.3%~31.8%,地层水电导率变化范围为0.181~1.257S/m,A1—D1等4块岩心的导电骨架电导率C_{mac}＝0.0142S/m,E1、F1等2块岩心的导电骨架电导率C_{mac}＝0.0067S/m,采用最优化技术求解C_o-C_w的非相关函数,可优化得到模型中各未知参数值,见表9-1。从表中可以看出,对于该组骨架完全由导电颗粒组成的岩样,测量C_o与计算C_{oc}的平均相对误差约为1.9%。将优化的各参数值代入骨架导电纯岩石电阻率模型,图9-24给出了该组岩样的计算电导率值与实验测量值对比图(其中符号点为岩心测量数据,曲线为方程计算结果),从图中可以看到曲线与符号点的一致性很好。这说明所建立的基于连通导电方程和通用阿尔奇方程的骨架导电低阻油层电阻率模型能够描述饱含水骨架导电纯岩石的导电规律。

表9-1　饱含水骨架导电纯岩样的电阻率模型优化参数和精度

岩样号	ϕ	μ	m_{mac}	m_{wic}	电导率平均相对误差,%
A1	0.308	1.77	0.60	3.00	2.7
B1	0.303	1.99	0.60	1.71	0.9
C1	0.311	1.78	0.60	3.00	2.8
D1	0.318	1.89	0.60	1.75	1.1
E1	0.306	1.70	3.00	3.00	1.9
F1	0.305	2.07	3.00	1.55	2.2

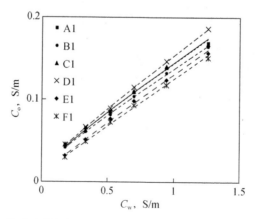

图9-24　饱含水骨架导电纯岩样计算电导率值与实验测量值对比图

(二)含油气骨架导电纯岩样计算电导率与测量电导率的比较

使用人工压制的 6 块骨架导电纯岩样含油气实验测量数据,其含水饱和度变化范围为 $26\%\sim100\%$,地层水电阻率为 $0.549\Omega\cdot m$,$C_{mac}=0.0377S/m$。对于该组岩样,采用最优化技术求解 C_t-S_w 的非相关函数,可优化得到模型中各未知参数值,见表 9-2。将优化的各参数值代入骨架导电纯岩石电阻率模型,图 9-25 给出了该组岩样的计算电导率值与实验测量值对比图(其中符号点为岩心测量数据,曲线为方程计算结果),从图中可以看到曲线与符号点的一致性很好,说明建立的基于连通导电方程和通用阿奇方程的骨架导电低阻油层电阻率模型能够描述含油气骨架导电纯岩样的导电规律。

表 9-2　含油气骨架导电纯岩样的电阻率模型优化参数和精度

岩样号	ϕ	μ	μ_t	m_{mac}	m_{wic}	电导率平均相对误差,%
A1	0.308	2.25	1.37	1.81	1.57	1.7
B1	0.303	2.22	1.25	1.80	1.84	1.2
C1	0.311	1.93	1.02	2.29	2.19	2.0
D1	0.318	1.90	1.00	3.00	3.00	1.3
E1	0.306	2.09	1.24	3.00	3.00	1.8
F1	0.305	2.14	1.31	3.00	3.00	1.5

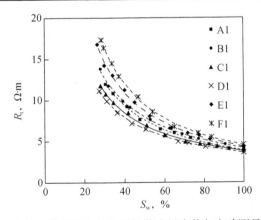

图 9-25　含油气骨架导电纯岩样计算电导率值与实验测量值对比图

二、骨架导电泥质岩样计算电导率与测量电导率的比较

(一)混合泥质黄铁矿骨架岩样计算电导率与测量电导率的比较

1. 饱含水混合泥质黄铁矿骨架岩样计算电导率与测量电导率的比较

对于 401—404 组、405—408 组、409—412 组、413—416 组饱含水岩样,$C_{mac}=0.0067S/m$,$V_{manc}=0$,$c=0.4$,$d=2.0$,$B_0=0.81$,c' 和 d' 的值见表 5-14,利用最优化技术求解 C_0-C_w 的非相关函数,可优化得到模型中各未知参数值,见表 9-3。从表中可以看出,4 组岩样测量 C_0 与计算 C_{oc} 的平均相对误差分别约为 1.9%、2.1%、1.9%、2.1%。将优化的各参数值代入骨

架导电泥质岩石电阻率模型,图 9-26 至图 9-29 给出了 4 组岩样的计算电导率值与实验测量值对比图(其中符号点为岩心测量数据,曲线为方程计算结果),从图中可以看到曲线与符号点的一致性很好。说明建立的基于连通导电方程和通用阿尔奇方程的骨架导电低阻油层电阻率模型能够描述饱含水混合泥质黄铁矿骨架岩石的导电规律。

表 9-3 饱含水混合泥质黄铁矿骨架岩样的电阻率模型优化参数和精度

组名	岩样号	ϕ	μ	m_{mac}	m_{wic}	μ_b	B'	电导率平均相对误差,%
401—404 组	401	0.331	3.00	3.00	1.32	—	—	1.6
	403	0.181	1.44	0.60	3.00	—	1.10	1.9
	404	0.159	1.26	0.60	3.00	—	0.74	1.8
405—408 组	405	0.217	1.31	1.07	3.00	1.00	—	3.7
	407	0.176	1.36	0.60	3.00	1.00	1.07	1.5
	408	0.163	1.35	0.60	3.00	1.00	0.99	1.0
409—412 组	409	0.196	1.32	3.00	3.00	2.73	—	3.2
	411	0.182	2.22	0.60	3.00	1.00	0.78	1.0
	412	0.163	1.68	0.60	3.00	1.00	0.44	1.6
413—416 组	413	0.214	1.80	0.60	1.60	1.52	—	3.5
	414	0.193	1.80	0.60	3.00	1.00	0.84	1.7
	415	0.180	1.60	0.60	3.00	1.00	0.59	1.6
	416	0.173	1.44	0.60	3.00	1.00	0.52	1.8

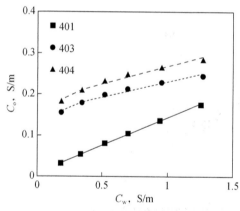

图 9-26 401—404 组饱含水岩样计算
电导率值与实验测量值对比图

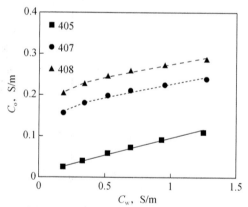

图 9-27 405—408 组饱含水岩样计算
电导率值与实验测量值对比图

2. 含油气混合泥质黄铁矿骨架岩样计算电导率与测量电导率的比较

对于 401—404 组、405—408 组、409—412 组、413—416 组含油气岩样,$C_{mac}=0.0067S/m$,$V_{manc}=0$,$C_{sh}=C'_{sh}S_w^{0.2}$,$c=0.4$,$d=2.0$,$B_0=1.5$,利用最优化技术求解 C_t-S_w 的非相关函数,可优化得到模型中各未知参数值,见表 9-4。从表中可以看出,4 组岩样测量 C_t 与计算 C_{tc} 的平均相对误差分别约为 1.1%、1.0%、1.9%、2.2%。将优化的各参数值代入骨架导电泥质岩石电阻率模型,图 9-30 至图 9-33 给出了 4 组岩样的计算电导率值与实验测量值对比图(其中符号点为岩心测量数据,曲线为方程计算结果),从图中可以看到曲线与符号点的一致性很好,说明建立的基于连通导电方程和通用阿尔奇方程的骨架导电低阻油层电阻率模型能够描述含油气混合泥质黄铁矿骨架岩石的导电规律。

表 9-4　含油气混合泥质黄铁矿骨架岩样的电阻率模型优化参数和精度

组名	岩样号	ϕ	μ	μ_i	μ_b	m_{mac}	m_{wic}	电导率平均相对误差，%
401—404 组	401	0.331	2.72	1.32	—	1.61	1.68	2.0
	403	0.181	1.49	1.64	—	1.79	1.14	0.6
	404	0.159	1.39	1.68	—	1.80	1.53	0.6
405—408 组	405	0.217	2.95	2.44	1.55	0.89	1.47	2.0
	407	0.176	2.53	3.00	1.55	0.73	1.46	0.5
	408	0.163	2.10	3.00	1.57	0.37	1.79	0.4
409—412 组	409	0.196	3.00	2.46	1.65	1.21	1.81	1.8
	411	0.182	3.00	0.85	1.54	0.82	1.65	2.2
	412	0.163	3.00	1.35	1.87	1.15	2.21	1.9
413—416 组	413	0.214	3.00	2.77	1.64	1.15	1.81	3.4
	414	0.193	3.00	1.39	1.63	0.40	1.79	2.2
	415	0.180	3.00	1.74	1.72	1.02	1.88	1.7
	416	0.173	3.00	2.02	1.77	0.91	1.86	1.4

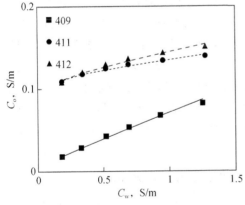

图 9-28　409—412 组饱含水岩样计算
电导率值与实验测量值对比图

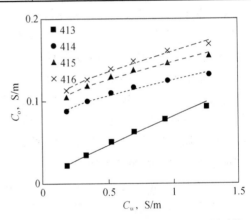

图 9-29　413—416 组饱含水岩样计算
电导率值与实验测量值对比图

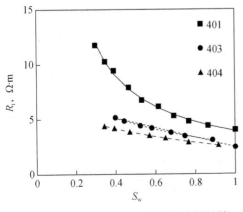

图 9-30　401—404 组含油气岩样计算
电导率值与实验测量值对比图

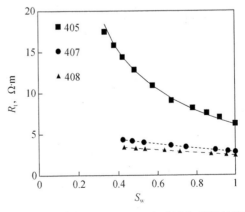

图 9-31　405—408 组含油气岩样计算
电导率值与实验测量值对比图

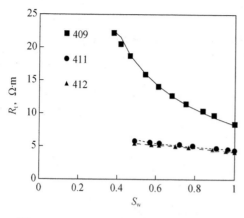

图 9-32 409—412 组含油气岩样计算
电导率值与实验测量值对比图

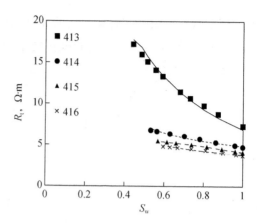

图 9-33 413—416 组含油气岩样计算
电导率值与实验测量值对比图

(二)骨架导电混合泥质砂岩岩样计算电导率与测量电导率的比较

1. 饱含水骨架导电混合泥质砂岩岩样计算电导率与测量电导率的比较

对于 101—104 组、105—108 组、109—112 组、113—116 组饱含水岩样,黄铁矿含量为 0%,$C_{mac}=0.0142S/m$,$c=0.4$,$d=2.0$,$B_0=0.81$,利用最优化技术求解 C_o-C_w 的非相关函数,可优化得到模型中各未知参数值,见表 9-5。从表中可以看出,4 组岩样测量 C_o 与计算 C_{oc} 的平均相对误差分别约为 4.5%、1.7%、2.7%、0.5%。将优化的各参数值代入泥质岩石电阻率模型,图 9-34 至图 9-37 给出了 4 组岩样的计算电导率值与实验测量值对比图(其中符号点为岩心测量数据,曲线为方程计算结果),从图中可以看到曲线与符号点的一致性很好。说明建立的基于连通导电方程和通用阿尔奇方程的骨架导电低阻油层电阻率模型能够描述饱含水混合泥质砂岩的导电规律。

表 9-5 饱含水混合泥质砂岩岩样的电阻率模型优化参数和精度

组名	岩样号	ϕ	μ	μ_s	μ_b	电导率平均相对误差,%
101—104 组	101	0.236	1.81	1.76	—	2.6
	102	0.207	1.68	1.64	—	8.5
	103	0.195	1.54	1.55	—	6.4
	104	0.179	1.77	1.72	—	0.7
105—108 组	105	0.233	1.79	1.81	1.61	0.1
	106	0.214	1.35	3.00	1.00	2.6
	107	0.200	1.55	3.00	3.00	2.2
	108	0.198	1.38	3.00	1.00	2.0
109—112 组	109	0.222	1.67	1.65	1.90	1.2
	111	0.183	1.20	3.00	1.00	6.3
	112	0.161	1.62	1.61	2.98	0.6

组名	岩样号	ϕ	μ	μ_s	μ_b	电导率平均相对误差，%
113—116组	113	0.211	2.46	1.35	2.19	0.7
	114	0.175	2.31	1.52	1.00	0.4
	115	0.166	1.52	1.50	2.20	0.4

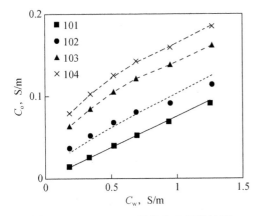

图 9-34 101—104组饱含水岩样计算
电导率值与实验测量值对比图

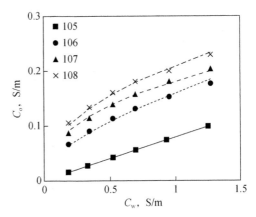

图 9-35 105—108组饱含水岩样计算
电导率值与实验测量值对比图

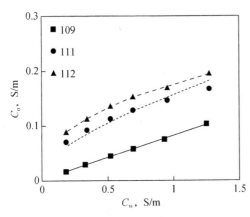

图 9-36 109—112组饱含水岩样计算
电导率值与实验测量值对比图

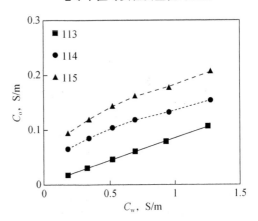

图 9-37 113—116组饱含水岩样计算
电导率值与实验测量值对比图

对于201—204组、205—208组、209—212组、213—216组饱含水岩样，黄铁矿含量平均为5.7%，$C_{mac}=0.0142\mathrm{S/m}$，$c=0.4$，$d=2.0$，$B_0=0.81$，利用最优化技术求解 C_o-C_w 的非相关函数，可优化得到模型中各未知参数值，见表9-6。从表中可以看出，4组岩样测量 C_o 与计算 C_{oc} 的平均相对误差分别约为2.1%、3.9%、0.6%、2.8%。将优化的各参数值代入骨架导电泥质岩石电阻率模型，图9-38至图9-41给出了4组岩样的计算电导率值与实验测量值对比图（其中符号点为岩心测量数据，曲线为方程计算结果），从图中可以看到除岩样207外，其他岩样的拟合曲线与测量符号点的一致性很好。说明建立的基于连通导电方程和通用阿尔奇方程的骨架导电低阻油层电阻率模型能够描述饱含水骨架导电混合泥质砂岩的导电规律。

表 9-6　饱含水骨架导电混合泥质砂岩岩样的电阻率模型优化参数和精度

组名	岩样号	ϕ	μ	m_{mac}	m_{wic}	μ_b	μ_s	电导率平均相对误差,%
201—204组	201	0.244	3.00	0.60	3.00	—	1.32	0.9
	202	0.208	3.00	0.60	3.00	—	1.08	4.7
	203	0.201	3.00	3.00	0.50	—	1.42	0.8
205—208组	205	0.246	1.78	0.60	1.67	1.16	1.73	1.3
	207	0.195	1.07	0.60	3.00	0.50	3.00	9.9
	208	0.160	1.62	3.00	0.50	3.00	2.07	0.4
209—212组	209	0.242	1.80	1.85	2.20	1.77	1.64	0.9
	211	0.193	1.77	1.61	2.25	1.28	1.62	0.6
	212	0.187	1.62	1.82	1.67	2.26	1.64	0.3
213—216组	213	0.238	1.64	0.60	1.81	2.09	1.66	0.6
	214	0.208	1.19	0.60	3.00	1.00	3.00	5.4
	215	0.198	3.00	0.60	3.00	1.00	1.10	4.4
	216	0.181	1.38	3.00	0.64	3.00	3.00	0.7

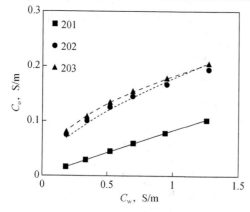

图 9-38　201—204组饱含水岩样计算
电导率值与实验测量值对比图

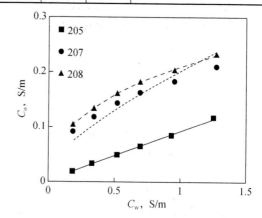

图 9-39　205—208组饱含水岩样计算
电导率值与实验测量值对比图

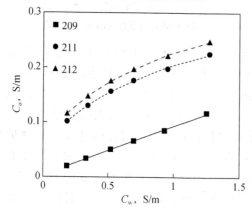

图 9-40　209—212组饱含水岩样计算
电导率值与实验测量值对比图

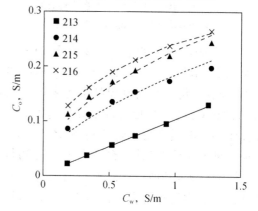

图 9-41　213—216组饱含水岩样计算
电导率值与实验测量值对比图

对于 301—304 组、305—308 组、309—312 组、313—316 组饱含水岩样,黄铁矿含量平均为 11.2%,$C_{mac}=0.0142S/m$,$c=0.4$,$d=2.0$,$B_0=0.81$,利用最优化技术求解 C_o-C_w 的非相关函数,可优化得到模型中各未知参数值,见表 9-7。从表中可以看出,4 组岩样测量 C_o 与计算 C_{oc} 的平均相对误差分别约为 2.6%、3.7%、2.1%、1.7%。将优化的各参数值代入骨架导电泥质岩石电阻率模型,图 9-42 至图 9-45 给出了 4 组岩样的计算电导率值与实验测量值对比图(其中符号点为岩心测量数据,曲线为方程计算结果),从图中可以看到除岩样 307外,其他岩样的拟合曲线与测量符号点的一致性很好。说明建立的基于连通导电方程和通用阿尔奇方程的骨架导电低阻油层电阻率模型能够描述饱含水骨架导电混合泥质砂岩的导电规律。

表 9-7　饱含水骨架导电混合泥质砂岩岩样的电阻率模型优化参数和精度

组名	岩样号	ϕ	μ	m_{mac}	m_{wic}	μ_b	μ_s	电导率平均相对误差,%
301—304 组	301	0.258	1.82	3.00	2.30	—	1.73	0.6
	303	0.199	3.00	0.60	3.00	—	0.96	5.7
	304	0.183	3.00	3.00	0.50	—	1.53	1.3
305—308 组	305	0.250	1.96	0.60	2.06	1.85	1.64	1.3
	307	0.205	3.00	0.60	3.00	0.50	0.93	8.9
	308	0.181	1.84	3.00	0.50	3.00	2.34	0.8
309—312 组	309	0.235	1.69	0.61	1.86	2.25	1.71	0.8
	311	0.191	3.00	0.60	1.00	1.00	1.01	4.1
	312	0.172	1.74	3.00	0.50	3.00	3.00	1.3
313—316 组	313	0.260	1.55	0.60	1.79	2.27	1.73	0.5
	315	0.209	3.00	0.60	3.00	1.00	0.98	3.0
	316	0.196	1.68	3.00	0.50	3.00	3.00	1.4

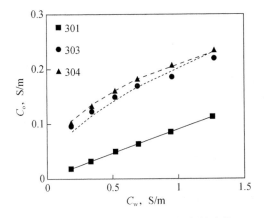

图 9-42　301—304 组饱含水岩样计算
电导率值与实验测量值对比图

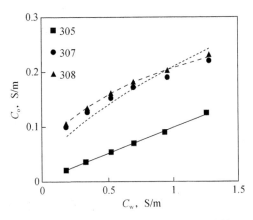

图 9-43　305—308 组饱含水岩样计算
电导率值与实验测量值对比图

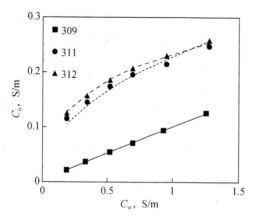

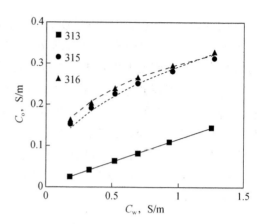

图9-44 309—312组饱含水岩样计算
电导率值与实验测量值对比图

图9-45 313—316组饱含水岩样计算
电导率值与实验测量值对比图

对于501—701组饱含水岩样,其中三块岩样的黄铁矿含量分别为16.7%、21.0%、24.5%,$C_{mac}=0.0142S/m$,利用最优化技术求解C_o-C_w的非相关函数,可优化得到模型中各未知参数值,见表9-8。从表中可以看出,该组岩样测量C_o与计算C_{oc}的平均相对误差约为1.2%。将优化的各参数值代入骨架导电岩石电阻率模型,图9-46给出了该组岩样的计算电导率值与实验测量值对比图(其中符号点为岩心测量数据,曲线为方程计算结果),从图中可以看到曲线与符号点的一致性很好。说明建立的基于连通导电方程和通用阿尔奇方程的骨架导电低阻油层电阻率模型能够描述饱含水骨架导电砂岩的导电规律。

表9-8 饱含水骨架导电砂岩岩样的电阻率模型优化参数和精度

岩样号	ϕ	μ	m_{mac}	m_{wic}	μ_s	电导率平均相对误差,%
501	0.263	1.77	3.00	1.98	1.74	1.3
601	0.280	1.86	3.00	1.89	1.81	1.3
701	0.274	1.78	3.00	1.48	1.82	0.9

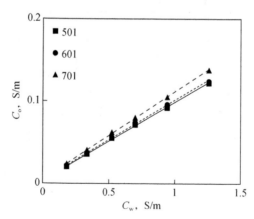

图9-46 501—701组饱含水岩样计算电导率值与实验测量值对比图

2.含油气骨架导电混合泥质砂岩岩样计算电导率与测量电导率的比较

对于101—104组、105—108组、109—112组、113—116组含油气岩样,黄铁矿含量为

0%，$C_{sh}=C'_{sh}\cdot S_w$，$c=0.4$，$d=2.0$，$B_0=1.5$，利用最优化技术求解 C_t-S_w 的非相关函数，可优化得到模型中各未知参数值，见表 9-9。从表中可以看出，4 组岩样测量 C_t 与计算 C_{tc} 的平均相对误差分别约为 2.6%、1.8%、2.3%、1.2%。将优化的各参数值代入泥质岩石电阻率模型，图 9-47 至图 9-50 给出了 4 组岩样的计算电导率值与实验测量值对比图（其中符号点为岩心测量数据，曲线为方程计算结果），从图中可以看到曲线与符号点的一致性很好。说明建立的基于连通导电方程和通用阿尔奇方程的骨架导电低阻油层电阻率模型能够描述含油气混合泥质砂岩的导电规律。

表 9-9 含油气混合泥质砂岩岩样的电阻率模型优化参数和精度

组名	岩样号	ϕ	μ	μ_s	μ_b	电导率平均相对误差，%
101—104 组	101	0.236	1.80	1.99	—	2.9
	102	0.207	1.74	1.89	—	2.8
	103	0.195	1.29	1.32	—	2.4
	104	0.179	3.00	1.34	—	2.2
105—108 组	105	0.233	1.82	1.99	1.62	2.6
	106	0.214	1.68	1.74	1.57	2.0
	107	0.200	3.00	1.59	0.80	1.1
	108	0.198	3.00	1.48	1.09	1.6
109—112 组	109	0.222	1.65	1.97	1.68	2.2
	111	0.183	1.83	1.42	1.52	1.1
	112	0.161	3.00	1.38	1.15	3.5
113—116 组	113	0.211	1.62	1.99	1.72	1.7
	114	0.175	1.85	1.66	1.55	1.0
	115	0.166	3.00	1.40	1.16	1.0

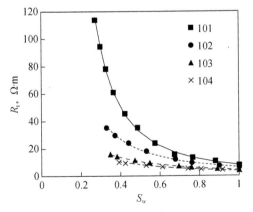

图 9-47 101—104 组含油气岩样计算
电导率值与实验测量值对比图

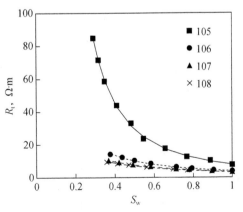

图 9-48 105—108 组含油气岩样计算
电导率值与实验测量值对比图

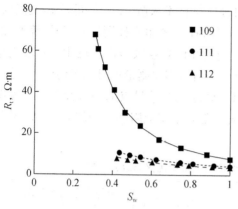

图 9-49　109—112 组含油气岩样计算
电导率值与实验测量值对比图

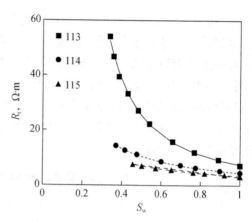

图 9-50　113—116 组含油气岩样计算
电导率值与实验测量值对比图

对于 201—204 组、205—208 组、209—212 组、213—216 组含油气岩样,黄铁矿含量平均为 5.7%,$C_{mac}=0.0377S/m$,$C_{sh}=C'_{sh}S_w$,$c=0.4$,$d=2.0$,$B_0=1.5$,利用最优化技术求解 C_t-S_w 的非相关函数,可优化得到模型中各未知参数值,见表 9-10。从表中可以看出,4 组岩样测量 C_t 与计算 C_{tc} 的平均相对误差分别约为 2.9%、3.8%、3.2%、2.5%。将优化的各参数值代入骨架导电泥质岩石电阻率模型,图 9-51 至图 9-54 给出了 4 组岩样的计算电导率值与实验测量值对比图(其中符号点为岩心测量数据,曲线为方程计算结果),从图中可以看到曲线与符号点的一致性很好。说明建立的基于连通导电方程和通用阿尔奇方程的骨架导电低阻油层电阻率模型能够描述含油气骨架导电混合泥质砂岩的导电规律。

表 9-10　含油气骨架导电混合泥质砂岩岩样的电阻率模型优化参数和精度

组名	岩样号	ϕ	μ	m_{mac}	m_{wic}	μ_b	μ_s	电导率平均相对误差,%
201—204 组	201	0.244	1.83	1.80	1.60	—	1.95	4.3
	202	0.208	1.69	1.80	1.56	—	1.69	2.1
	203	0.201	2.10	1.72	1.44	—	1.70	2.3
205—208 组	205	0.246	1.86	1.79	1.58	1.58	1.87	2.1
	207	0.195	3.00	0.62	0.55	1.17	1.21	1.5
	208	0.160	2.90	1.68	1.14	1.54	1.27	7.7
209—212 组	209	0.242	1.80	1.79	1.60	1.63	1.91	2.1
	211	0.193	3.00	0.62	1.14	1.36	1.48	2.6
	212	0.187	3.00	0.73	1.07	1.53	1.40	5.0
213—216 组	213	0.238	1.73	1.80	1.62	1.68	1.93	1.9
	214	0.208	1.86	1.79	1.52	1.55	1.55	1.8
	215	0.198	3.00	0.61	0.92	1.18	1.38	2.0
	216	0.181	2.95	1.23	1.28	1.42	1.49	4.4

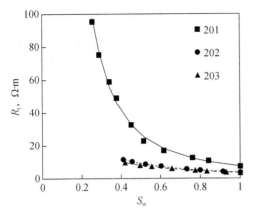

图 9-51　201—204 组含油气岩样计算
电导率值与实验测量值对比图

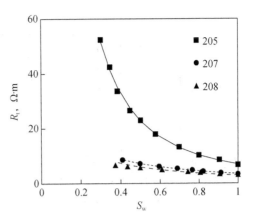

图 9-52　205—208 组含油气岩样计算
电导率值与实验测量值对比图

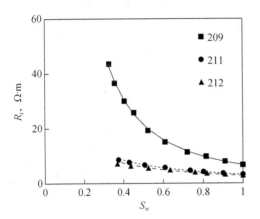

图 9-53　209—212 组含油气岩样计算
电导率值与实验测量值对比图

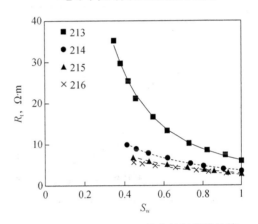

图 9-54　213—216 组含油气岩样计算
电导率值与实验测量值对比图

对于 301—304 组、305—308 组、309—312 组、313—316 组含油气岩样,黄铁矿含量平均为 11.2%,$C_{mac}=0.0377S/m$,$C_{sh}=C'_{sh}S_w$,$c=0.4$,$d=2.0$,$B_0=1.5$,利用最优化技术求解 C_t—S_w 的非相关函数,可优化得到模型中各未知参数值,见表 9-11。从表中可以看出,4 组岩样测量 C_t 与计算 C_{tc} 的平均相对误差分别约为 3.5%、3.9%、3.8%、2.6%。将优化的各参数值代入骨架导电泥质岩石电阻率模型,图 9-55 至图 9-58 给出了 4 组岩样的计算电导率值与实验测量值对比图(其中符号点为岩心测量数据,曲线为方程计算结果),从图中可以看到曲线与符号点的一致性很好。说明建立的基于连通导电方程和通用阿尔奇方程的骨架导电低阻油层电阻率模型能够描述含油气骨架导电混合泥质砂岩的导电规律。

表 9-11　含油气骨架导电混合泥质砂岩岩样的电阻率模型优化参数和精度

组名	岩样号	ϕ	μ	m_{mac}	m_{wic}	μ_b	μ_s	电导率平均相对误差,%
301—304 组	301	0.258	1.98	1.79	1.62	—	1.94	3.6
	303	0.199	3.00	0.60	0.89	—	1.22	1.8
	304	0.183	3.00	0.60	1.10	—	1.27	5.1

组名	岩样号	ϕ	μ	m_{mac}	m_{wic}	μ_b	μ_s	电导率平均相对误差,%
305—308组	305	0.250	2.07	1.79	1.61	1.58	1.87	2.1
	307	0.205	2.84	1.74	1.13	1.50	1.21	1.8
	308	0.181	2.93	1.48	1.31	1.53	1.28	7.7
309—312组	309	0.235	1.90	1.79	1.63	1.61	1.87	2.6
	311	0.191	2.73	1.36	1.29	1.51	1.23	3.0
	312	0.172	2.84	1.16	1.30	1.52	1.38	5.9
313—316组	313	0.260	1.92	1.80	1.61	1.62	1.84	2.2
	315	0.209	2.37	1.79	1.28	1.52	1.28	2.0
	316	0.196	2.70	1.61	1.28	1.54	1.54	3.6

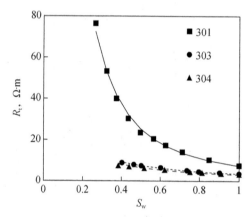

图 9-55 301—304组含油气岩样计算
电导率值与实验测量值对比图

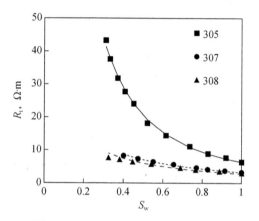

图 9-56 305—308组含油气岩样计算
电导率值与实验测量值对比图

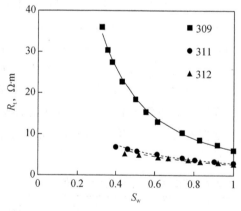

图 9-57 309—312组含油气岩样计算
电导率值与实验测量值对比图

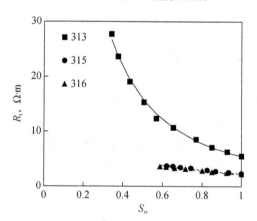

图 9-58 313—316组含油气岩样计算
电导率值与实验测量值对比图

对于 501—701 组含油气岩样,其中三块岩样的黄铁矿含量分别为 16.7%、21.0%、24.5%,$C_{mac}=0.0377S/m$,$C_{sh}=C'_{sh}S_w$,利用最优化技术求解 C_t-S_w 的非相关函数,可优化得到模型中各未知参数值,见表 9-12。从表中可以看出,该组岩样测量 C_t 与计算 C_{tc} 的平均相对误差约为 2.8%。将优化的各参数值代入骨架导电岩石电阻率模型,图 9-59 给出了该组岩样的计算电导率值与实验测量值对比图(其中符号点为岩心测量数据,曲线为方程计算结果),从图中可以看到曲线与符号点的一致性很好。说明建立的基于连通导电方程和通用阿尔奇方程的骨架导电低阻油层电阻率模型能够描述含油气骨架导电砂岩的导电规律。

表 9-12 含油气骨架导电砂岩岩样的电阻率模型优化参数和精度

岩样号	ϕ	μ	m_{mac}	m_{wic}	μ_s	电导率平均相对误差,%
501	0.263	1.82	1.80	1.62	1.80	2.5
601	0.280	2.00	1.79	1.59	1.71	3.0
701	0.274	1.90	1.80	1.54	1.57	2.8

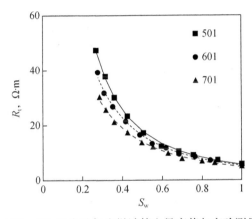

图 9-59 501—701 组含油气岩样计算电导率值与实验测量值对比图

参考文献

陈继华,陈政,毛志强,2011.莫西庄地区低阻油层成因分析与饱和度评价.石油物探,50(3): 247—251.

陈科贵,罗兵,郭睿,等,2012.中东某油田低阻油层含水饱和度计算方法探讨.石油天然气学 报,34(06):57—60+94+166.

陈新民,李争,冯琼,2007.导电矿物对砂岩储层电阻率的影响研究:塔里木盆地为例.天然气 地球科学,18(5):689—692.

陈学义,魏斌,陈艳,等,2000.辽河油田滩海地区低阻油层成因及其精细解释.测井技术, 24(1):55—59.

程相志,范宜仁,周灿灿,2008.淡水储层中低阻油气层识别技术.地学前缘,15(1):146—153.

淡申磊,2008.双河油田低阻油层的识别研究与应用.石油天然气学报,30(5):270—272.

耿生臣,耿斌,2001.曲堤油田低电阻率油层形成机理及S—B电导率模型的应用.测井技术, 25(5):377—379.

郭顺,王震亮,张小莉,等,2012.陕北志丹油田樊川区长61低阻油层成因分析与识别方法.吉 林大学学报,42(1):19—24.

韩芳芳,章成广,樊政军,等,2007.塔河南油田低阻油气层成因分析.工程地球物理学 报,4(4):350—354.

黄质昌,黄新平,冷洪涛,2010.东营凹陷DX176块低电阻率油层评价技术.测井技术,34(5): 457—461.

李辉,李伟忠,张建林,等,2006.正理庄油田低电阻率油层机理及识别方法研究.测井技 术,30(1):76—79.

李薇,田中元,闫伟林,等,2005.Y油田低电阻率油层形成机理及RRSR识别方法.石油勘探 与开发,32(1):60—62.

麻平社,张旭波,韩艳华,2006.姬塬—白豹地区低电阻率油层成因分析及解释方法.测井技 术,30(1):84—87.

毛志强,龚富华,刘昌玉,等,1998.塔里木盆地油气层低阻成因实验研究I.测井技术,23(4): 243—245.

莫修文,贺铎华,李舟波,等,2001.三水导电模型及其在低阻储层解释中的应用.长春科技大 学学报,31(1):92—94.

穆龙新,填中元,赵丽敏,2004.A油田低电阻率油层的机理研究.石油学报,15(2):69—73.

欧阳健,毛志强,修立军,等,2009.测井低对比度油层成因机理与评价方法.北京:石油工业出 版社.

潘和平,王家映,樊政军,等,2001.新疆塔北低阻油气储层导电模型:双水泥质骨架导电模型. 中国科学(D辑),31(2):103—110.

任广慧,王卫平,葛秋现,等,2003.马寨油田低电阻率油层测井方法研究.石油地球物理勘探, 38(3):294—307.

邵维志,李浩,刘辉,等,2001.大港白水头地区低阻油气层测井评价.测井技术,25(2):127—130.

沈爱新,陈守军,王黎,等,2005.低电阻率油层中孔砂岩岩电及核磁实验研究.测井技术,29(3):191—194.

Schon J H.魏新善,曹青,程国建,等译.2016.岩石物理特性手册.北京:石油工业出版社.

司马立强,吴丰,赖未蓉,等,2007.广安地区须家河组低阻气层形成机理.天然气工业,27(6):12—14.

宋延杰,胡凯,唐晓敏,等,2015.基于孔隙曲折度与等效岩石元素理论的致密砂砾岩导电模型.东北石油大学学报,39(01):9—16.

宋延杰,李晓娇,唐晓敏,等,2014.基于连通导电理论和HB方程的骨架导电纯岩石电阻率模型.中国石油大学学报(自然科学版),38(05):66—74.

宋延杰,吕桂友,王春燕,等,2003.混合泥质砂岩有效介质通用HB电阻率模型研究.石油地球物理勘探,38(3):275—280.

宋延杰,唐晓敏,2008.低阻油层通用有效介质电阻率模型.中国科学D辑,38(7):896—909.

宋延杰,王秀明,卢双舫,2005.骨架导电的混合泥质砂岩通用孔隙结合电阻率模型研究.地球物理学进展,20(3):747—756.

宋延杰,杨汁,刘兴周,等,2014.基于有效介质与等效岩石元素理论的特低渗透率储层饱和度模型.测井技术,38(5):510—516.

宋延杰,张啸,宋杨,等,2014.基于无效导电孔隙概念的致密砂砾岩有效介质导电模型.地球物理学进展,29(01):209—216.

宋延杰,张桠楠,唐晓敏,等,2015.基于连通导电理论的白云岩储层导电模型.哈尔滨商业大学学报(自然科学版),31(02):247—252.

孙建孟,陈钢花,杨玉征,等,1998.低阻油气层评价方法.石油学报,19(3):83—88.

孙建孟,程芳,王景花,等,1996.渤海岐口油田低阻油气层饱和度解释模型研究.测井技术,20(4):239—243.

孙建孟,王克文,朱家俊,2006.济阳坳陷低电阻率储层电性微观影响因素研究.石油学报,27(5):61—65.

唐晓敏,宋延杰,付健,等,2016.含泥含钙致密砂岩导电规律与导电模型.地球物理学进展,31(04):1660—1669.

唐晓敏,宋延杰,姜艳娇,等,2015.考虑润湿性的连通导电模型在稠油储层饱和度评价中应用.数学的实践与认识,45(21):148—155.

唐晓敏,宋延杰,刘玥,等,2016.有效介质对称导电理论在复杂泥质砂岩中应用基础研究.地球物理学进展,31(04):1670—1677.

谢然红,2001.低电阻率油气层测井解释方法.测井技术,25(3):199—203.

谢然红,冯启宁,高杰,等,2002.低电阻率油气层物理参数变化机理研究.地球物理学报,45(1):139—146.

于宝,宋延杰,韩有信,等,2006.混合泥质砂岩人造岩样的实验测量.大庆石油学院学报,30(4):91—94.

曾文冲,1991.低电阻率油气层的类型,成因及评价方法(上).地球物理测井,15(1):6—12.

曾文冲,1991. 低电阻率油气层的类型,成因及评价方法的分析(下). 地球物理测井,15(3): 149—152.

曾文冲,1991. 低电阻率油气层的类型,成因及评价方法的分析(中). 地球物理测井,15(2): 88—99.

张冲,毛志强,张超,等,2008. 低阻油层的成因机理及测井识别方法研究. 工程地球物理学报, 5(1):48—53.

张小莉,王恺,2004. 王集油田相对低电阻率油层成因及识别. 石油勘探与开发,31(5): 60—70.

张兆辉,高楚桥,刘娟娟,2011. 红岗北地区泉四段低阻油层成因分析. 石油天然气学报, 33(11):89—92.

赵澄林,朱筱敏,2001. 沉积岩石学. 3 版. 北京:石油工业出版社.

赵国瑞,吴剑锋,解玉堂,等,2002. 低电阻率油层的实验研究和解释方法. 测井技术,26(1): 107—112.

中国石油勘探与生产分公司,2009. 低阻油气藏测井评价技术及应用. 北京:石油工业出版社.

中国石油勘探与生产公司,2006. 低阻油气藏测井识别评价方法与技术. 北京:石油工业出版社.

左银卿,刘炜,袁路波,等,2007. 含黄铁矿低电阻率储层测井评价技术. 测井技术,31(01): 25—29.

Archie G E, 1942. The electrical resistivity log as an aid in determining some reservoir characteristics. Transactions of the AIME, 146(1):54—62.

Argaud M, Aquitaine E, Giouse H, et al, 1989. Salinity and saturation effects on shaly sandstone conductivity. SPE Annual Technical Conferrence and Exhibition, 10:49—60.

Berg C R. 1996. Effective - medium model for calculating water saturation in shaly sands. The Log Analyst, 37(03):16—26.

Berg C R, 1995. A simple effective - medium model for water saturation in porous rocks. Geophysics, 60(4):1070—1080.

Clavier C, Coates G, Dumanoir J,1984. The theoretical and experimental bases for the dual - water model for interpretation of shaly sands. SPEJ, 24(2):153—168.

Clavier C, Heim A, Scala C,1976. Effect of pyrite on resistivity and other logging measurements. SPWLA 17th Annual Logging Symposium,6:1—34.

Clennell M B, Josh M, Esteban L, et al, 2010. The influence of pyrite on rock electrical properties:A case study from NW Australian gas reservoirs. SPWLA 51st Annual Logging Symposium, 6:19—23.

De Kuijper A, Sandor R K J, Hofman J P, et al. 1996. Conductivity of two - component systems. Geophysics, 61(1):162—168.

De Kuijper A, Sandor R K J, Hofman J P,et al,1996. Electrical conductivities in oil -bearing shaly sand accurately described with the SATORI saturation model. The Log Analyst, 37 (5):22—31.

Givens W W, 1987. A conductive rock matrix model (CRMM) for the analysis of low -

contrast resistivity formations. The Log Analyst, 28(2):138—164.

Givens W W, Schmidt E J, 1988. A generic electrical conduction model for low - contrast resistivity sandstones. SPWLA 29th Annual Logging Symposium, 6: Paper E.

Glover P W J, 2010. A generalized Archie's law for n phases. Geophysics,75(6):247—265.

Glover P W J, Hole M J, Pous J, 2000. A modified Archie's law for two conducting phases. Earth and Planetary Science Letters, 3(180):369—383.

Hanai T,1960. Theory of the dielectric dispersion due to the interfacial polarization and its application toemulsions. Kolloiod - Zeitschrift,171(2):23—31.

Jing X D, Archer J S. 1991. An improved Waxman - Smits Model for interpreting shaly sand conductivity at reservoir conditions. SPWLA 32nd Annual Logging Symposium, June: 16—19.

Klein J D, Sill W R, 1982. Electrical properties of artificial clay-bearing sandstone. Geophysics, 47(11):1593—1605.

Koelman J M V A, De Kuijper A,1997. An effective medium model for the electric conductivity of an N - component anisotropic percolating mixture. PHYSICA A, 247(1):10—22.

Montaron B, 2005. Fractals,percolation theory and thestability of Archine's 'm' exponent. The SPWLA Topical Conference on "Low Resistivity Pay in Carbonates", January.

Montaron B,2007. A quantitative model for the effect of wettability on the conductivity of porous rocks. SPE Middle East Oil and Gas Show and Conference, March.

Montaron B, 2009a. Connectivity theory: a new approach tomodeling non-Archie rocks. Petrophysics,50(2):102—115.

Montaron B, 2009b. A connectivity model for the electricalconductivity of sandstone rocks. The SPWLA50th Annual Logging Symposium,June.

Myers M T,1989. Pore Combination Modeling: Extending the Hanai-Bruggrman Equation. SPWLA Thirtieth Annual Logging Symposium ,6:11—14.

Sen P N, Scala C, Cohen M H, 1981. A self-similar model for sedimentary rocks with application to the dielectric constant of fused glass beads. Geophysics, 46(5):781—795.

Siddharth M, Martin G, John R, et al, 2016. Dielectric effects in pyrite - rich clays on multifrequency induction logs and equivalent laboratory core measurements. The SPWLA 57th Annual Logging Symposium, 6:25—29.

Silva L P, Bassiouni Z,1985. A shaly sand conductivity model based on variable equivalent counter - ion conductivity and dual water concepts. SPWLA 26th Annual Logging Symposium, 6:1—21.

Silva L P, Bassiouni Z,1986. Statistical evaluation of the S-B conductivity model for water - bearing shaly sand. The Log Analyst, 27(3):9—19.

Silva L P, Bassiouni Z,1988. Hydrocarbon saturation equation in shaly sands according to the S-B conductivity model. SPE Formation Evaluation, 3(3):503—509.

Simandoux P,1963. Dielectric measurements on porous media: application to the measurement of water saturations, study of the behavior of argillaceous formations. Revue de L'Institut

Francais du Petrole, 18(Supplementary Issue):193—215.

Tabarovsky L,Georgi D,2000. Effect of pyrites on HDIL measurements. The SPWLA 41th Annual Logging Symposium, June:4—7.

Waxman M H, Smits L J M, 1968. Electrical conductivities in oil-bearing shaly sands. SPEJ, 8(2):107—122.

Wu P Y, Hsieh B Z, Chilingar G V, et al, 2008. Estimation of Water Saturation in Rocks with Conductive Matrix. Energy Sources,Part A:Recovery Utilization,and Environmental Effects, 30(5):401—410.

Yanjie Song, Xiuming Wang, Shuangfang Lu, 2005. A generalized equivalent resistivity model in laminated and dispersed shaly sands. Exploration Geophysics, 36(2):245—250.